寒冷地区办公建筑性能优化设计

田一辛　著

中国建筑工业出版社

图书在版编目（CIP）数据

寒冷地区办公建筑性能优化设计 / 田一辛著. —北京：中国建筑工业出版社，2023.5
ISBN 978-7-112-28630-0

Ⅰ. ①寒… Ⅱ. ①田… Ⅲ. ①寒冷地区—办公建筑—建筑设计—最优设计 Ⅳ. ①TU243

中国国家版本馆CIP数据核字（2023）第069417号

为了解决寒冷地区办公建筑设计未充分响应气候环境、设计要素和建筑性能脱节、多项性能目标难权衡的问题，本书提出基于modeFRONTIER整合Grasshopper/L+H的性能优化设计方法，自动搜索建筑形态、界面、空间要素和主动系统设定参数的最佳组合，实现寒冷地区办公建筑能耗和光热性能的同步优化。

本书适于绿色建筑、健康人居环境、弹性设计等相关研究者、设计师和专业学生参考阅读。

责任编辑：杨　晓　唐　旭
书籍设计：锋尚设计
责任校对：张辰双

寒冷地区办公建筑性能优化设计
田一辛　著
*
中国建筑工业出版社出版、发行（北京海淀三里河路9号）
各地新华书店、建筑书店经销
北京锋尚制版有限公司制版
北京中科印刷有限公司印刷
*
开本：787毫米×1092毫米　1/16　印张：14¼　字数：223千字
2023年5月第一版　2023年5月第一次印刷
定价：**68.00**元
ISBN 978-7-112-28630-0
（41072）

前言

寒冷地区气候特征是日照充足和冬冷夏热的两极化。办公建筑的使用者以伏案工作为主，室内人员密度和设备密度较大，为了维持室内光热环境的舒适度需消耗大量能源。办公建筑设计偏重于功能布局和外观设计，依赖主动系统满足舒适度需求，忽视建筑设计要素和自然环境对建筑性能的影响。为了解决建筑设计未充分响应气候环境、设计要素和建筑性能脱节、多项性能目标难权衡的问题，本书基于响应气候特征和利用建筑要素达到节能及兼顾光热性能的理念，提出基于modeFRONTIER整合Grasshopper/L+H的性能优化设计方法，自动搜索建筑形态、界面、空间要素和设备调控参数的最佳组合，实现寒冷地区办公建筑能耗和光热性能的同步优化。

全书共分为两部分：第一部分，客观认知办公建筑性能和优化目标，包括第1章绪论和第2章。第1章明晰研究背景、梳理国内外研究现状、明确研究目标和内容。第2章，分析寒冷地区气候特征、办公建筑性能现状，梳理影响建筑性能的设计要素和设计策略。第二部分，建立性能模型和优化设计平台，量化分析问题和解决问题，包括第3章至第6章（见研究框架图）。第3章，建立寒冷地区办公建筑设计要素和性能相关联的模型，以建筑形态、界面、空间要素和采暖制冷设备调控参数同为变量，以建筑能耗和光热性能为优化目标。第4章，针对多变量多目标的优化问题，采用析因试验方法设置试验方案和分析试验数据，提取影响建筑性能的关键设计要素。第5章，分析既有性能优化设计方法，提出改进基于优化平台的性能优化设计方法，包括优化算法、优化过程和分析优化结果。第6章，搭建基于多目标优化软件modeFRONTIER整合Grasshopper/L+H的办公建筑性能优化设计平台，并应用于寒冷地区某办公建筑案例，检验该平台的实用性和寻优效率。

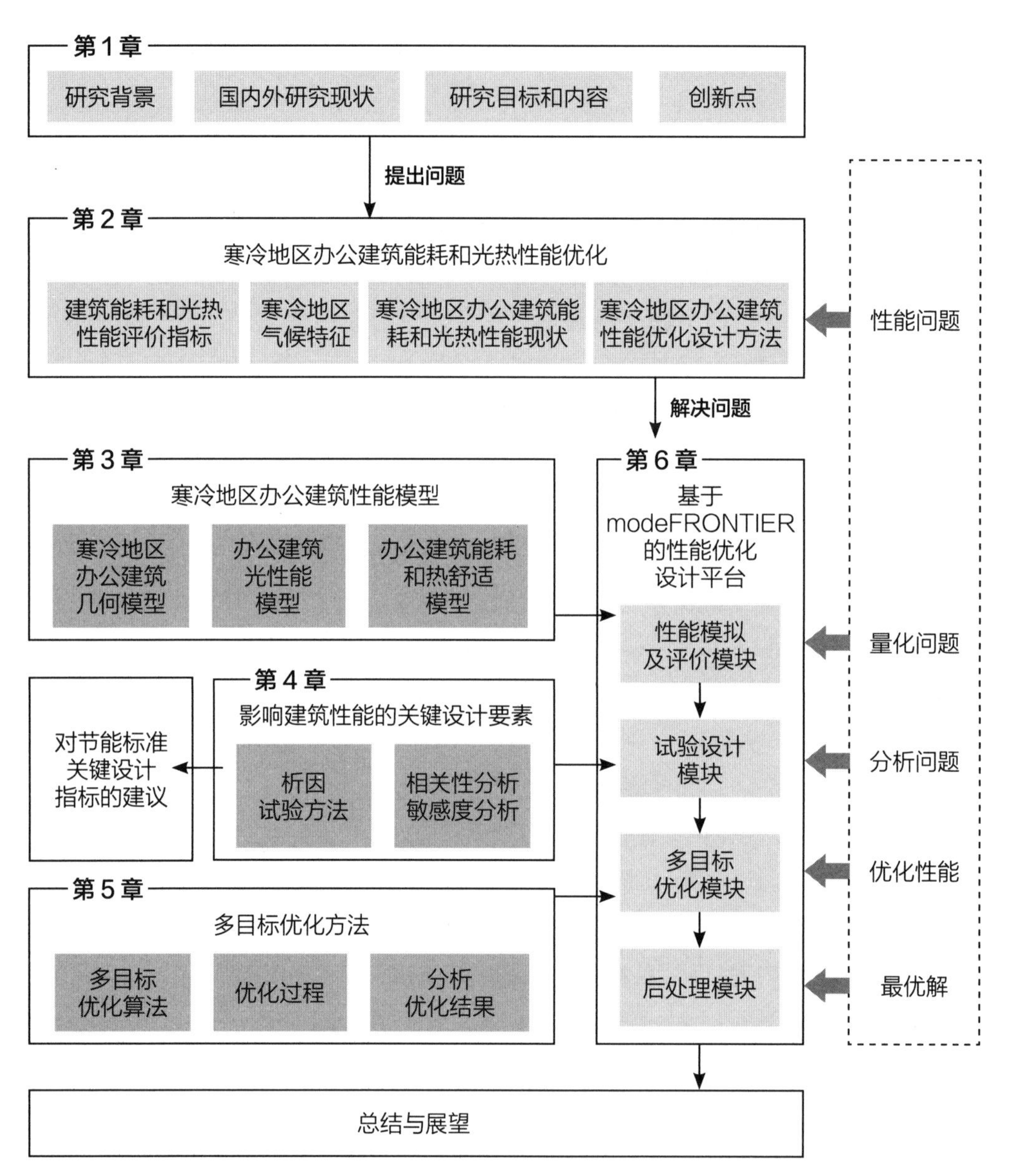
第1章
研究背景
国内外研究现状
研究目标和内容
创新点
提出问题
第2章
寒冷地区办公建筑能耗和光热性能优化
建筑能耗和光热性能评价指标
寒冷地区气候特征
寒冷地区办公建筑能耗和光热性能现状
寒冷地区办公建筑性能优化设计方法
性能问题
解决问题
第3章
寒冷地区办公建筑性能模型
寒冷地区办公建筑几何模型
办公建筑光性能模型
办公建筑能耗和热舒适模型
第6章
基于modeFRONTIER的性能优化设计平台
性能模拟及评价模块
量化问题
试验设计模块
分析问题
多目标优化模块
优化性能
后处理模块
最优解
第4章
影响建筑性能的关键设计要素
析因试验方法
相关性分析敏感度分析
对节能标准关键设计指标的建议
第5章
多目标优化方法
多目标优化算法
优化过程
分析优化结果
总结与展望

研究框架图

目录

第 1 章

绪论

1.1 研究背景和概念界定

1.1.1 研究背景

1. 办公建筑性能的重要性

建筑对全球气候变化和环境性能有重要影响。绿色建筑是在人与自然环境关系日益冲突的背景下产生的，是近年来建筑界对可持续发展的回应[1]。1970年能源危机之后，各国法规均严格规定了建筑的能耗限额，因此能耗评价成为建筑可持续性评估的度量[2]。2002年国际标准组织就已发布对建筑环境性能评价建议，各国也都建立了绿色建筑评价体系，用于衡量建筑环境性能并指导规划建设及运营管理[3]。

全世界建筑能耗占总能耗的20%，美国建筑能耗占总能耗的41%[4]。根据美国能源情报署公布的办公建筑能耗数据，随建筑规模增大建筑能耗增加（图1-1）。我国建筑能耗占总能耗的27.5%，已超过世界平均水平并有持续增长的趋势，因此应重视节能建筑研究。我国城镇化发展带动建筑业，2001~2017年，每年竣工建筑面积均超过15亿m^2，公共建筑约占1/3，其中办公建筑所占比例最大。办公建筑影响企业和政府机关的对外形象，因此推行节能的力度和深度将直接影响我国建筑节能目标的实现程度。

工作日人们非睡眠时间的1/2是在办公建筑中度过的。办公环境影响工作人员的工作效率，因此办公建筑物理环境的舒适度要求较高。办公建筑主要依赖主动设备调控室内物理环境。建筑环境以光热环境的研究为主，建筑能耗与室内光、热环境密切相关，始终是研究重点。

2. 建筑形式与建筑性能相脱离

“形式”与“性能”是建筑设计的核心任务。建筑师负责建筑形式设计，工程师负责建筑方案的性能验证和提供定性建议，既有建筑设计过程中，节能计算通常安排在最终阶段，但此时方案已定型，只能靠主动技术弥补，于是节能分析仅是验证，其实质改善或指导作用很小。合理的节能方法应是始于建筑本体的节能优化[5]。

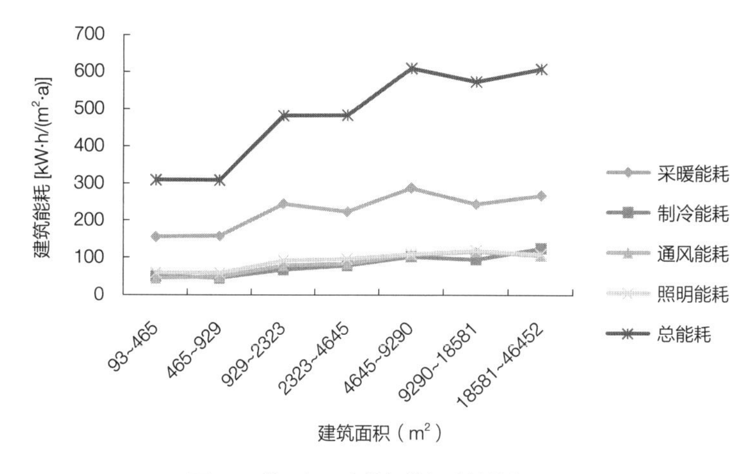

图1-1　美国办公建筑规模与建筑能耗分析图

（图片来源：基于U.S. Energy Information Administration Office of Integrated and International Energy Analysis. Annual Energy Outlook 2012 with Projections to 2035[R]. U.S. Department of Energy Washington DC 20585, 2012.整理绘制）

（a）哈尔滨　（b）西安　（c）上海　（d）广州

图1-2　不同气候区形态相似的办公建筑

由于专业分工和缺少技术支撑，建筑形式和性能设计被割裂。

当前建筑环境过度依赖主动系统（如空调、机械通风等），造成我国各气候区办公建筑的形式千篇一律（图1-2）。节能建筑设计应首先利用被动设计策略[6][7]，满足使用者舒适度要求，而非完全依赖设备系统调节室内环境。建筑物理环境和使用者的健康、生产力有直接关系，因此绿色建筑需兼顾能耗节约和建筑物理环境品质。绿色建筑是减少能源消耗而不牺牲舒适健康的室内环境。

3. 我国节能路线的转变

1993年我国颁布首部民用建筑节能设计标准，伴随节能理念和技术的发展，其后出台、修订数十部节能技术法规和评价标准规范（图1-3）。建筑设计方针也发展为适用、经济、绿色、美观。第一部民用建筑节能设计标准《民用建筑热工设计规范》GB 50176—

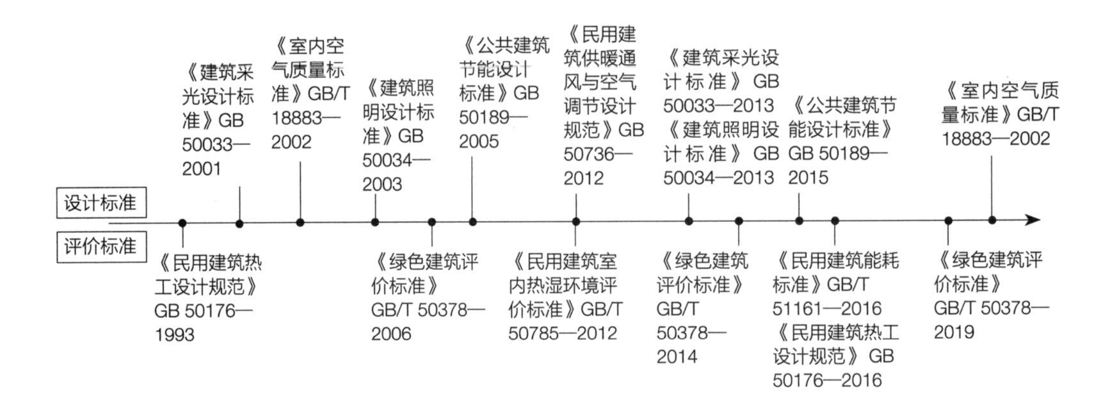

图1-3　我国公共建筑节能设计标准发展情况

93提出热工设计原则，明确指出节能建筑怎么做，涉及采暖、通风和空调等节能设计，对不同气候区围护结构的保温性能和窗墙比作出规定，使我国建筑节能工作从科学研究走向工程应用。2015年，国家标准《公共建筑节能设计标准》GB 50189—2015详细规定了室内热环境和节能设计计算参数，涉及体形系数、窗墙比、围护结构热工指标，以及采暖、通风、空调系统等指标。

《公共建筑节能设计标准》已经执行数十年，但大部分公共建筑实际运行能耗并没有明显降低。相当多的新建筑运行能耗高于同功能的老建筑，甚至有建造年代越晚运行能耗越高的现象。原因是建筑的主要矛盾已改变。20世纪80年代建筑质量和设备效率不高，且室内物理环境不满足需要。当前建造技术和设备效率已有普遍提高，室内物理环境要求高，甚至室内光热环境趋于恒定。因此，节能路线由“措施约束”转变为“性能导向”。对比措施约束和性能导向的节能路线见表1-1。节能标准规定了围护结构热工性能、窗墙比、照明功率密度等具体措施的限值。节能设计是在方案设计完成后查阅节能标准，并对相关参数取值，但措施约束无法针对具体方案或设计过程提供有效参考。2016年发布的国家标准《民用建筑能耗标准》GB/T 51161—2016，首次明确各类建筑的能耗限值[8]，为性能导向的公共建筑节能设计作铺垫[9]。

对比节能路线 表1-1

路线	措施约束	性能导向
背景	建造质量不高，室内热湿环境和光环境不满足基本要求	建筑物理环境满足使用者要求，但建筑能耗居高不下
方法	保温水平和机电系统的能效指标	基准值衡量，公共建筑用能约束值和目标值
结果	可能会出现隔绝室内外联系，恒温恒湿物理环境的过度耗能情况	降低运行能耗
规范	《民用建筑热工设计规范》GB 50176—93、《公共建筑节能设计标准》GB 50189—2005/2015、《民用建筑热工设计规范》GB 50176—2016	《民用建筑能耗标准》GB/T 51161—2016

4. 寒冷地区办公建筑性能提升潜力

办公建筑的功能和使用方式有其独特性。第一，办公建筑主要是由办公空间组成，房间用途相对固定，便于统一性能分析和策略应对。第二，办公建筑的人员密度大且在室率稳定，集中于白天使用，电器分布均匀且设备能耗较大。第三，当前社会从业者多在室内工作，对室内物理环境要求较高。因此，办公建筑不但要节能，同时要保证光热性能。利用设计要素平衡办公建筑性能的研究具有战略性意义，对其他类型的公共建筑也具有借鉴作用。

气候环境对建筑能耗和性能的影响不容忽视。寒冷地区四季分明，冬季寒冷干燥、夏季炎热多雨，即气候极端特征显著。被动设计策略在不同气候区的时效性差异较大，因此有必要研究响应寒冷地区气候特征的办公建筑。

5. 方案阶段的设计决策影响建筑性能

方案设计处于初期，随着设计进程的推进，建筑能耗和性能可优化的余地越来越小，因此方案设计阶段是决定建筑性能的关键[10]。IEA ANNEX30项目“模拟技术在建筑环境系统的应用”的子课题“设计过程分析”，将建筑的全寿命分为7个阶段，即方案设计、初步设计、施工图设计、设备招标、施工和调试、运行管理和建筑改造[11]。方案设计是整个过程的“源头”，是响应外界环境、决定建筑形态的重要阶段[12]。与建筑性能相关的设计要素（如建筑体形、朝向、窗墙比、平面布局等）在方案阶段一旦确定，基本就决定了建筑耗能情况，因此方案设计阶段是决定建筑性能的关键。Wilder研究方案设计阶段对建筑性能的影响，分析67座建筑的303项建筑节能技术，得出过半的节能技术措施是在方案设计阶段制定的。

建筑师探索如何在方案阶段进行以性能为导向的节能建筑设计。Kolarevic B. 等人提出模拟分析应在方案设计阶段开始，即方案设计阶段建立整合建筑空间、结构、材料和物理能效信息的建筑性能模型[13]。谢晓欢分析模拟软件在方案阶段介入与否对建筑性能的影响，得出方案阶段应用模拟软件更有利于响应当地气候[14]。

1.1.2 概念界定

1. 寒冷地区

现行国家标准《民用建筑热工设计规范》GB 50176按照建筑防寒防热要求将我国划分为五个气候区[15]。一级分区指标是按室外的最冷月、最热月和日平均温度，二级划分指标是室内的采暖和空调度日数。寒冷地区最冷月平均温度是-10~0℃，年日平均气温低于5℃的度日数是90~145d，设计原则应满足冬季保温要求，部分地区兼顾夏季防热（表1-2）。

寒冷地区气候分区特点　　表1-2

规范名称	区名	主要指标	辅助指标
《民用建筑热工设计规范》GB 50176	寒冷地区	1月平均温度-10~0℃	年日平均气温≤5℃的日数90~145d
	寒冷A区	2000≤HDD18＜3800 CDD26≤90	—
	寒冷B区	2000≤HDD18＜3800 CDD26＞90	—
《建筑气候区划标准》GB 50178	Ⅱ	1月平均气温-10~0℃	年日平均气温≤5℃的日数90~145d
		7月平均气温18~28℃	年日平均气温≥25℃的日数＜80d
	ⅡA	7月平均气温＞25℃	—
		7月平均气温日较差＜10℃	
	ⅡB	7月平均气温＜25℃	—
		7月平均气温日较差≥10℃	

表格来源：基于中华人民共和国住房和城乡建设部，中华人民共和国国家质量监督检验检疫总局．民用建筑热工设计规范GB 50176—2016[S]．北京：中国建筑工业出版社，2016．中华人民共和国住房和城乡建设部．建筑气候区划标准GB 50176—93[S]．北京：中国计划出版社，1993．整理绘制

现行国家标准《建筑气候区划标准》GB 50178按照温湿度和降水量将我国划分为7个一级气候区，在此基础上根据地表和风速特征进一步划分20个二级气候区[16]。建筑气候Ⅱ区1月平均气温在-10~0℃，7月平均气温在18~28℃，包括北京、河北、天津、陕西大部分地区、山东、安徽等地（表1-2）。

《建筑气候区划标准》GB 50178和《民用建筑热工设计规范》GB 50176的分区标准基本一致。寒冷地区和夏热冬冷地区兼有冬冷和夏热两种矛盾，寒冷地区冬季气温比夏热冬冷地区低12℃以上，夏季比夏热冬冷地区高2~4℃，即寒冷地区冬夏季气候矛盾性更严峻，因此结合地区气候特征的性能设计研究是必要的。寒冷A区应满足保温设计要求，可不考虑防热设计。寒冷B区应满足保温设计要求，6~8月的炎热程度和时长也不容忽视，因此建筑设计除了冬季防寒还要兼顾夏季防热。

2. 建筑能耗和光热性能

广义的建筑能耗是指从制造建筑使用的材料开始，到建筑废弃全过程的能源消耗，也可称为全生命周期的建筑能耗[17]。建筑能耗的狭义概念是建筑运行过程中消耗的能源，即建筑运行能耗。本书研究建筑运行能耗，即营造室内物理环境或电器设备运行所产生的能耗，对使用者的舒适度有显著影响。

室内环境包括热环境、光环境、声环境以及空间品质等。本书所涉及的热性能主要是指办公楼使用者对热环境的满意度。热环境与工作绩效的关系较为复杂，低温会降低人的反应速度、追踪灵敏度、肌肉灵活性、触觉敏锐性；高温会使人情绪消极、降低人际交往、注意力不集中等[18]。热舒适度是使用者对热环境的主观评价，是衡量人体对所处热环境冷热程度感受的指标。热舒适度受人体生理因素（皮肤平均温度、肌体蒸发率），人体主观因素（活动量、衣着量）和环境因素（空气温度、相对湿度、气流速度、辐射温度）等影响。

光环境包括天然采光和人工照明两方面。办公室使用者多进行伏案工作，大量办公空间采用稳定的人工光源照明。基于非视觉效应评价现有办公空间光环境，发现人工光环境存在影响使用者生理节律系统、警觉度、紧张感等问题；天然光对工作环境的积极作用包括增强警觉性、非视觉的认识表现、改善办公者的情绪并提高健康活力[19]。光性能受照度、均匀度、采光质量、眩光等要素影响。

本书所涉及的建筑性能是指能耗和光热性能。能耗、光性能和热环境舒适性通常存在矛盾关系，如室内热环境舒适度高意味着能耗的增加。响应气候特征的建筑设计具有平衡能耗和光热性能的潜力。本书所探讨的“寒冷地区办公建筑性能优化设计”，是在方案阶段利用建筑设计要素响应气候特征，同步优化建筑能耗和光热性能。

3. 界面

围护结构被用来定义建筑空间的围护部分，指的是将室内外分隔开，对外界不利环境起防护或调控作用的实体构件。从字面上理解，围护结构强调物质性。建筑表皮是由建筑师提出围护结构应像皮肤一样对气候进行“过滤”，强调功能性、相对独立性和生态性，之后又延伸至界面[20]。界面概念最早源自于物理学和生物学[21]。珀热拉将表皮视为界面，是一种参与设计空间生成的方式，并且发生持续不断的交互[22]。如果说建筑形体表现了建筑对于气候的静态适应性，那么界面实现了对于气候的动态适应[23]。

1.2 办公建筑性能优化设计研究

本书研究的主题是办公建筑性能优化设计，因此将既往研究分为办公建筑节能、能耗和光热性能、多目标优化方法研究。办公建筑性能研究方法包括实地调研、能耗监测、性能模拟等。办公建筑性能优化经历了由理论分析、公式计算、模拟试验分析到整合模拟和算法优化的发展过程。

1.2.1 办公建筑节能研究

节能建筑不是基于理论发展和形态演变的建筑艺术风格或流派，是衍生于物理学家对环境和资源问题的深切关注和前瞻而提出的理想模式，是试图解决自然和人类社会可持续发展问题的建筑表达[24]。节能建筑是人类利用自然资源和地方材料，结合人的生物舒适感受，建造适应于周围气候环境的房屋。气候和地域条件是影响建筑的重要因素，人类从未停止对建筑、气候、人的研究[25]。G. Z. Brown和M. Dekay教授的著作《太阳辐射 · 风 · 自然光　建筑设计策略》，研究建筑形式与能耗关系，提出被动式节能系统比主动式系统与建筑形式的关系更紧密；被动设计策略是利用建筑元素（如街道、街区、房间、窗和墙）的合理组织生成节能形式，探讨建筑形式、空间和能量之间的关系；办公建筑平面布局除了受功能制约外，还应响应自然环境[26]。瑞典建筑师厄斯金提倡节能设计建立在建筑形式的基础上；节能手段从控制体形转向控制形式和构造节点；根据季节调整活动区域；对物理环境的考虑应扩大至室外空间。Frazer J. 对自然进化和建筑形态的发展作类比，建立进化建筑理论，提出将建筑作为热力学开放系统设计会更环保，且具有物理、社会和经济可持续性。

运用实地调研或能耗监测的方法挖掘既有办公建筑的能耗问题。Eddine等人实测意大利五个城市的办公建筑，提出影响办公建筑节能的设计要素是形态要素（体形系数、表面积系数、朝向）和建筑热工要素（太阳辐射系数、外遮阳系数、建筑内部有效热容量）；对采暖能耗影响最大的是体形系数；对制冷能耗影响最大的是表面积系数，影响最小的要素是外遮阳系数[27]。监测或收集办公建筑能耗数据难度较大，且办公楼之间使用模式、形态和材料构造的差异显著，很难横向比较建筑设计要素对能耗的影响。能耗模拟可用于方案设计阶段，能够预测设计要素对能耗的影响，量化设计要素与能耗的关系，因此受到学者和设计师的关注。

能耗模拟能有效量化设计要素对能耗的影响，提高节能建筑设计的效率。Florides等人用能耗模拟软件分析典型办公建筑的通风、遮阳、外窗、朝向以及墙体，指出墙体保温隔热性能对节能的重要性，长方体建筑的长边是南北向最合理[28]。Susorova对比美国六个不同气候区的办公建筑形态（朝向、窗墙比、房间长宽比）对能耗的影响，得出在寒冷和炎热气候条件下建筑形态的节能效果显著，平均节能率是3%和6%，最大节能率达10%和14%[29]。Delgarm以意大利四个气候区为例，利用性能模拟选择合理的朝向、窗尺寸、遮阳，将总能耗降低24%~42%[30]。Goia提出寒冷地区东、西向外立面窗户的不合理设计至少会造成能耗增加5%，最佳窗墙比是30%~45%[31]。

自然采光和太阳辐射得热量是降低办公建筑能耗的有效策略。Caruso基于太阳辐射得热量优化建筑形态，用累计天空模型的方法计算建筑表皮的太阳辐射量达到节能目的[32]。Sadineni分析建筑平面形状的节能效果，提出应考虑太阳辐射的影响，并控制建筑的外表皮面积[33]。Ayşegül基于太阳辐射探讨建筑形态布局与整体能耗的关系。Baker N. 以窗墙比、房间尺度为变量，利用自然采光、太阳辐射得热和失热量的平衡达到节能目的[34]。

办公建筑形态和外界面的节能研究。Tuhus-Dubrow对比矩形、“L”形、“T”形、“十”字形、“U”形、“H”形和梯形等建筑形态与能耗的关系，提出矩形和梯形的建筑能耗最低；对比办公楼电耗，塔楼的电耗是板楼的1.48倍。Adnan比较矩形、“L”形、“十”字形、“T”形、“H”形办公建筑的能耗，分析长宽比、窗墙比对建筑能耗的影响。Depecker研究寒冷地区14种建筑形态与能耗的关系，提出建筑形式的紧凑度与能耗成反比关系[35]。Helena研究瑞典办公楼窗设计，研究结果表明为了减少采暖能耗应降低窗户传热系数，但办公建筑的窗户传热系数和总太阳能透过率过低有造成温室效应的可能性[36]。Nielsen等人提出能耗与舒适度之间的平衡是在房间层面实现，比较无遮阳、固定遮阳、可调遮阳对总能耗的影响，挖掘遮阳构件的节能潜力[37]。

自2010年，清华大学建筑节能中心每年出版《建筑节能研究报告》。中国建筑科学研究院统计汇总我国公共建筑能耗数据，以此为依据建立建筑能耗基准，为各类建筑提供能耗评价指标[92]。

利用自然采光和自然通风的办公建筑节能研究。梁传志采集夏热冬冷地区的62栋办公建筑数据，指出空调系统类型对建筑能耗影响大，大型建筑能耗高于中小型建筑；照明系统节能潜力大且易实现[93]。林波荣实测绿色公共建筑，分析自然通风和自然采光等节能策略，提出被动策略与建筑平面结合的节能潜力显著[94]。夏冰研究上海办公楼，对比七种与建筑形态相关的节能策略，得出天然采光和自然通风的节能潜力最大，其次是结合热环境分区的平面布局和遮阳策略[95]。沈忱研究严寒地区办公建筑形态与日照辐射的关系，平衡冬夏季太阳辐射量以实现节能[96]。吴迪在寒冷地区点式高层办公建筑能耗模拟中耦合自然采光，研究窗墙比与能耗的关系[97]。丁沃沃研究外立面开窗形式与室内光热环境的关系，并提出控制窗墙比的节能策略[98]。

办公建筑形态节能研究。林波荣提出建筑朝向的调整可以使建筑全年负荷和空调供暖能耗降低15%左右[99]。李函泽分析建筑平面形状、朝向、体形参数与能耗的关系，对模拟数据进行相关度和回归拟和，得出形态要素和能耗的线性关系，并提出低能耗办公建筑设计策略[100]。刘利刚梳理高层办公建筑平面，分析功能区面积比、进深、交通核布置对建筑能耗的影响，得出相同规模的办公建筑，由于体形和平面布局导致能耗差异在20%~50%，功能区进深和交通核布置对能耗影响显著[101]。何成采用随机抽样和能耗模拟的方法研究多层内廊式办公建筑的能耗，结果表明功能布局对建筑能耗有一定影响[102]。毕晓健研究办公综合体形态对能耗的影响[103]。

办公建筑围护结构节能研究。任彬彬建立寒冷地区多层办公建筑低能耗设计原型，分析建筑朝向、外界面传热系数、窗墙比与能耗的关系[104]。刘立采用正交实验法，分析空间、表皮、构造等设计要素对寒冷地区高层办公建筑能耗的影响，得出降低层高和窗墙比是有效的节能策略，其次是减少标准层面积、南北向布局、外置遮阳板[105][106]。孙澄等人建立严寒地区办公建筑能耗模型，分析各设计要素对建筑能耗的局部敏感度[107]。尹凡模拟杭州（夏热冬冷地区）的某一公共建筑，利用正交实验法和方差分析得出影响建筑总能耗的设计要素依次是外窗朝向、玻璃类型、窗墙比、外遮阳[108]。段然提出寒冷地区固定式外遮阳能显著降低夏季制冷能耗，而不影响冬季太阳能得热[109]。

1.2.2　办公建筑能耗和光热性能研究

1. 光性能研究

影响办公建筑光性能的设计要素。Gagne以美国不同气候区为背景，分析建筑形态、窗尺寸和玻璃类型对办公建筑自然采光的影响，得出玻璃透射率大于0.5、窗墙比大于50%时，自然采光不能提供额外显著的照明[38]。Mahmoud利用光性能模拟优化建筑立面以增加自然采光。Reinhart将空间自然采光的年度眩光概率和使用者行为模型相结合，用空间遮阳设计满足视觉舒适度。

遮阳构件对光环境的影响。Hoffmann提出固定遮阳板的板长和倾角对室内自然采光的影响显著[39]。Eltaweel等人提出一种新的自动百叶窗控制方法，百叶根据太阳高度角将直射光反射到天花板，利用反射光为光源。该方法不仅防止眩光，还能最大化地将太阳光引到办公室较深处[40]。Chan研究不同朝向房间尺寸、玻璃性能、遮阳百叶材料特性，对比遮阳百叶的四种控制方式对室内自然照明的影响，评价遮阳百叶的设定值、年度采光指标和眩光概率[41]。

人们通过感官认识世界，通过视觉获得的信息占80%，因此舒适的光环境是建筑性能研究的重要课题。人们在办公建筑中依赖人工照明作为主要光源，随着建筑节能理念的明晰，自然光的光效高、显色性好、利于提高使用者的工作效率、能减少人工照明能耗和采暖能耗，即天然采光具有很大的节能潜力，对人的舒适度和心理感受也有积极的影响[110]。韩昀松以严寒地区办公建筑为例，展开天然采光模拟与实测，天然采光模拟实现了建筑形态、材料属性和光性能的关联，并验证模拟工具的有效性和准确性[111]。

王少军研究窗户透光率、窗台高、窗墙比、窗户朝向、窗户形状对室内照度的影响[112]。刘蕾研究严寒地区办公建筑空间设计参量与光环境质量、能耗之间的关系，以全年自然采光满足率和有效采光照度为评价指标，建立自然采光性能预测模型，并归纳自然采光设计策略[113]。张立超调研寒冷地区办公建筑自然采光现状，结果表明侧窗采光办公室存在照度均匀度差、易眩光的问题，模拟分析水平遮阳板、百叶、采光搁板改善室内光环境的效果[114]。林涛模拟研究可调节遮阳构件对室内自然采光的影响[115]。王欣模拟分析窗墙比、窗户类型、遮阳板长度对室内光环境和照明能耗的影响[116]。

2. 热舒适研究

热舒适度模拟的应用范围广泛，设计者可以直观设计要素对热舒适的影响。热舒适模拟模型适用于服装热阻低于1.5clo，代谢率在1~2met，风速达1m/s的情况[42]。

利用自然通风和太阳辐射改善热舒适的研究。Moujalled研究法国五座自然通风办公建筑的热舒适度，提出自然通风既能保证室内热舒适度又能降低能耗[43]。瑞士最新标准SIA建议根据不同功能空间及使用者衣着、行为特征进行供热从而节能，Rahm结合风环境模拟室内微气候，通过热舒适模拟选择适宜的设计策略。

Yang分析热舒适度和建筑能耗的关联，提出放松对室内中性温度的严格控制可有效平衡热舒适度和能耗，若使用者夏季对室内温度的容忍度较高，即提高制冷温度，降低制冷能耗，缓解用电高峰[44]。Craig研究墨尔本（海洋气候）、悉尼（温带气候）、布里斯班（湿润亚热带气候）等地办公建筑，提出若室内制冷温度升高1℃，则制冷能耗节约6%[45]。Mui提出将香港办公建筑空调系统的制冷温度从26℃调整为动态温度Tc=17+0.38To（Tc是热舒适温度、To是室外月平均温度），制冷能耗将节约7%[46]。

Chris提出基于性能模拟的建筑空间自适应性设计，在摒除空调系统、过度简化使用者行为、恒定热中性温度的假设条件下，发掘空间形式对热舒适的影响和使用者对热环境的调控能力（图1-4）[47]。Erickson研究气候适应性围护结构，提出围护结构的隔热性能是影响能耗和使用者舒适度的关键；通过优化围护结构提高使用者的热舒适度[48]。

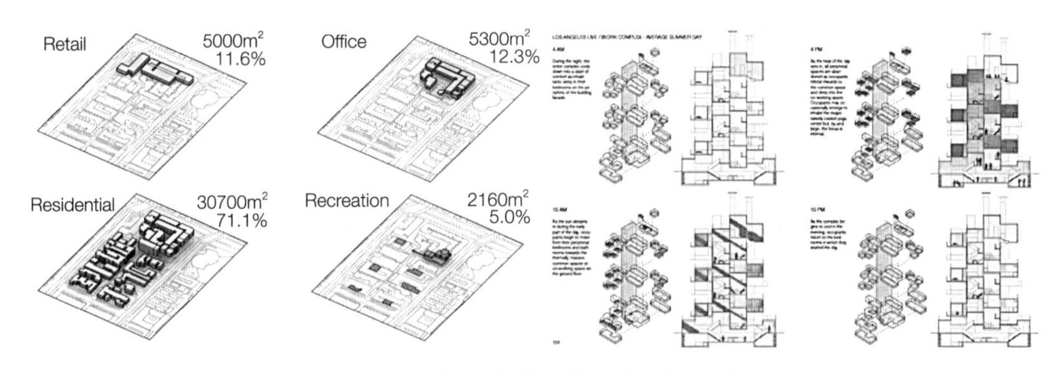

图1-4 利用空间要素满足热舒适度的住区设计图

图片来源：Chris M. Pan climatic humans-shaping thermal habits in an unconditioned society[J]. Massachusetts Institute of Technology Institutional Knowledge Base, 2010 (1): 144-147.

朱颖心探讨保持恒温恒湿环境是否真的符合人类健康舒适要求，为保持热中性环境消耗大量能源是否值得，提出室内环境舒适目标不应是追求极致的舒适，而是追求有变化、可接受、健康的室内环境[117]。邢金城研究天津地区全年办公建筑室内环境参数对人体热舒适的影响。黄莉对比北京非空调和空调建筑使用者的夏季中性温度，得出空调建筑使用者对温度变化更为敏感[118]。

利用自然通风和太阳辐射改善热舒适的研究。邱麟基于哈尔滨典型开放式办公空间自然通风模型，研究建筑朝向和开窗形式对室内通风和热舒适度的影响[119]。陶斯玉潇调研严寒地区办公空间夏季自然通风现状和人员热舒适度，提出改善策略并模拟验证[120]。李彤研究响应太阳热辐射的建筑形体，从而改善建筑热舒适度[121]。

3. 光热耦合研究

太阳辐射得热和可见光影响室内光、热环境，光热联动也是建筑性能研究的重点。照明能耗占建筑物总能耗的比例不断加大，挖掘天然采光的节能潜力。通过窗户引入自然光线，良好的自然光环境有利于人们的健康和提高工作效率。若自然光引起的冷却负荷超过照明能耗的减少量，或者通过窗户流失的热量大于节约的照明能耗，利用天然光就不能达到预期的节能效果。为了保证建筑光热性能同时降低总能耗，耦合能耗和光热性能的研究是必要的。Jakubiec用参数化性能模拟工具DIVA对单一空间的光、热性能进行研究，根据光环境计算人工照明运行时间，然后将该时间表用于能耗模拟，实现光热性能的耦合[49]。Jon等人基于Rhino和EnergyPlus提出了一种外遮阳设计方法Shaderade，改进二维设计法和Ecotect所使用的遮阳模拟方法。Shaderade方法分析遮阳时段，将外遮阳所在空间细分为单元，计算全年每个单元对窗户产生阴影投射的时刻，根据负荷和太阳辐射得热对单元进行计分，减少冷负荷的加分，增加热负荷的减分，最终去掉负分的单元，保留正分（即有效节能）的单元，依此确定最有效的遮阳形式[50]。

Berk提出已有的建筑性能研究主要集中于被动式设计，外界面占比58%、形态占比23%和布局占比19%。Goia研究中欧地区（温带海洋气候）的办公建筑，提出立面与采暖、制冷、照明能耗的非线性关系；建立光热性能耦合模型，优化界面的窗墙比既保证光热性能又较低总能耗，提出最佳窗墙比范围是35%~45%[51]。Konis基于美国不同气候区，利用建筑形态、窗户、朝向等被动策略，将节能率提高4%~17%、有效天然采光照度提高27%~65%。Huang研究寒冷地区办公建筑的窗和遮阳设计对建筑光热性能的影响，提出Low-E玻璃最节能；外遮阳的效果优于内遮阳；朝向和纬度对窗户性能影响显著，随着纬度提升南向窗户性能越来越好，东、西向窗户的节能效果明显[52]。Francesco比较四个朝向的立面，南立面对光热性能和能耗影响最小，北立面窗墙比设计对能耗和光热性能影响最大。

窗和遮阳构件是影响室内光热性能的关键要素。Villami提出合理的窗和遮阳构件设计，将自然采光提高16%、热舒适性提高48%[53]。Nielsen提出窗户的节能（小尺寸开窗）和视觉舒适（大尺寸窗户）存在矛盾，应采取折中策略调整窗墙比，兼顾节能和视觉舒适[37]。智利圣迪雅哥办公建筑以制冷能耗为主，且眩光现象频繁发生。研究结果表明窗户尺寸对能耗有显著影响，全玻璃幕墙需消耗制冷和采暖能耗155kWh/m^2，窗墙比为20%并设置外部遮阳，能耗降至25kWh/m^2，且满足全年80%的采光需求[54]。Dubois利用遮阳构件控制光线和太阳辐射，降低能耗并提高室内舒适度[55]。González提出澳大利亚典型办公室适宜采用外遮阳百叶降低能耗并保证光性能[56]。Singh研究窗户和外置遮阳百叶对办公空间光热性能的影响，通过敏感度分析提出性能设计应优先考虑窗墙比、玻璃类型、遮阳百叶朝向和倾斜角度[57]。Shen分析芝加哥和洛杉矶的小型办公建筑，结果表明建筑适宜的窗墙比是30%~50%，结合可调节遮阳能有效节能[58]。Tzempelikos分析加拿大蒙特利尔办公建筑，以窗墙比、遮阳构件类型和特性、朝向为变量。得出南向窗墙比是30%时，照度高于500lx的时间占全年的76%，过大的窗面积不能显著增加采光性能；与无遮阳建筑相比，遮阳卷帘可将制冷能耗减半；虽然遮阳设计会增加照明能耗，但总能耗会降低12%[59]。Kim总结不同类型遮阳构件对室内热环境的影响[60]。

韩昀松基于参数化设计平台建立建筑能耗、热舒适和自然采光性能的神经网络预测模型，研究严寒地区办公建筑形态对能耗和室内舒适度的影响[122]。曹彬研究北京和上海的典型公共建筑，分析空气温度、平均辐射温度、相对湿度、风速、CO_2浓度、照度等室内环境参数与使用者满意度，建立总体满意度预测评价模型[123]。

张锐研究严寒地区外窗类型对采暖期热环境、风环境、声环境的影响，并建立外窗全生命周期的性能模型[124]。张祎以能耗、自然采光时间百分比、视觉通透度为评价指标，探讨寒冷地区外遮阳百叶形式与室内环境舒适度的关联[125]。刘鹏分析昆明市办公建筑外遮阳构件的遮阳、节能、自然采光、视野和自然通风的效果[126]。崔艳秋分析寒冷地区某办公楼外遮阳百叶，结果表明合理的增加百叶宽度或减小百叶间距能在降低制冷能耗的同时增加室内采光均匀度[127]。Zhai以西安市办公室为研究对象，以窗户的朝向、尺度、玻璃材料为变量，以能耗、室内热环境和视觉舒适度为评价指标，基于模拟结果提出能耗和室内热环境随光环境变化而变化[128]。

1.2.3 多目标优化方法研究

建筑性能目标包含建筑能耗、光性能、热舒适度等，它们之间存在竞争和合作的关系，因此多目标同步优化是建筑性能设计必须面对和解决的问题。多目标优化方法是用优化算法搜索在某种条件下多个目标同时最优的解[61]。优化算法是通过对设计变量的交叉和变异，探索不同的参数组合，寻找目标函数的最小值或最大值，在没有用户控制的情况下解决特定的寻优问题。多目标优化算法包括遗传算法、退火算法、粒子群算法、蚁群算法、禁忌搜索及混合优化等。优化算法的选择取决于优化对象和目标的特性。建筑设计变量具有不确定性、变量多且离散等特点，优化目标之间存在负相关。通过对比不同算法，得出遗传算法是建筑性能优化的首选[62][63]。遗传算法具有解决表皮、暖通空调和可再生能源同步优化的潜力[64]。

遗传算法（Genetic Algorithm，简称GA）是一种模拟自然生物进化过程和遗传机制的随机搜索算法，是自组织求解与自适应的人工智能技术[65]。遗传优化算法最初由Holland提出[66]，后来逐渐应用于各个领域。1980年法国建筑师Avdot利用遗传算法优化某住宅楼设计方案，解决空间连接、流线最短等问题[67]。建筑性能目标众多且关系交错复杂，运用遗传算法可搜索全局最优解，因此采用遗传算法优化建筑性能受到关注[68]。遗传算法的优势是能同时处理离散和连续变量；评估一个群体中的多个个体，并允许多个处理器同时运行；适合解决多目标优化问题；处理不连续、复合模型、高度约束问题时，不会陷入局部优化；对高模拟故障率具有鲁棒性[69]。

Su测试并验证多目标优化方法用于建筑性能优化的有效性和准确性[70]。Caldas将多目标优化方法应用于Alvaro Siza设计的某座建筑，验证遗传算法优化能有效找到权衡多性能（能耗、成本、温室气体排放量）的最优方案[71]。Magnier和Haghighat将人工神经网络和遗传算法相结合，提高多目标优化效率，发掘多目标优化降低能耗和改善热舒适度的潜力。Wu以成本、能耗和使用者舒适度为性能目标，使用者的舒适度是采用基于经验的多元回归模型，利用遗传算法做办公建筑的多目标优化[72]。Attalage讨论了优化方法在建筑性能设计中的适用性。Brownlee采用排序和相关性分析Pareto解集[73]。Suga提出遗传算法不仅能有效求解最优解集，对Pareto解集的聚类分析能获取信息、支持最优方案决策[74]。Wright将建筑立面划分为若干矩形单元，优化目标是减少能耗和成本，通过优化算法确定窗户数量和位置，得出遗传算法优化不但能找到帕累托最优解，还能发掘潜在建筑形式[75]。

近年，整合算法优化与物理模拟技术的建筑性能优化研究逐渐增多。Stevanović提出方案设计阶段将建筑能耗模拟和优化方法结合是实现高效率节能的关键；随着设计变量数量的增加，设计搜索空间非常大，研究人员将优化集中于被动太阳能策略，如建筑形式、外界面、遮阳等[76]。性能模拟擅长预测和评估建筑性能，整合参数化设计、性能模拟、多目标优化不但能预测评估建筑性能，还能发掘潜在的设计搜索空间，辅助建筑师做设计决策[77]。Azari以能耗、全生命周期对环境的影响为优化目标，设计变量是保温材料、窗户类型、窗框材料、墙体热阻、窗墙比，以人工神经网络和遗传算法作为优化方法。Yang提出优化算法扩展设计探索空间的重点是优化问题的建构，优化问题对优化结果的影响重大，提出分析优化解并重构更合理的优化[78]。Attia基于优化专家的访谈，提出优化在方案设计阶段的使用是以集成模拟和优化工具为前提，性能模型和优化过程要无缝衔接[79]。

建筑性能优化设计的发展潜力巨大。方案设计阶段加入性能模拟和多目标优化算法，根据性能评价指标自动搜寻最优方案，避免了传统设计模式的性能模拟软件介入被动、成果优劣评价主观、应用过程复杂低效等弊端[80]。建筑性能优化可用于优化建筑形式、采光界面、开窗、遮阳、自然通风和蓄热材料等[81]。Wee研究新加坡（热带地区）办公建筑，优化对象不局限于形态和表皮，还加入了制冷系统，从主被动结合的视角平衡制冷能耗和自然采光[82]。建筑性能目标包括节能、室内环境质量、成本、结构等，多性能优化的目标由节能为主扩展至节能、光性能、热舒适度等多维度。Wang的研究目标是建筑成本和环境影响，利用遗传算法优化建筑平面形状[83]。Malkawi以热增益、热损失和体积为目标优化建筑形态，还引入点的层次关系控制建筑形状，从而探索复杂建筑形态的节能优化。Caldas以节能、温室气体排放和结构为目标，优化建筑形态、布局、空间、围护结构、窗户、设备等[84]。Futrell以最小能量需求与最大日照为研究目标，研究对象是四个朝向的教室，设计变量为天花板高度、窗透光率、窗宽、光架长度，结果表明：东、西、南方向的能耗和采光之间的冲突不强，北向的冲突更为激烈。Nguyen提出用优化方法可显著降低寒冷气候区的建筑能耗，提高建筑性能设计的效率；优化方法对降低温暖气候区办公建筑能耗、成本的效果较小。Agirbas以复杂建筑形体为设计变量，约束条件是外表皮的面积和高度，优化目标是太阳辐射得热量、自然采光和能耗，性能优化方法为设计师提供许多性能较优的方案；对比复杂形体与欧几里得几何形体的光热性能，复杂形体的自然采光较多但太阳辐射得热量较少，欧几里得几何体的采光和太阳辐射性能反之[85]。Maltais研究自然采光办公建筑的能耗和舒适性，以年眩光指数和年照明能耗为评价指标，对加拿大蒙特利尔的办公楼进行模拟，窗墙比和南向遮阳尺寸对建筑照明能耗和光性能影响最大，其次是朝向、长宽比和可见光透射比[86]。Mendez以欧洲办公建筑表皮为研究对象，以节能为优化目标，遗传算法优化结果表明窗墙比是关键参量，适合该地区的办公楼除南向外均适合小面积开窗[87]。

集成多目标优化和性能模拟的方法分为两种。一种是建筑设计平台集成性能模拟和多目标优化插件。Octopus和Wallacei是Rhino/Grasshopper的多目标优化插件（图1-5），Optimo是BIM/Rivet平台的多目标优化插件（图1-6）。参数化设计平台（如Rivet、Grasshopper）不但具有形态生成、性能模拟和遗传算法优化等功能，还具有可视化和互动设计等优势，减少建模时间和模型出错概率，易于建筑师掌握。劣势是试验方法以正交实验为主，模拟量大且缺失数据挖掘功能。Yuan基于参数化设计平台Grasshopper，研究三个不同气候区的办公建筑自然采光和能耗的性能优化，改进设计方案的建筑性能[88]。Lin基于BIM平台采用遗传算法优化复杂建筑形体，性能目标是节能、成本、空间规划，得出针对具体问题设定性能边界的优化有助于提高收敛速度，快速求得最优解[89]。

另一种是优化平台和性能模拟软件的交互操作，如优化软件GenOpt与能耗模拟软件TRNSYS的交互，数学软件Matlab与模拟软件EnergyPlus、Radiance的交互。Trubiano利用EnergyPlus、Radiance和Matlab，以节能和光性能为目标优化办公建筑形态[90]。

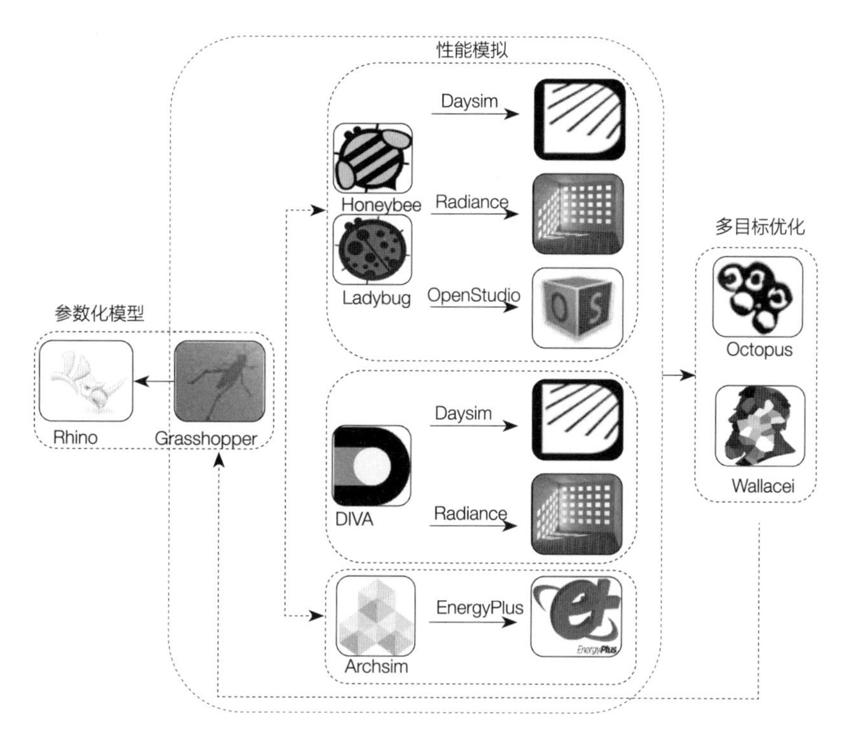

图1-5 Rhino平台集成模拟和优化程序

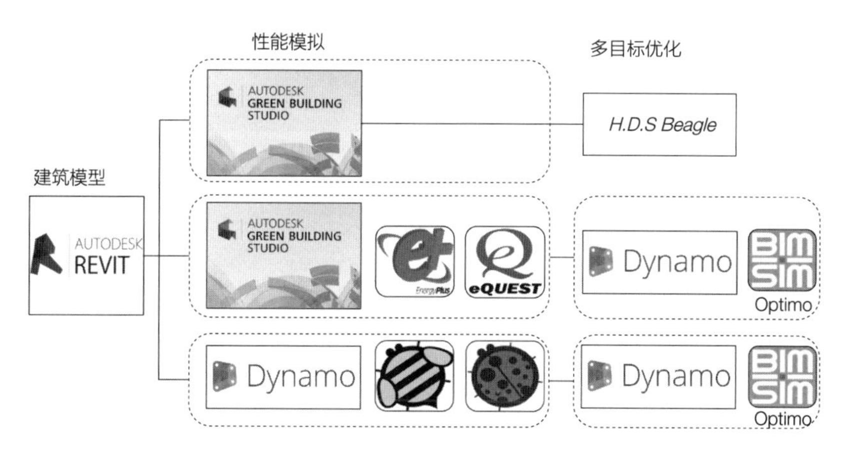

图1-6 Revit平台集成模拟和优化程序

Lu利用GenOpt和TRNSYS，以节能为目标优化建筑的形状和围护结构[91]。

整合性能模拟和多目标优化方法，优化建筑能耗和室内环境。林波荣提出以建筑师为主的传统设计方法无法适应多学科的整合，应用基于模拟的性能优化设计才能从设计源头保证设计质量[23]。孙澄以建筑能耗、光热性能为优化目标，整合性能模拟、多目标优化和神经网络预测等，提高建筑形态性能优化的效率[129]。喻伟以建筑能耗和热舒适为优化目标，优化夏热冬冷地区居住建筑的形态与围护结构热工性能，以能耗模拟数据训练遗传优化BP神经网络，得出最优解的建筑性能优于实验参照建筑[130]。Ma用遗传算法优化北京某办公室，优化目标是节能和光性能，以办公室的窗户尺寸和朝向为变量，优化结果是南朝向最佳，其次是北向；竖向长条窗最佳，其次是方窗，最后是水平窗[131]。苏艳娇以围护结构的传热系数为变量，采用MATLAB建构能耗、成本、热舒适为目标的优化模型[132]。山如黛基于遗传算法优化围护结构设计[133]。

国内集成多目标优化和性能模拟的方法以基于参数化设计平台为主。基于参数化设计平台的性能优化研究。侯丹优化火车站候机厅围护结构，以能耗、光性能和成本为优化目标。陈航研究寒冷地区内廊板式办公建筑窗户，以能耗、采光均匀度、造价为优化目标，搜寻综合自然采光和节能的最优解[134]。袁一美研究寒地某高校宿舍楼的形态，采用多目标优化算法权衡采暖季和制冷季太阳辐射得热量[135]。袁栋以瑞士再保险大厦为原型，以外表皮的夏季和冬季日照辐射得热量为优化目标[136]。

1.2.4 总结与评价

1．建筑性能设计从节能为主，向多性能并重转变。

既有建筑性能研究以节能居多，其次是光、热性能，最后是风环境。建筑能耗和光热性能相关联，建筑形态、自然采光、自然通风的节能潜力已被验证，应加强建筑形态、被动策略、能耗和光热性能的一体化研究。

2．建筑设计要素与多性能的量化研究需完善。

建筑性能计算方法有理论分析、公式计算、模拟预测等。性能模拟适用范围广泛、操作简便，因此很多学者采用性能模拟量化设计要素对建筑性能的影响。基于性能模拟的量化研究已初见成效，但多性能的关联模拟及数据分析还处于起步阶段。基于参数化性能模拟技术，完善办公建筑设计要素与建筑性能的量化研究，分析多变量、多性能的映射关系。

3. 多目标优化在建筑设计领域刚起步，性能模拟和多目标优化的整合方式和平台亟待发展。

既有优化研究以单目标或双目标居多，且集中于能耗和成本。两个以上性能目标的优化研究较少，即关注办公建筑设计要素的单一性能表现。利用多目标优化算法解决多性能权衡是研究趋势。在方案阶段整合性能模拟和多目标优化的性能优化设计方法处于初探阶段。

多目标优化和性能模拟的整合方式有两种。一种是基于参数化设计平台（如Grasshopper/Revit）集成多目标优化和性能模拟功能。参数化设计平台是建筑师熟悉的，但多目标优化插件仅能提供优化数据，缺失对优化解的分析和数据挖掘，并且最优解是由使用者主观选择。另一种是基于优化软件（Matlab/GenOpt）和模拟软件（EnergyPlus/Radiance/TRNSYS）的交互，优化软件需要采用编程语言（如C、JAVA等）集成模拟软件，操作复杂。整合性能模拟和多目标优化的建筑性能优化方法发展潜力较大，性能优化设计平台亟待发展。

1.3 响应气候优化建筑性能

如何利用建筑要素响应气候特征，从而在保证寒冷地区办公建筑光热环境舒适的同时降低能耗，是一个值得研究的课题。本研究探索针对寒冷地区的气候特征，利用办公建筑设计要素和功能特征，采用多目标优化方法平衡能耗和光热性能的设计研究。

1. 梳理绿色建筑评价标准和节能标准，选择建筑性能中的关键性能为优化目标。进而，分析寒冷地区气候特征，适宜的节能策略是被动太阳能得热和自然通风。然后，调研寒冷地区办公建筑能耗及光热性能现状，分析办公建筑性能特征。最后，分析既有建筑性能优化设计方法的优劣势，为改善性能优化设计方法奠定基础。

2. 建筑能耗和室内光热环境呈耦合关系，建立寒冷地区办公建筑光性能、能耗和热舒适相关联的性能模型。采用响应气候条件的自然通风和人工照明运行时间表，改进惯用节能标准统一规定的照明开关时间表和根据季节划分的自然通风时间表。性能模型关联设计要素和建筑性能，自变量是形态、界面、空间设计要素和采暖制冷设备调控参数，因变量是能耗和光热性能。

3. 针对多变量多性能目标的优化，采用析因试验方法量化办公建筑设计要素对性能的影响机制和规律，提取关键设计要素，量化主被动设计要素的交互效应。反思节能规范的相关指标，对办公建筑节能设计标准提出相应的建议。

4. 多目标优化方法包括优化算法选择、优化过程和分析优化结果等。通过对比分析，提出适合寒冷地区办公建筑的多目标优化方法。

5. 搭建基于优化软件modeFRONTIER整合性能模拟Grasshopper/L+H的办公建筑性能优化设计平台，实现性能模拟和优化过程的无缝衔接，保证设计搜索空间的全局性和优化解质量，并分析优化结果，挖掘潜在信息，辅助建筑师做出性能最优的设计决策。

第2章

寒冷地区办公建筑能耗和光热性能优化

2001~2017年，公共建筑的建设量约占全国新建建筑的1/3，公共建筑能耗占比达44%，办公建筑在公共建筑中占比较大。巨大的建设量、高效率的建造技术、较短的建造周期压缩设计过程，先进的空调设备系统营造室内环境，使得大量办公建筑设计并没有考虑当地的气候环境，造成高能耗的现状。虽然我国颁布了绿色办公建筑评价标准和节能标准，并明确规定办公建筑的热工要求和节能措施。但全国办公建筑形态相似，依赖主动设备营造热中性室内环境的趋势显著，造成办公建筑节能难度大。

本章首先梳理国内外绿色建筑评价标准，明确办公建筑的性能设计重点是节能和光热性能，并确定相应的评价指标。其次，分析寒冷地区气候特征，其具有冬夏季气候差异显著、光热同期、日照充沛等特征。寒冷地区办公建筑既要满足夏季隔热，又要满足冬季保温。然后，调研该地区办公建筑的能耗和光热性能现状，总结寒冷地区办公建筑的用能和光热性能特征。最后，分析整合性能模拟和多目标优化的既有性能优化设计方法，提出基于多目标优化软件modeFRONTIER的性能优化设计方法及流程。

2.1 办公建筑能耗和光热性能评价指标

随着绿色建筑技术和理论研究的日趋成熟，绿色建筑已经从理论研究发展到推广应用于建筑实践。绿色建筑评价标准推动绿色建筑的实践，规范的完善与发展对于绿色建筑的推广、普及、应用有重要作用。绿色建筑设计是绿色建筑标准执行的先导，两者是相辅相成的关系。

2.1.1 能耗和光热性能是建筑性能研究重点

2.1.1.1 梳理国际绿色建筑评价体系

绿色建筑评价标准指导性能导向的建筑设计，提供量化的设计目标。绿色建筑评价体系随着行业和技术发展越来越严谨，对资源、气候、建筑本体节能重视程度逐步提高。绿色建筑评价标准虽是一个后评估体系，但其涵盖建筑的全生命周期，并对每个阶段都提出了明确的评价指标和标准，尤其大部分指标是针对建筑设计，并且要求在设计阶段就要满足标准要求。各国绿色建筑评价体系的立足点和目标都是一致的，都是从可持续发展原则出发，目标是为建筑设计决策的制定更加具体和易于实施。

绿色建筑评价体系主要涵盖七类：场地、能源、水资源、材料资源、室内环境质量、污染和其他。对比国际主流绿色建筑评价标准的内容及其权重（图2-1），评估体系中占比最大的是能源（平均值为25.5%），其次是室内环境质量（14.6%），然后是材料资源（13.1%）和场址（11.4%）。Umberto在GBC数据库中选择了490栋建筑样本进行分析，提出能源是最重要的指标，但实现率最低（38%），水效率和室内环境质量的实现率最高（56%）。美国堪萨斯大学研究办公建筑室内环境的权重，热环境占比最大（45.9%），其次是光环境（34.1%），最后是风环境、空气质量及声环境[137]。建筑热、光环境与建筑能耗密切相关，因此建筑性能目标是以能耗、热舒适度和光性能为主。

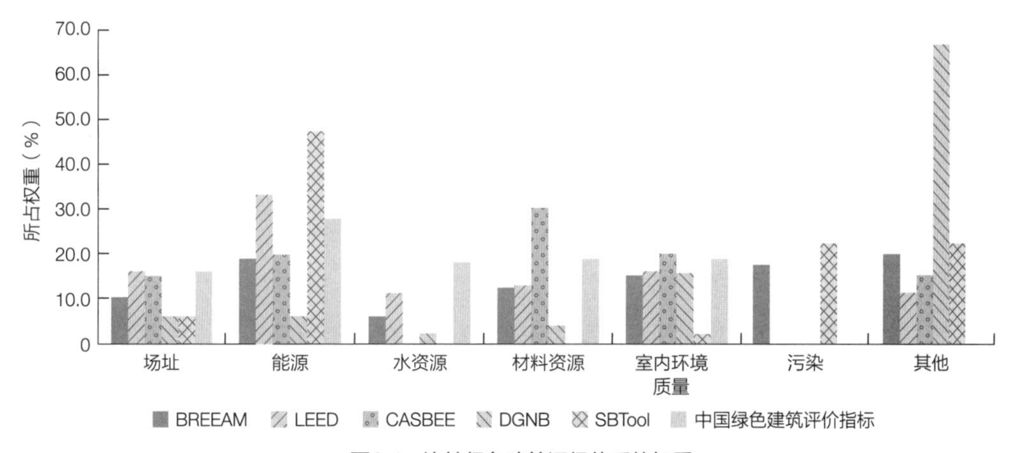

图2-1　比较绿色建筑评级体系的权重

梳理各国关于建筑能源、光环境和热环境的规定，见表2-1。围护结构分隔室内外环境，建筑能耗受围护结构质量影响。建筑能源相关规定的重点是围护结构质量和CO_2排放量。光环境相关规定重视天然采光的利用，同时注重眩光的控制，以保证光环境质量。围护结构影响室外气候对室内热环境的影响，空调系统控制室内温度，所以热环境受围护结构质量和空调系统影响较大。

各国绿色建筑评价体系关于建筑能源和光热环境的规定　　表2-1

	英国 BREEAM	美国 LEED	日本 CASBEE	德国 DGNB	中国 GB/T 50378
能源	能源性能比率，碳排放总量	建筑整体能耗，围护结构性能，可再生能源，绿色电力，碳补偿	性能标准PAL值的降低率，围护结构性能，设备系统高效化，CO_2排放量	生命周期能耗，围护结构质量，CO_2排放量	能耗，围护结构性能，机组能效/能量回收/蓄冷蓄热，可再生能源，CO_2排放量
光环境	天然采光，视野，眩光控制，内外部照明	天然采光，视野，照明控制	采光系数，照度	采光系数，室外可见性，眩光控制，照明控制	采光系数，户外视野，天然采光
热环境	温度控制	建筑外围护结构，HVAC系统	围护结构性能，温湿度控制	夏季和冬季热舒适	遮阳，末端独立调节

2.1.1.2　我国标准关于能耗和光热性能的规定

我国现行国家标准《绿色建筑评价标准》GB/T 50378涵盖五类内容：安全耐久、健康舒适、生活便利、资源节约、环境宜居，评价方式是量化评分制，各项内容的权重不同。健康舒适的分值是100分，涵盖室内空气品质、水质、声环境与光环境和室内热湿环境等，其中自然采光和热环境占比37%，即分值是37分。资源节约的分值是200分，涵盖节地与土地利用、节能与能源利用、节水与水资源利用、节材与绿色建材，其中节能与能源利用占比30%，即分值是60分。

现行国家标准《民用建筑能耗标准》GB/T 51161[8]规定建筑能耗指标的约束值和引导值见表2-2。建筑能耗指标实测值或根据使用强度的修正值应小于约束值和引导值。利用自然通风和自然采光的A类寒冷地区办公建筑的非采暖能耗约束值是65kW·h/m^2，采暖能耗约束值是19.7~41kW·h/m^2，即建筑总能耗约束值是84.7~106kW·h/m^2。

从数据类型分析建筑性能评价指标，其可分为两种类型：布尔型（Boolean）是定性判定满足与否，数值型根据评价指标限值作判定。如区分房间的朝向细化供暖、空调区域，并应对系统进行分区控制，主要功能房间有合理的控制眩光措施属于布尔型。现行国家标准《民用建筑能耗标准》GB/T 51161要求商业办公建筑的非供暖能耗小于55kW·h/m^{2}是数值型。数值型评价指标一般需要经过详细的计算

现行国家标准《民用建筑能耗标准》GB/T 51161的能耗规定[8]　　表2-2

商业办公建筑	非采暖能耗kW·h/(m²·a)		采暖能耗kW·h/(m²·a)									
			燃煤				燃气					
			区域集中供暖		小区集中供暖		区域集中供暖		小区集中供暖		分栋分户	
	约束值	引导值	约束值	引导值	约束值	引导值	约束值	引导值	约束值	引导值	约束值	引导值
A类	65	55	19.7	9.4	34.7	17.5	37	15.5	41	21	35.5	19
B类	80	60										

或模拟才能判断是否达标，是保证建筑性能和评价效果的关键。

对比中国与美国绿色建筑设计措施，见表2-3，建筑节能措施主要包括围护结构性能、利用自然通风与天然采光、高效率设备系统。通过建筑形态、朝向、楼距、窗墙比等措施调控自然通风与自然采光。我国建筑运行能耗的控制是规定主动系统的参数，如照明功率密度、冷热源机组能效比等；光环境设计措施是控制采光系数、照度、内区满足采光系数的面积占比等；室内热环境设计措施是围护结构传热系数对热舒适度的影响。美国是利用照明控制方式、空间全天然采光时间百分比、全年光暴露量等。

中国与美国绿色建筑设计措施对比　　表2-3

目标	类型	中国	美国LEED
节能	围护结构质量	围护结构热工性能、气密性	围护结构
	自然通风与天然采光利用	体形、朝向、楼距、窗墙比、外窗/幕墙开启面积、日照、新风比	室内外照明、自然采光
	运行能耗	照明功率密度、冷热源机组能效比、新风预热/冷处理、负荷性能系数、单位风量耗功率、冷热水系统的输送能效比、CO_2排放量、热交换、蓄热	核心和周边的能耗模拟、制冷剂
室内环境质量	光环境	采光系数、眩光控制、照度、内区满足采光系数的面积占比、外遮阳设计、统一眩光值、一般显色指数、灯具独立控制占比、反射率、照明控制方式、外窗及外景视野	照明控制方式、照明质量、空间全天然采光时间百分比、全年光暴露量、照度、视野系数
	热环境	室内热舒适、围护结构传热系数	室内热舒适

2.1.2 利用性能模拟获取评价指标

建筑性能由气候、建筑界面、空间布局、建筑运行情况、用户的使用习惯等因素共同决定，是建筑设计价值体系的重要组成部分。Gross提出性能需要分析和评价。Mallory-Hill认为性能是评价建筑设计的框架。绿色建筑评价体系提出一系列量化性能的指标，涵盖采光照明、能耗、室内热舒适等。建筑师无法仅从经验或审美来判断方案性能。国内外对建筑性能的评价方法包括实地调研、监测、性能模拟、缩尺模型试验等。Wong对比三种建筑性能分析方法（分别是公式计算、模型试验和软件模拟），并分析它们的优劣势，得出软件模拟因灵活性和准确性最常用。性能模拟是借助软件精确预测建筑的能耗和光热性能等，优势是建立复杂的几何模型，可以精确地仿真气候环境和采光照明环境等，还可以将光热性能耦合进行能耗预测[138]。性能模拟是一个系统的过程，包括模拟预测和结果分析[139]。由于计算机模拟精度的提高而技术难度降低，许多学者采用软件模拟的研究方法，量化探讨办公建筑设计要素与建筑性能的关系[140]。当前的建筑性能研究以节能最多，其次是光、热环境，最后是风环境[141]。

Wilde提出性能模拟能预测建筑能耗和性能，性能模拟工具应由后期验证转变为辅助设计[142]。根据IEA ANNEX-30的模拟走向应用的研究表明，40%以上的节能潜力来自于建筑方案设计阶段，建筑性能模拟是实现方案阶段节能设计的关键。建筑节能设计的每个阶段成果均应是递进性衔接的关系，建筑性能的分析评价可运用各种软件，从事后评价转变为事先预测，从施工图阶段才开始配合到设计方案阶段就紧密介入[143]。

绿色建筑评价标准是将性能要求细化为性能评价指标并加以实施，以保证建筑的性能长期令人满意。通过模拟技术获取绿色建筑评价指标的情况分为三类，直接获取：从模拟结果中直接获得数据；间接获取：模拟结果不能直接提供信息或数据，需要通过其他软件或分析判断；无法获取：模拟结果不能提供任何相关的信息。美国绿色建筑评价体系LEED的建筑能耗和室内环境质量，31分和两个先决条件可以使用模拟技术作直接或间接评价。我国绿色建筑评价标准的大部分评价指标也可以通过模拟获取。

对比我国和美国的绿色建筑评价标准（表2-4），国内外能耗标准一致，均采用建筑能耗密度；美国LEED采用热感觉指数PMV、热环境不满意者百分数PPD为评价指标，我国以室内温湿度和气流速度为评价指标；LEED采用照度、有效天然采光照度UDI、全年光暴露量ASE为评价指标，我国以照度、采光系数、眩光值为评价指标。

中国与美国绿色建筑评价标准的评价指标对比　　表2-4

标准	内容	一级指标	分值/权重	技术措施	二级指标
美国绿色建筑评价体系LEED	能源	能源效率优化	Max.20	—	建筑能耗密度（$kW\cdot h/m^2$）
		可再生能源利用	Max.3	—	可再生能源百分比
	室内环境质量	热舒适	Max.1	热舒适控制	PMV-PPD
		室内照明	Max.2	照明控制	照度、表面反射率
		自然采光	Max.3	—	UDI、ASE、照度
		优良视野	Max.2		视野系数、面积占比
中国《绿色建筑评价标准》GB/T 50378	资源节约	节能与能源利用	30%	优化围护结构热工性能、冷热源机组的能效、自然通风、气密性、蓄冷蓄热技术、新风预热预冷处理	照明功率密度、建筑能耗密度
				太阳能、地热能	可再生能源百分比
	健康舒适	室内热湿环境	37%	外遮阳、自然通风	遮阳设施占比、自然通风换气次数、PMV-PPD
		光环境		自然采光	照度、眩光值、一般显色指数、采光系数

陆帆统计我国81座获取绿色建筑评价标识的公共建筑，统计它们使用的模拟软件（表2-5），得出采用能耗模拟的占比64%，自然采光模拟的占比76%[144]。分析性能模拟软件，发现国际主流模拟软件（如能耗模拟软件EnergyPlus、IES等，动态采光模拟软件Daysim）很少应用，说明性能模拟在我国处于起步阶段，其他模拟软件的应用与研究有待继续。

获得绿色建筑评价标识的公共建筑采用模拟软件的统计表[144] 表2-5

设计性能	应用软件模拟	软件	占比
能耗	64%	Dest	80%
		Equest	20%
天然采光	76%	Ecotect	85%
		VE	7%
		Radiance	8%

2.1.3 办公建筑能耗和光热性能评价指标

2.1.3.1 光性能评价指标

建筑光性能具有多种评价方法，涉及众多评价指标，因此有必要分析性能评价方法，选择业界验证并认可的办公建筑性能指标。光环境分析需要与天空状态相结合，天空状态因气候条件和太阳位置处于动态变化状态。天空模型用于描述天空亮度分布。最简化的天空模型只考虑太阳位置、时间、日期、经纬度。伴随模拟技术和对光环境认知的发展，精确的标准化天空亮度分布模型被提出，即同时考虑了散射光和直射光。基于光环境模型的发展，设计师对建筑光环境的设计从简单的最大程度引入转变为调控天然光。室内光环境评价指标可以分为基于照度的静态评价指标、基于气象数据的动态评价指标、基于亮度的眩光评价指标等。

1. 基于照度的光性能指标

照度是工作平面上通过的光通量，该指标优势是测量方便、不依赖于视角，劣势是不能直接反映人眼所感受到的光线量，大部分标准将其作为基本评价指标。采光系数是建筑中某一点的照度值与CIE全阴天空下无遮挡、室外水平面照度值之间的比值，由于CIE全阴天模型各向同性，因此其不能反映建筑地点、朝向、时间和日期。照度和采光系数的优势是方便计算且普及，如《建筑采光设计标准》规定办公室和会议室的采光系数不应低于3%。劣势是采光系数采用简单线性的处理方法，只给出最低值，并无最高值；CIE全阴天模型对地平线附近的亮度估计不足，导致侧窗采光房间计算的采光系数偏低[139]。

2. 基于气象数据的光性能指标

全天然采光时间百分比（Daylight Autonomy，简称DA）是只依靠天然采光就能达到最低照度要求的总时间与全年工作总时间（按一天10小时计）的百分数比值，用来评估自然采光节能潜力。例如，办公室最低照度是300lx，某测试点的DA是60%，这表示全年60%工作时间的天然采光照度都可以达到300lx。与采光系数相比，DA的优势是考虑了建筑的不同朝向、使用时间以及全年各种天气情况的影响，因此是能够全面系统地评价有效天然采光的综合指标。劣势是只考虑了最小临界值，忽视了眩光的潜在可能。一般计算DA是假定遮阳设施处于固定位置，对于调节式遮阳就不适用，因为可调遮阳受使用者和控制方式影响。

空间全天然采光时间百分比（Spatial Daylight Autonomy，简称sDA300/50%）是北美照明工程协会IES和LEED推荐的衡量标准，表述空间所有水平照度计算点中有多少百分比的计算点在一年中可以有超过50%的时间仅在自然光照射下就达到300lx。许多研究表明50%的空间达到300lx时，人们的空间视觉舒适度与满意度较高[145]。LEED v4规定常规使用空间建筑面积sDA为75%时，使用者满意此环境的自然采光，可以在无人工照明的情况下舒适地工作；sDA为55%~75%时，使用者能接受此光环境。

有效天然采光照度（Useful Daylight Illuminance，简称UDI）是工作面自然光照度满足某一范围内的时长占全年工作时长（3650h）的比例[146]。根据自然采光办公室使用者的行为调查，通常将照度范围划分为三种：$UDI_{<100}$、$UDI_{100\text{-}2000}$、$UDI_{>2000}$。当室内自然光照度低于100 lx时，光环境无法满足基本的视觉工作需求，需要增加人工照明；当照度是100~2000lx时，能够满足使用者正常视觉工作；当自然光照度超过2000lx时，有产生大概率的眩光问题。UDI对自然光的上限作了规定（2000lx），弥补了全天然采光时间百分比的不足，但并不能取代眩光指标，只是粗略量化产生眩光的可能性。

3. 基于亮度的光性能指标

天然采光眩光指数（DGI）是天然采光眩光的评价指标，适用于窗户作为眩光光源。全年光暴露量（Annual Sun Exposure，简称$ASE_{1000lx,\ 250h}$）表示接受过多太阳直射的工作面面积百分比，1000lx以上的光照，且全年时长大于250个小时被认为是太阳直射过多，会引起眩光或增加制冷能耗。LEEDv4和照明工程协会（IES）采用sDA和ASE作为评价指标，要求ASE低于10%，当测试区的2%区域被大于1000lx直射光覆盖时，就要开启遮阳装置。sDA和ASE是相对较新的动态自然采光性能评价指标，虽然还没有被广泛采用，但易于理解和分析，实用性较强，已广泛应用于工程实践中并获得认可[147]。

本书的研究采用基于气象数据的光性能评价指标$UDI_{100\text{-}2000}$、sDA和ASE。空间全天然采光时间百分比（sDA）和年太阳过多直射百分比（ASE）呈互补关系，是最完善的光环境评价指标。若单独考虑空间全天然采光时间百分比，sDA值越大表示空间利用自然采光的潜力大，但没有考虑照度上限，即眩光问题。ASE计算由太阳直射造成眩光，高性能光环境是自然采光充足但不过量。与采光系数相比，有效天然采光照度UDI能反映当地气候环境、办公室朝向和玻璃透射率；与DA相比，UDI赋予设计阈值（如2000lx），考虑眩光的可能性。

2.1.3.2 能耗评价指标

建筑能耗主要用于室内物理环境调控和功能需求，包括空调系统、采暖、电器设备等建筑正常运行与维护中所需年消耗能耗的总和。建筑能耗密度（简称EUI）用于衡量建筑能效，通常以每平方米单位耗能来表示，较低的EUI表明建筑的节能性更好。办公建筑能耗是由采暖、制冷、设备和照明能耗等构成。设备负荷根据面积和设备功率密度计算，在面积不变的情况下，设备能耗基本保持不变，本书研究设置的设备功率是$7W/m^2$，设备能耗为$33kWh/m^2$。由于设备能耗对建筑形态和光热性能无影响，因此本书研究的能耗是指照明能耗、制冷能耗和采暖能耗。

2.1.3.3 热性能评价指标

热舒适影响建筑的能耗和人的健康，是办公建筑热环境的重要评价指标。20世纪空调技术的产生与发展，人类掌握了营造人工环境的技术，并研究室内环境参数与使用者感知的量化关系。热舒适研究有两大阵营，一种是基于主动设备控制的气候室，室内物理环境都被严密监测和调控，提出了热中性温度和能量平衡方程，并建立PMV-PPD模型。1992年有研究者质疑空调房间的静态式热舒适，认为它忽略了文化、气候、社会等因素对舒适性的影响。在实际非空调建筑环境中，室内温度受室外气候影响，环境参数与热舒适实验室的条件存在差异，尤其是冬夏季（即偏热或偏冷环境中），预计的平均热感觉指数（PMV）与人们的实际热感觉存在较大误差，即PMV不能用来描述被动建筑（非空调房）的热舒适度[148]。Oseland比较办公室的适应性热舒适和稳态热环境实验室的预测平均热感觉指数，发现参与者热感觉和中性温度存在显著差异，原因是环境和人体适应性[149]。由于办公建筑主要依赖主动设备调控室内温度，所以既有办公建筑热舒适计算模型仍以PMV-PPD模型应用最为广泛。

国际标准化组织（ISO7730）和美国采暖制冷与空调工程师协会（ASHRAE 55）制定了一系列有关人体热舒适和相应的热舒适区，配合服装形式规定了季节性的温度差异。PMV模型和室内热舒适标准在指导和评价建筑采暖空调设备的设计和运行以及建筑的设计中发挥着主导作用[150]，采用预计的平均热感觉指数PMV和不满意者的百分数PPD为评价指标。热舒适度（Thermal Comfort，简称TC）是基于逐时热感觉指数绝对值计算的热环境舒适时间与全年时间的百分比，当逐时热感觉指数绝对值小于1时，将该小时计入热环境舒适时间。

基于模拟可获取的热性能评价指标包括：预计平均热感觉指数PMV、不满者百分比PPD、热舒适百分比TC，其结果可视化如图2-2、图2-3所示。焓湿图是基于温度、含湿量、大气压力和水蒸气分压力表示与热环境的关系，利用图2-2可直观热舒适区。

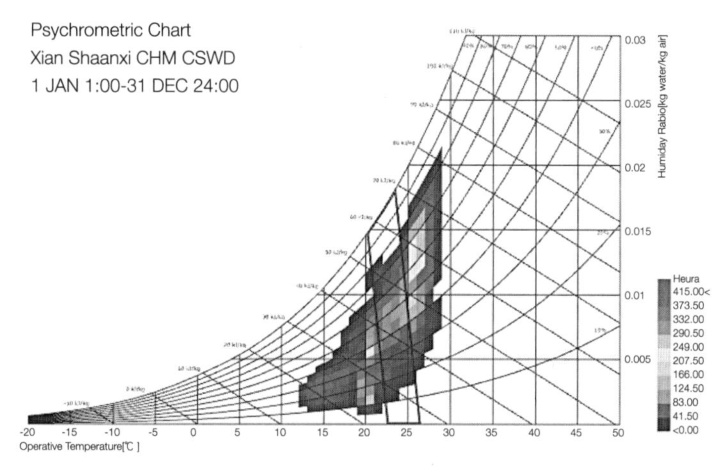

图2-2　焓湿图及舒适度区域图

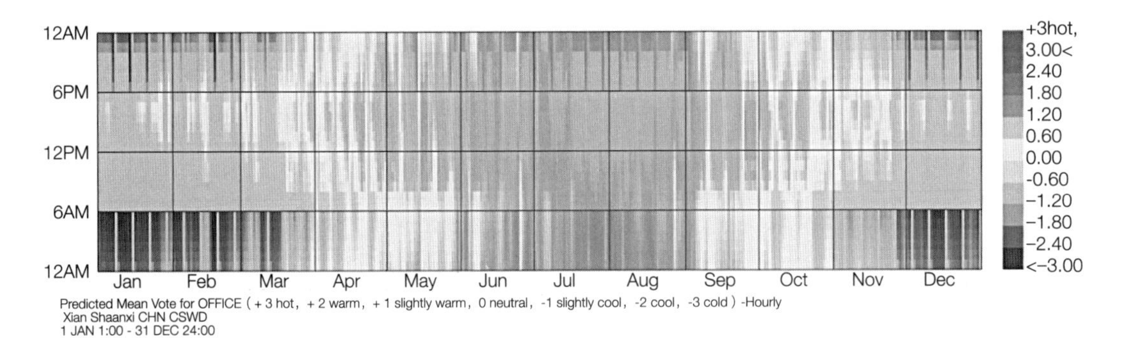

图2-3　PMV分布图

2.2　寒冷地区气候特征

建筑与自然环境共生，响应气候的建筑设计平衡人、建筑、环境的关系。气候环境（如室外气温、太阳辐射得热量、日照时长和风环境）与建筑运行能耗（照明、制冷和采暖能耗）有直接关系[88]。

2.2.1　温湿度

寒冷地区办公建筑的制冷设定温度是26℃，采暖设定温度是20℃，根据全年逐时的温度计算制冷和采暖时间占比（表2-6）。寒冷地区制冷时段是6月~9月中旬，制冷小时数占全年的3.6%~18%（西安市15%，见图2-4）；采暖时段是11月~3月中旬，采暖小时数占全年的55%~68%（西安市59%，见图2-5）。冬季最冷时段主要集中在夜晚，夏季的高温时段集中在白天，办公建筑的使用时间是8：00~18：00，因此夏季降温需求也不容忽视。寒冷地区办公建筑设计要冬夏兼顾。

寒冷地区代表城市气候数据分析　　　　表2-6

	北京	天津	西安	大连	济南	太原
制冷小时数占比	13%	13%	15%	3.6%	18%	8%
采暖小时数占比	62%	60%	59%	65%	55%	68%
舒适度	5.6%	5.7%	4.5%	6%	6%	5.8%

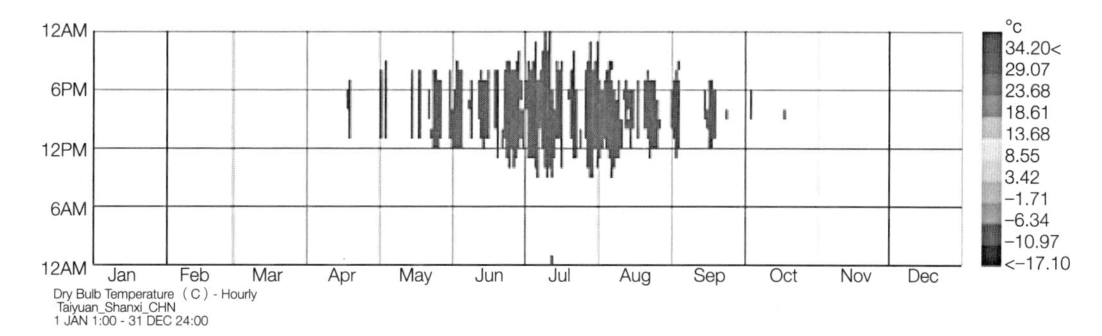

图2-4　室外温度高于26℃的分析图（西安）

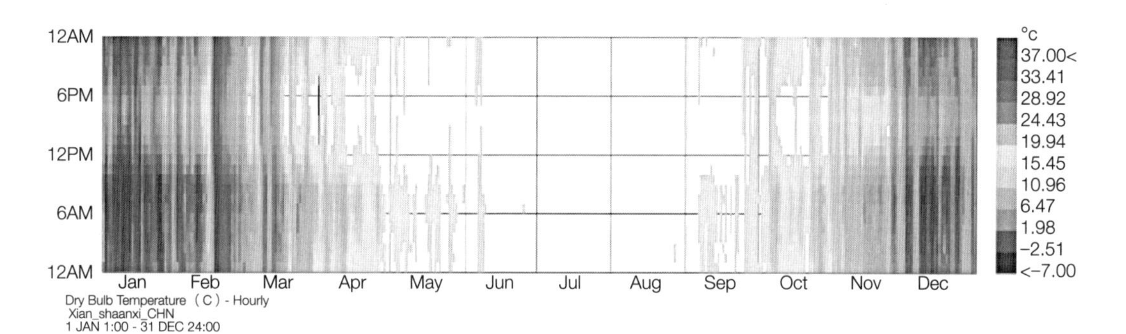

图2-5　室外温度低于18℃的分析图（西安）

空气湿度影响建筑室内环境舒适度。冬季室内相对湿度越大，能耗也越高[151]。冬季适宜湿度范围是30%~70%，夏季适宜湿度范围是30%~60%。寒冷地区冬季空气湿度是43%~66%，夏季空气湿度是69%~78%（表2-7）。北京、太原等地冬季相对湿度较低，冬夏季相对湿度相差范围大于20%。天津、大连、济南冬夏季相对湿度相差范围是13%~18%，西安市冬夏季相对湿度差距最小（2%）。

寒冷地区代表城市湿度分析　　　　表2-7

	北京	天津	西安	大连	济南	太原
冬季相对湿度	43%	60%	66%	60%	55%	47%
夏季相对湿度	71%	73%	68%	78%	71%	69%
差值	28%	13%	2%	18%	16%	22%

2.2.2 日照时长和太阳辐射

太阳对建筑的影响包括光效应和热效应。日照时长影响室内自然采光水平，并具有节约照明能耗的潜力。太阳辐射热是地表大气热过程的主要能源，其占典型气象月9项指标总权重的一半，是最重要的热效应指标[152]。建筑接收的太阳辐射一部分被围护结构反射到环境中，另一部分则被围护结构吸收或被室内物体吸收进而转化为长波辐射，太阳辐射直接或间接地影响建筑室内热环境[153]。

寒冷地区有光热同期的特点，太阳辐射得热量越大，室外温度越高。太阳辐射强弱与太阳高度角的关系密切，太阳高度角越大，太阳辐射越强，日照时间也越长（图2-6）。寒冷地区光热特点随季节呈周期性变化，夏季太阳高度角大，太阳辐射量大温度也高，冬季反之。响应气候的建筑设计追求太阳辐射增益最大化，即冬天争取最大的太阳辐射量，夏季阻挡过多的太阳辐射量，利用被动采暖降低能耗，提高热舒适度。

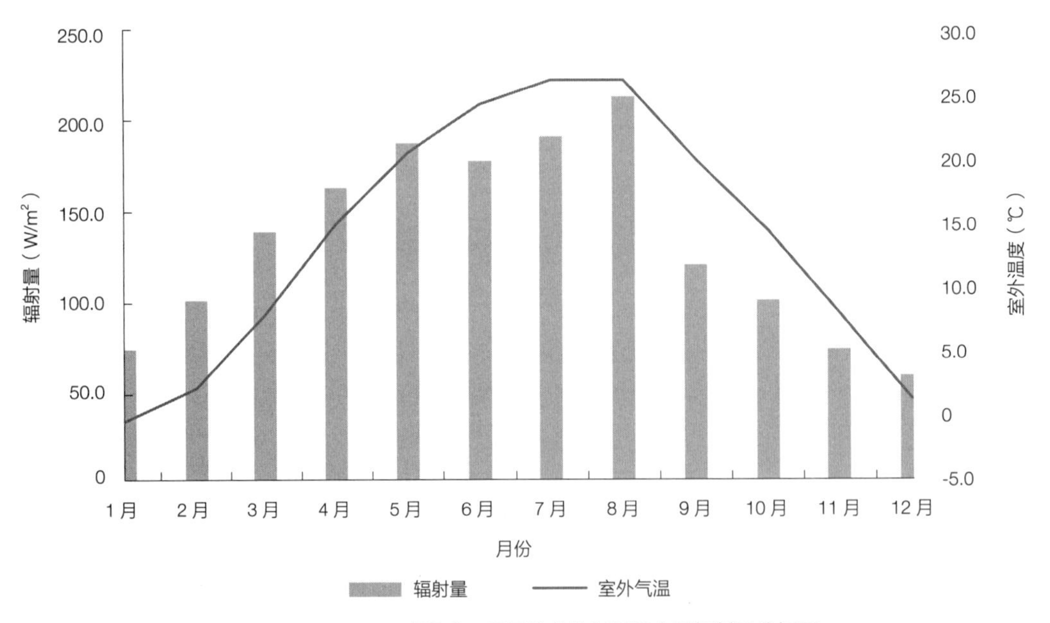

图2-6 月平均室外气温和太阳辐射量分析图

2.2.3　风环境

自然通风可降低夏季制冷能耗和过渡季的通风能耗。根据风速及风向分析自然通风潜力。寒冷地区年平均风速为1.6~4.8m/s。办公建筑使用时间是08：00~18：00，当室外温度在12~26℃、相对湿度30%~80%、风速大于2m/s时，自然通风条件较佳，据此绘制寒冷地区各地的风玫瑰图，见表2-8。适宜自然通风的时间占办公建筑使用时间的8.3%~18.5%。

寒冷地区代表城市风玫瑰图　　表2-8

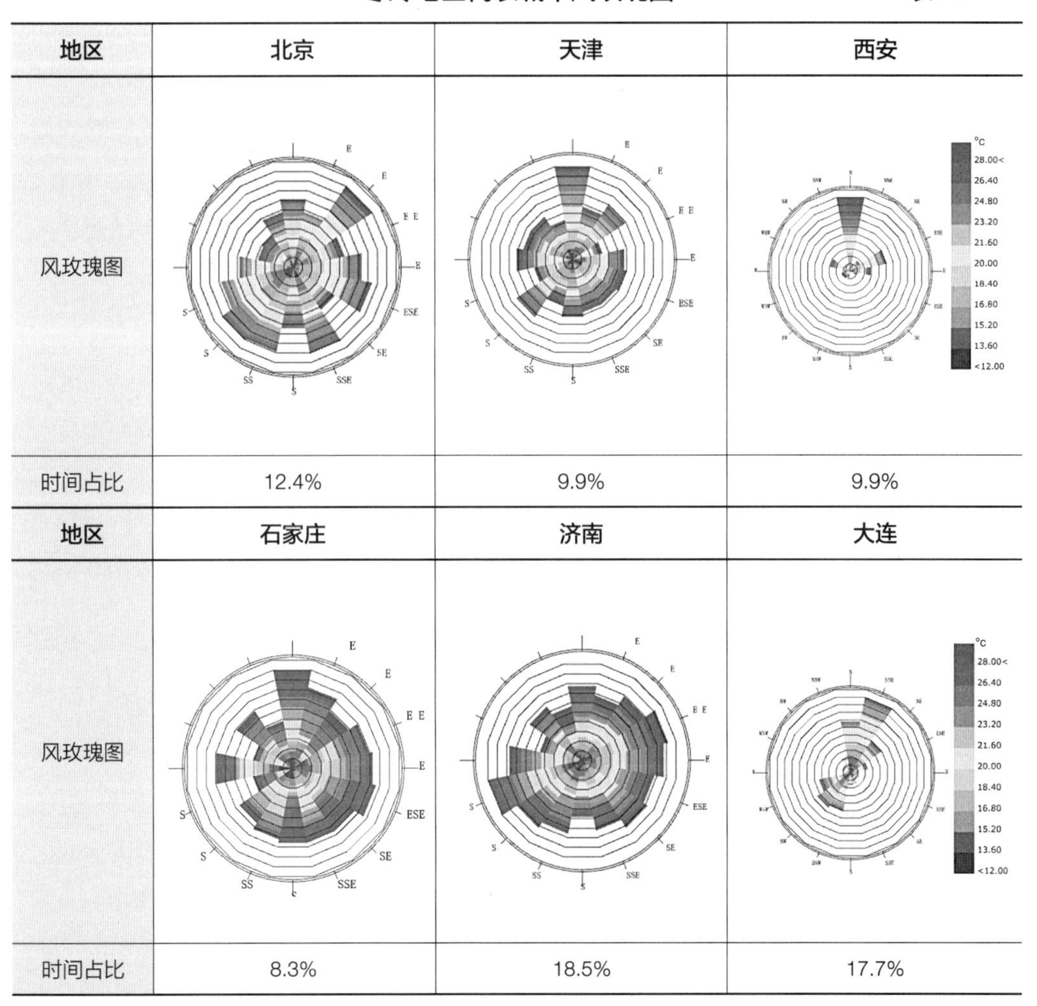

地区	北京	天津	西安
风玫瑰图			
时间占比	12.4%	9.9%	9.9%
地区	石家庄	济南	大连
风玫瑰图			
时间占比	8.3%	18.5%	17.7%

2.2.4 响应气候的被动策略

建筑性能受自然环境影响。当室外光热环境发生波动时，使用者基于光热环境舒适度，人为调节建筑空间光热环境。建筑设计是减小极端气候的影响，恶劣的气候对建筑影响较大，温和的气候对建筑的影响较小。当代建筑由于过度依赖主动设备调控室内环境，建筑设计更多是受当地文化、功能组织、房地产开发、建设密度、布局结构等因素影响，忽视对外界自然气候的呼应[154]。建筑性能可从两方面考虑，一是降低能耗需求量，二是增强自然资源的利用。分析建筑所在区域气候特点，注重建筑本体的气候调节能力。

2.2.4.1 适宜寒冷地区的被动策略

响应气候的设计策略是由当地自然条件决定的。节能策略包括被动制冷策略（蒸发降温、高热容+夜间通风、自然通风）和被动采暖策略（被动太阳能得热、内部得热）。选取寒冷地区的北京、天津、大连、济南、太原、西安等地为代表。利用Grasshopper/Ladybug，根据寒冷地区气候数据计算设计策略的有效时间百分比，见图2-7。寒冷地区舒适度占比是4.5%~6%、被动太阳能得热利用率是11.4%~17.4%、内部得热策略利用率是19.4%~22.9%。适宜利用内部得热的时间段是3~6月、9~11月，利用太阳能得热的时间段是10月~次年4月。春、秋季可采用的被动策略最多，其次是冬季，夏季可利用的被动策略最少。

2.2.4.2 对比寒冷地区、严寒地区、夏热冬冷地区的被动策略

对比不同气候区被动策略的有效性，见图2-8。寒冷地区、严寒地区、夏热冬冷地区分别以西安、哈尔滨、上海为代表城市。被动太阳能得热和内部得热策略所占比例最高，但其时效差异较大。严寒地区利用内部得热的时间是4~10月，寒冷地区利用内部得热是春季和秋季，夏热冬冷地区除夏季之外都可利用内部得热。夏热冬冷地区利用被动太阳得热的时段是春季和秋季，严寒地区利用被动太阳能得热的时段是冬季和春季，寒冷地区冬季利用被动太阳能得热。

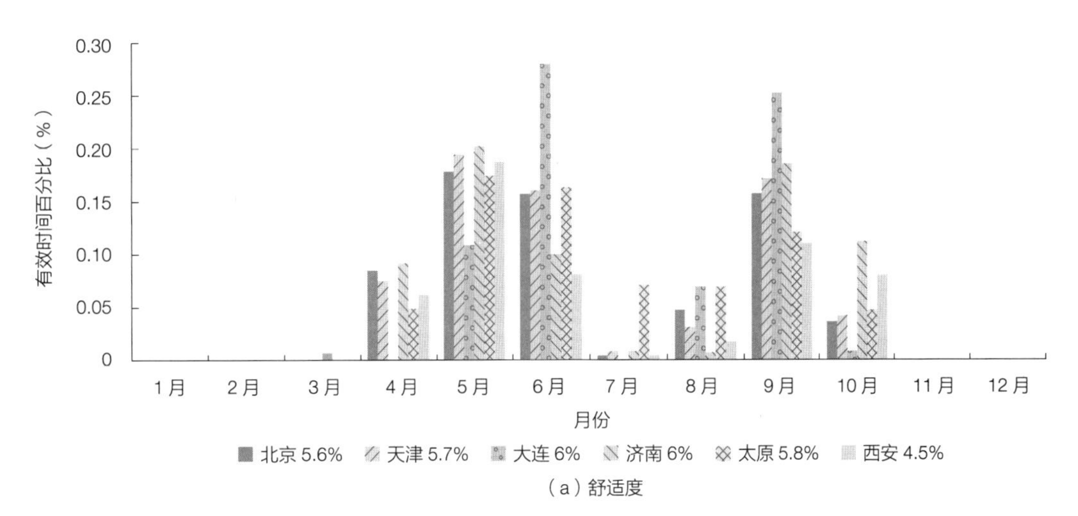

（a）舒适度

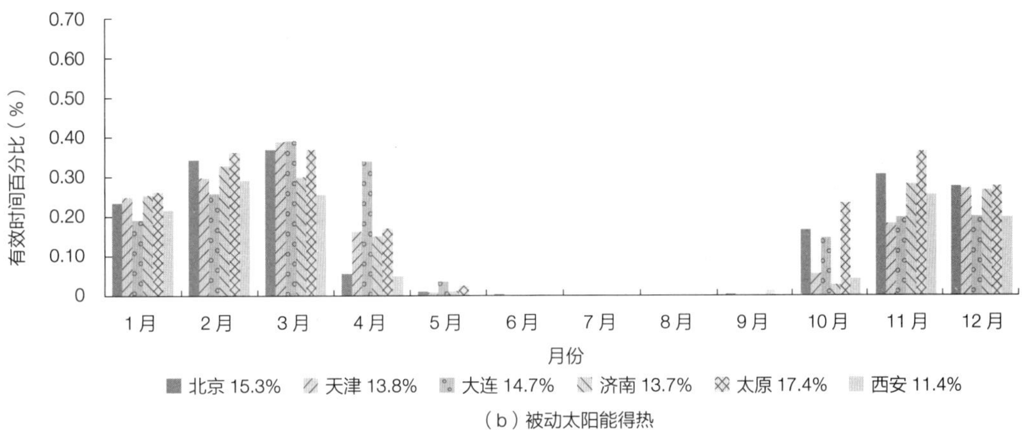

（b）被动太阳能得热

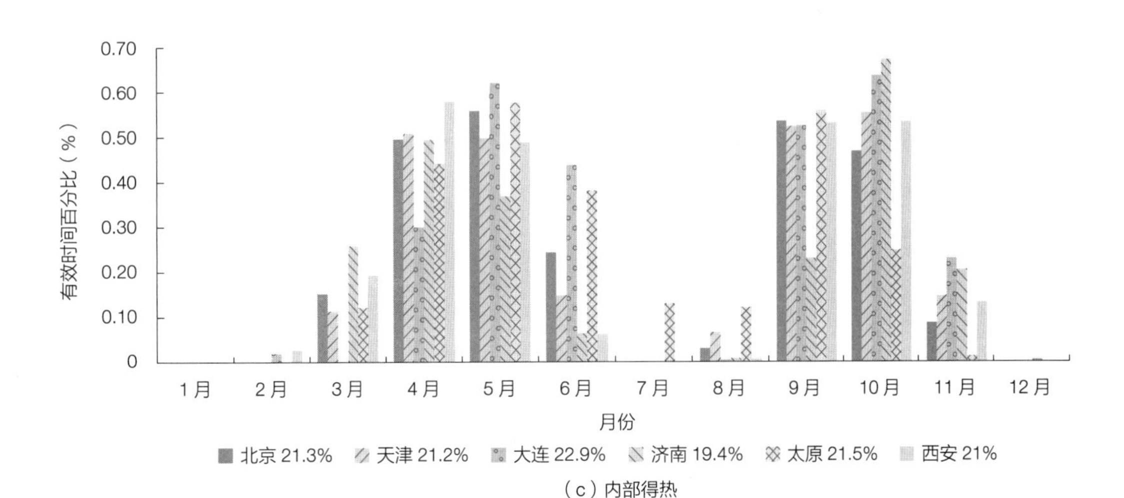

（c）内部得热

图2-7　寒冷地区代表城市适宜的被动策略

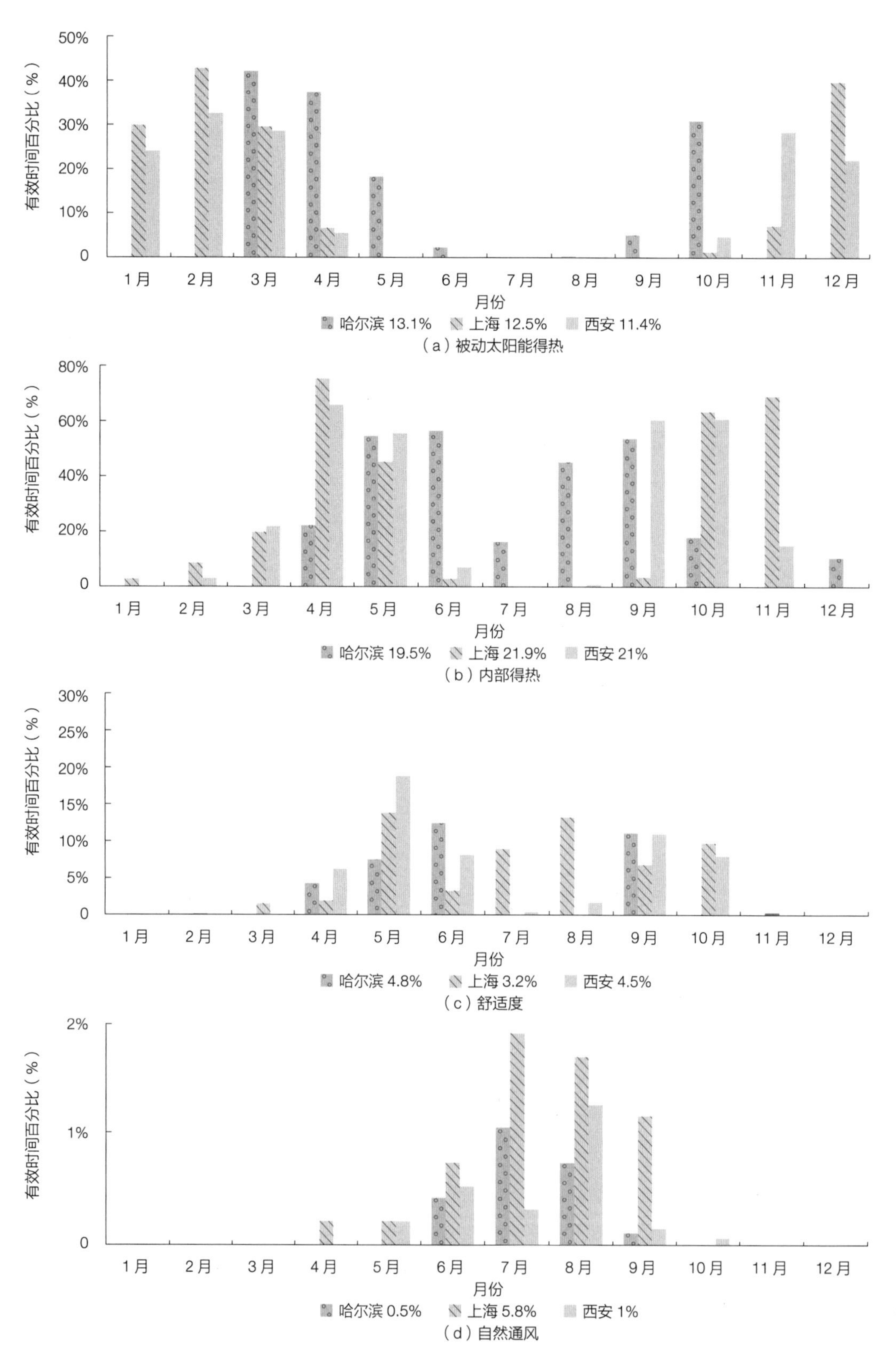

图2-8　不同气候区代表城市适宜的被动策略时间百分比

2.3　寒冷地区办公建筑能耗和光热性能现状

寒冷地区办公建筑性能现状分析依据已有研究成果和笔者调研成果得出结论。寒冷地区办公建筑调研样本量为100栋，多位于北京、天津、西安、济南和大连等8座城市的商务区。邀请部分工作人员做调研问卷（附录A），收集使用者对办公空间光、热环境的主观评价和实际感受，进而选取不同朝向、开放式和单元式办公室进行实测，测试数据包括照度、室内温度、建筑室内外表皮温度等。

2.3.1　能耗现状

相当多的新建筑出现运行能耗高于同功能老建筑的现象[155]。建造年代越近能耗越高的原因：一方面，建筑节能多依赖于提高建筑设备效率，虽然在一定程度缓解了运行能耗问题，但设备成本与能耗使得建筑总能耗并未减少；另一方面，严格约束围护结构保温水平和机电系统的能效指标可能会导致过度追求恒温恒湿的趋势[156]。建筑运行模式从“部分时间、部分空间”发展为“全时间、全空间”，造成建筑能耗增加。运行模式对建筑能耗有重要影响，部分空间、部分时间的运行方式更合理、更节能。依赖空调系统的办公环境影响人们的健康，有必要利用阳光、新鲜空气等自然资源。

北京写字楼单位面积用电强度集中在80~120kW·h/（m^2·a），天津市写字楼用电强度集中在40~100kW·h/（m^2·a）[157]。李星魁调研天津市三栋高层办公建筑，总用能强度是74.9~118kW·h/（m^2·a）[158]。高丽颖统计北京市三栋高层办公楼，建筑用电强度是136.8~194.8kW·h/（m^2·a）[159]。已有能耗数据显示，寒冷地区办公建筑能耗区间是40~195kW·h/（m^2·a），总能耗平均值是108kW·h/（m^2·a）。林波荣调研15座寒冷地区绿色办公建筑，总能耗是50~140kW·h/（m^2·a），总能耗平均值是87kW·h/（m^2·a），说明绿色建筑节能潜力显著[160]。

寒冷地区办公建筑能耗特点：

1. 寒冷地区办公建筑具有明显的季节和时间规律

办公建筑主要运行时段是工作日的8：00~18：00，办公建筑能耗主要集中在工作时段，与非工作时段能耗差异显著。办公建筑能耗是以电力能耗为主，办公设备、照明、电梯和空调系统中的风机、冷却塔、各种水泵大都采用电力能源。办公建筑的冬季、夏季是用电高峰。

2．寒冷地区办公建筑的采暖能耗占主体

寒冷地区办公建筑主要依靠主动设备调节室内热环境。寒冷地区办公建筑采暖能耗约占总能耗的40%，空调能耗约占20%，照明能耗约占10%，其他能耗约占30%[161]。寒冷地区办公建筑围护结构所消耗的能源约占总能耗的35%[162]，因此加强围护结构的热工性能降低能耗，如控制围护结构的传热系数，使空调系统的冷热第一时间影响室内环境，而不是被围护结构吸收存储。

3．制冷能耗不容忽视

我国节能标准对寒冷地区建筑的基本要求是满足冬季防寒保温，兼顾夏季防热。但全球气温呈上升趋势，寒冷地区夏季时间较长，且月极端最高气温达40℃以上，因此采暖和空调度日数均高。与其他公共建筑相比，办公建筑的热源多且产热量大，增加制冷能源的消耗。办公楼内人员密度大。照明与办公设备比例较高，在午休时段也很少关闭设备，通常每日计算机、打印机、传真机等设备运行时长会超过10小时[163]。过渡季小规模的建筑可开启外窗、利用自然通风降温，根据需求开启空调，北京一般公共建筑的制冷能耗是30kW·h/（m^2·a）。大型公共建筑是全时间、全空间开启空调，制冷能耗是80~120kW·h/（m^2·a）[164]。

4．自然采光有降低办公建筑照明能耗的潜力

进深较小的办公建筑利用自然采光，人工照明能耗较少。一般公共建筑的照明能耗是8~12kW·h/（m^2·a），而大型公共建筑（面积大于2万m^2）的照明能耗是10~30kW·h/（m^2·a）。北京办公建筑照明能耗在5~25kW·h/（m^2·a）（图2-9）[164]。寒冷地区绿色办公建筑因利用自然采光，照明能耗是8.3~17.7kW·h/（m^2·a），说明自然采光的节能潜力[165]。

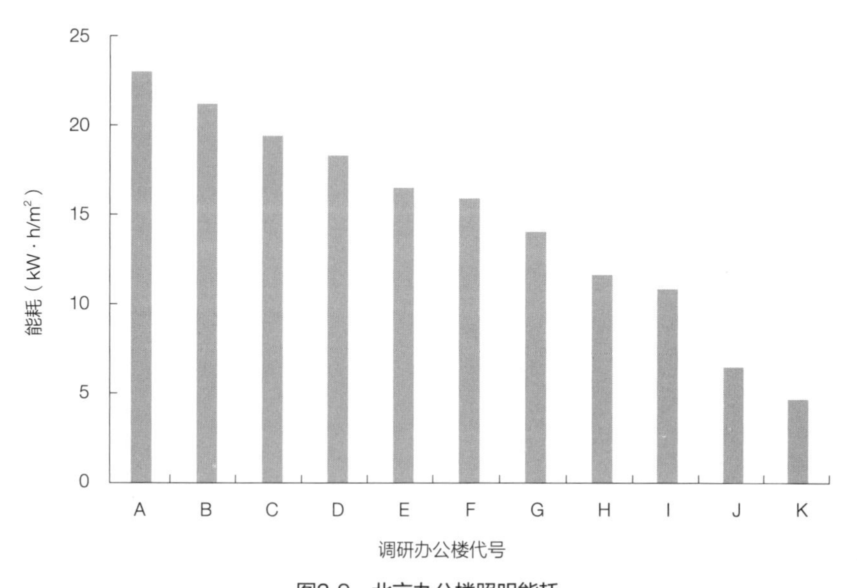

图2-9　北京办公楼照明能耗

（图片来源：基于江亿. 中国建筑节能理念思辨[M]. 北京：中国建筑工业出版社，2016. 整理绘制）

2.3.2　光环境现状

1. 工作时段基本依靠灯具

由于灯具营造的光环境具有稳定性和绝对照度均匀性，因此办公建筑光环境主要依赖人工照明。调研得出办公室中90.4%的空间在白天是依靠灯具照明（图2-10）。大部分办公室是在上班时开启照明灯具，下班时关闭，只有小部分人员根据自然光环境启闭照明灯具。究其原因，一是灯具分区不合理，即灯具开关是统一控制，造成外区即使有充足的天然采光，却因为连带关系依然开灯；二是使用者的习惯和对公共环境调控的顾虑。

（a）

（b）

（c）

图2-10　办公建筑室内照明现状

2. 侧窗采光的室内照度衰减快、均匀度差

办公室以侧窗采光为主。南向和东向办公室上午的照度值大于下午的，西向办公室下午的照度值高于上午的，但衰减规律基本一致，从窗口开始就迅速衰减。靠近窗户位置的照度比较高，远离窗位置的照度通常不够，自然采光均匀度较差。靠窗位置因为直射光线容易发生眩光和视觉不舒适的现象。

3. 遮阳方式

83%的办公室有遮阳设备，其中遮光卷帘使用率最高，其次是遮阳百叶，最后是遮阳板和采光搁板。遮光卷帘多为手动控制，拉着窗帘开着灯的现象普遍。

4. 光舒适度受工位与窗户关联方式影响

调研室内光环境明暗程度（图2-11），光环境适中仅占比27%，较明亮和明亮的分别占比36%、27%。相应的光环境满意度调研中（图2-12），非常满意和较满意占54%，一般占36%，非常不满意占10%。

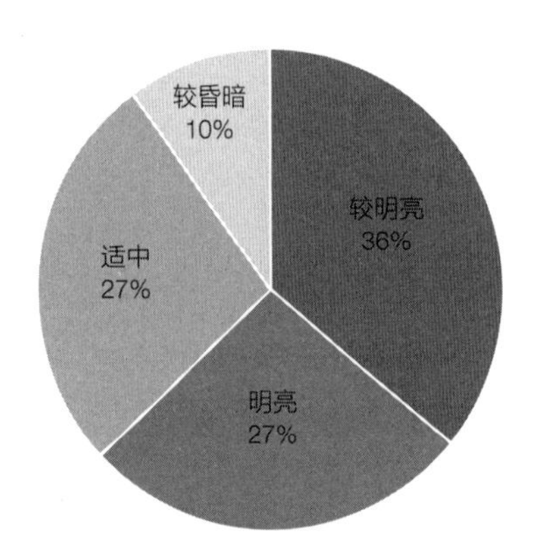

图2-11 光环境明暗程度调查结果

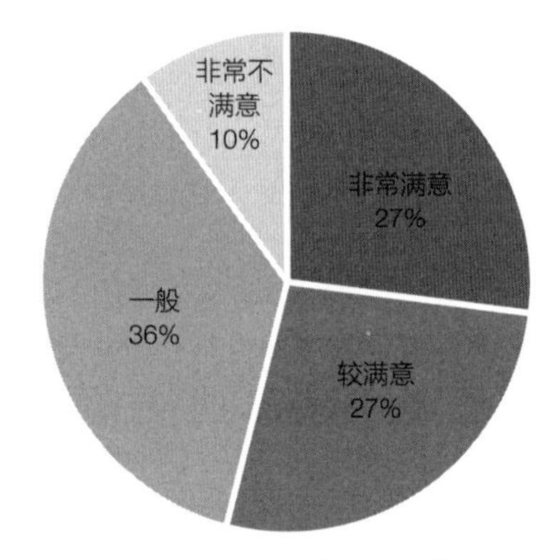

图2-12 光环境满意度调查结果

办公人员的伏案工作通常是使用电脑，电脑屏幕具有较高的反射率，直射光线很容易在电脑屏幕上发生反射产生眩光。办公人员工位与窗户的关联方式可简化为三类（图2-13），窗户在人员背后，光线照射到电脑平面可能导致眩光，人们一般会开启遮阳，避免自然光线直射；办公桌与窗户呈垂直式是最佳布置方式，光源不在直接视野范围内，但伴随太阳角度的变化也有可能出现眩光；人员面对窗户而坐，极易造成视觉疲劳。

图2-13　工位与窗户的关联方式

2.3.3　热舒适现状

1. 使用者对封闭式办公建筑满意度低

热环境主要依赖主动设备调控，但人们对空调系统末端的调控力有限。办公室空调一般分为集中控制的中央空调和分区控制的分体空调。中央空调多由物业管理人员或后勤人员调节，办公室使用者对空调系统末端的调控权力有限，且使用者对空调设备末端的调控也并不积极。

对寒冷地区办公人员进行问卷调研，结果表明长期处在空调房间的人员感觉舒适的仅占比29%，热感觉适中占比25%（图2-14）。封闭式办公建筑不能通过开启窗户获得自然通风和新

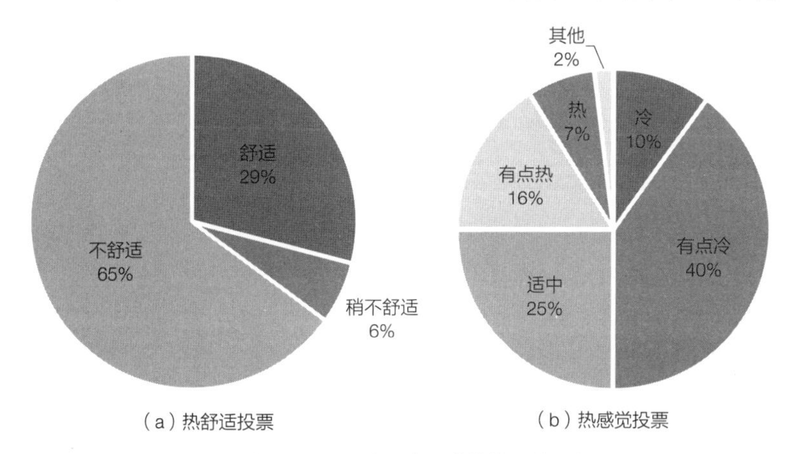

图2-14　夏季空调办公室的热环境分析图

鲜空气，是造成使用者不满意的原因之一；办公建筑各朝向暴露在阳光下的时长和接受的辐射热差异很大，而办公人员不能按各自的意愿进行温湿度调控，是造成不满的另一原因。不完善的通排风系统、自然通风和采光的缺失、室内有害物质的挥发、噪声和振动等还可能引发大楼综合征的发生。

2. 办公建筑冬季和过渡季易出现过热现象

寒冷地区办公建筑虽以采暖能耗为主，但使用时段集中于白天，太阳辐射得热量和内部得热量等被动得热量较多，新风系统开启与否由物业部门决定，因此办公建筑冬季和过渡季易出现过热现象。大型办公建筑中普遍安装新风系统，但开启方式差异较大，如北京办公楼中不变频新风系统占比较高，新风系统从来不开和全年都开的占比均为40%，10%仅过渡季开，3%仅冬夏季开（即新风与空调系统同时开启、非空调时段不开），5%仅夏季开[166]。若办公建筑的物业部门为节省能源减少建筑运行成本，在过渡季关闭空调系统和新风系统，易造成室内出现过热的情况。办公建筑冬季采暖、办公室内热源多且产热量大、太阳辐射得热量充足，也易造成冬季过热现象。

3. 窗户对热舒适度有直接影响

办公人员的热感觉与所处办公室的位置相关。夏季受阳光照射，窗户附近空间有升温快、热量难散失的室内过热现象。工位与外窗较近时，工作人员容易受不对称辐射热影响而产生热不舒适感，临窗办公人员的热中性温度比靠墙办公人员的低1.9℃，更容易由于热不舒适而提前开启空调设备从而增加制冷能耗[167]。

当室外温度适宜时，使用者对外窗的操控较积极且频繁。笔者调研的办公建筑外窗启闭情况是59%的调研对象一进办公室就开启外窗，15%选择在室内较热时开启外窗，外窗的开启与空调的使用之间存在重叠现象。办公人员普遍希望有外窗且能开启，对外窗的启闭具有一定主动性和参与性。

2.3.4 问题与反思

1. 寒冷地区办公建筑能耗以采暖和制冷能耗为主

寒冷地区建筑是以采暖能耗为主。寒冷地区夏季时间较长，且月极端气温较高；由于办公建筑功能和使用特性，建筑较封闭且内部得热量大；寒冷地区日照充足，被动太阳能得热量较充足，可利用的被动制冷策略较少，导致夏季制冷能耗居高不下。因此，寒冷地区办公建筑的采暖和制冷能耗均较大。

当前建筑节能措施多依赖于提高设备的效率，但其消耗能源的本质没有变化。尝试在设计阶段，利用被动设计策略，同时考虑主被动设计要素，通过建筑功能布局、空间尺度、界面等设计要素和主动系统设置参数影响建筑能耗。

2. 由于灯具分区不合理、自然采光均匀度差，导致自然采光利用率低

出于立面造型和美观的考虑，办公建筑设计较少考虑遮阳设施，普遍由业主自主配置内部遮阳。自然采光因照度不稳定、变化快、眩光等问题，被使用者用遮阳构件极端阻隔。室内灯具通常按功能区域划分，未考虑工位与窗户的关系，或工位的自然光环境，导致室内灯具统一启闭，降低自然采光的利用率。建筑师应关注自然采光和遮阳、自然采光和人工照明的平衡，利用自然采光改善室内光环境。

3. 光热性能受窗户影响大

使用者的热感觉与所处办公室的位置相关。工位与外窗较近时，工作人员容易受不对称辐射热影响而产生热不舒适感。办公室的热舒适不应局限于单一的热中性温度，如夏季26℃或冬季20℃，而是应结合朝向细化供暖制冷区域。不能忽视使用者的环境热应力，人们对环境的参与和调控有助于保证舒适度，应给予使用者根据季节和天气人为调控环境的权利。

2.4　基于modeFRONTIER的办公建筑性能优化设计方法

首先，梳理既有的性能优化设计方法。其次，提出基于modeFRONTIER的性能优化设计方法，扩展基于优化软件的性能优化方法。最后，提出寒冷地区办公建筑性能优化设计流程。

2.4.1 既有建筑性能优化设计方法

建筑性能优化是同时改变多个设计变量，运用性能模拟工具计算相应的性能指标，多目标优化是自动搜寻性能最优的设计解。性能优化设计包括性能模拟和多目标优化两部分。性能模拟关联建筑设计要素和性能评价指标。多目标优化是利用多目标优化算法，挖掘潜在方案，权衡求解多变量、多目标优化问题。

梳理既有性能优化成果（表2-9），研究成果集中于改进算法或样本质量、性能优化设计方法。根据既有集成性能模拟和优化算法的方法，将建筑性能优化方法分为两类，一类是基于参数化建筑设计平台（Rhino/BIM）集成性能模拟和优化算法，另一类是基于优化平台集成能耗模拟。性能优化设计方法主要应用于方案设计阶段的被动式建筑设计，设计变量集中于形态和界面要素，如长宽比、窗墙比、朝向、界面热工性能等。基于优化平台的优化目标以节能和成本为主。基于参数化设计平台的优化目标涵盖能耗、光性能、舒适度。

既有性能优化设计成果 **表2-9**

	研究成果	被动策略	设计变量	优化目标	来源
改进算法	采用神经网络—遗传算法改进优化算法	自然通风	标准层面积、长宽比、层数、窗墙比、朝向	能耗	周白冰. 基于自然采光的寒地多层办公建筑空间多目标优化研究[D]. 哈尔滨：哈尔滨工业大学，2017.
	BP神经网络对样本数据学习	—	体形系数、面积、层数、窗墙比、围护结构传热系数、外窗SHGC、外区进深	能耗、舒适度	喻伟，王迪，李百战. 居住建筑室内热环境低能耗营造的多目标设计方法[J]. 土木建筑与环境工程，2016，38（8）：13-19.
基于参数化建筑设计平台的性能优化设计方法	基于Grasshopper的光性能优化	自然采光	窗高、窗宽、平面进深、层高、朝向	DA、UDI、DGP	余镇雨. 基于模拟的多目标优化方法在近零能耗建筑性能优化设计中的应用[J]. 建筑科学，2019，35（10）：8-14.
	基于Grasshopper的中小学校多目标优化	校园微气候	平面形状、朝向、窗墙比、进深、玻璃材料、遮阳	能耗、UDI、舒适度	张安晓. 基于能耗和舒适度的寒冷地区中小学校多目标优化设计研究[D]. 天津：天津大学，2019.

续表

	研究成果	被动策略	设计变量	优化目标	来源
基于优化平台的节能优化设计方法	基于Dakota整合EnergyPlus	—	围护结构保温板厚度	能耗	田志超，陈文强，石邢．集成EnergyPlus和Dakota优化建筑能耗的方法及案例分析[J]．建筑技术开发，2016，43（6）：73-76.
	基于Matlab整合TRNSYS	—	围护结构传热系数、窗户SHGC、锅炉效率、冷机COP	能耗、成本	陈煜琛，蓝艇，史旭华．基于多目标优化的节能建筑方案设计[J]．工程技术研究，2017，（6）：193-194.
	基于Matlab整合EnergyPlus	—	朝向、窗墙比、围护结构传热系数	能耗、热舒适度	Bernal W，Behl M，Nghiem T，et al. Demo Abstract: MLE+: Design and Deloyment Integration for Energy-Efficient Building Controls[C]. BuildSys 12 Proceedings of the Fourth ACM Workshop on Embedded Sensing Systems for Energy-Efficiency in Buildings. NY, USA: ACM New York, 2012，15-216.

注：TRNSYS、EnergyPlus是能耗模拟软件，Dakota是优化工具，Matlab是数学软件。

2.4.1.1　基于参数化建筑设计平台的性能优化设计方法

参数化设计平台（如BIM、Rhino）集成几何建模、性能模拟和评价、优化等功能插件。L+H是参数化设计平台Rhino/Grasshopper的环境分析插件，多目标优化插件是Octopus和Wallacei。Octopus的算法是SPEA2和Hype。Wallacei的优化算法是NSGA-Ⅱ和K-mean聚类算法。

基于参数化设计平台性能优化的优势是同平台操作。劣势是算法有限、缺失对优化结果的分析功能。优化结果是以数据表格和散点图显示（图2-15），最优解的主观性和不确定性大。

2.4.1.2　基于优化平台的节能优化设计方法

基于优化平台的节能优化设计是基于优化平台和能耗模拟软件EnergyPlus/TRNSYS的跨平台交互[175]。优化平台可细分为数学软件Matlab和节能优化软件。Matlab是一款商业数学软件，具有算法优化、算法开发、数据可视化、数据分析和数值计算等功能。节能优

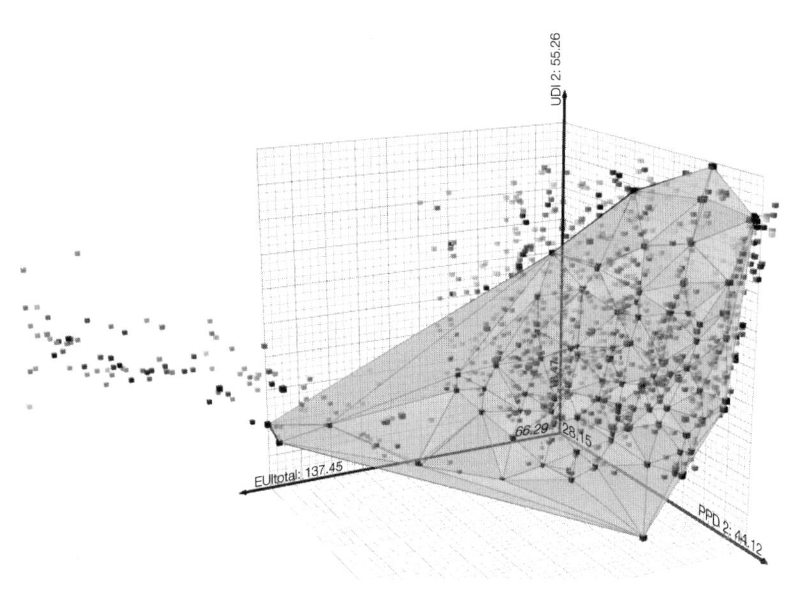

图2-15 利用Octopus的SPEA2计算的性能优化结果

化平台有Genopt[176]、BEopt、MOBO[177]、SimLab[178]等。BEopt是美国国家能源部可再生能源实验室开发的能耗优化软件，采用顺序搜索优化。Genopt是美国劳伦斯伯克利国家实验室开发的优化软件，随着建筑性能优化目标的增加，Genopt的简化运算影响优化效率，也无法承载较大的模型文件[179]。

优化平台和能耗模拟软件的跨平台交互需要联合仿真接口，如BCVTB[180]、TRNSYS Type155[181]、jEPlus[182] 和MLE+[183]等。Genopt的联合仿真接口需要使用编程语言Java编写[179]。数学软件Matlab和节能优化软件SimLab等获取能耗模拟结果需要jEPlus外部接口。优化平台和能耗模拟软件的交互流程：1）确定设计方案和变量；2）基于优化软件设置试验方法；3）能耗模拟；4）利用外部接口转译和收集能耗模拟数据；5）基于优化软件获取最优解（图2-16）。

基于优化平台的节能优化方法的优势是各平台的专业性，如能耗优化平台的开源、免费和扩展性，Matlab的算法和可视化优势，BEopt的成本计算。劣势：1）接口软件的编程语言是C、C++或JAVA计算语言（图2-17），即基于优化平台的节能优化操作太复杂；2）能耗优化平台的适用范围较窄，仅能作能耗模拟；3）节能优化平台的算法单一（如BEopt仅能作穷尽搜索）、算法的可拓展性或选择性较低。

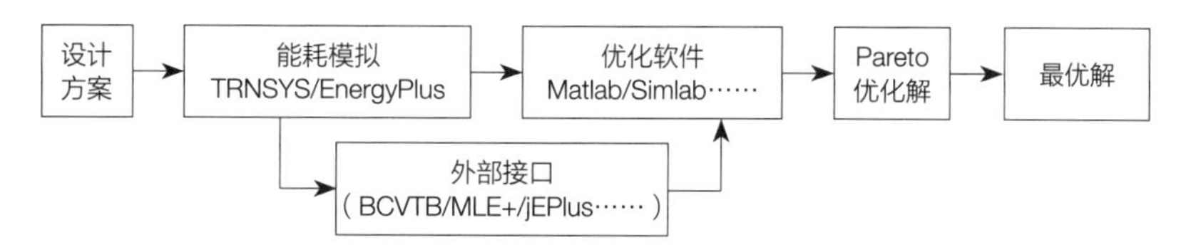

图2-16　优化软件和能耗模拟软件的跨平台交互

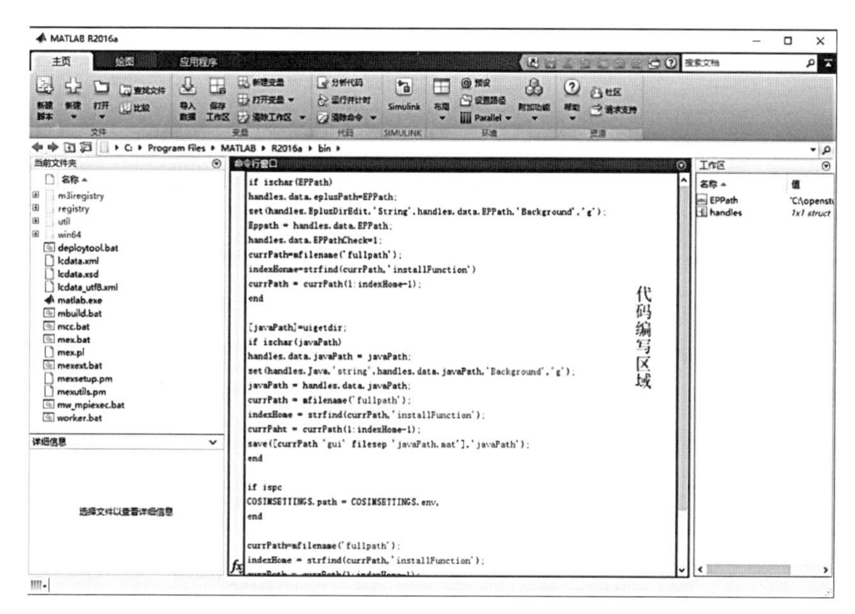

图2-17　Matlab做节能优化的接口编写界面

2.4.2　基于modeFRONTIER整合L+H的建筑性能优化设计方法

2.4.2.1　参数化性能模拟Grasshopper/L+H

本书以建筑能耗和光热性能为优化目标，基于参数化性能模拟平台Grasshopper/L+H计算方案的性能指标。Grasshopper是在参数化设计平台Rhino环境下，采用可视化编程技术生成模型。Grasshopper建立的几何模型是通过调整设计参数改变建筑形态。基于Grasshopper的环境分析插件Ladybug+Honeybee（简称L+H）整合多项性能模拟，并为建筑师提供友好且可视化的界面[184]。

L+H通过模块化运算器设置模型参数，并调用性能模拟引擎实现性能耦合模拟（图2-18）。Ladybug是参数化性能平台的建筑环境分析插件，利用EnergyPlus的年气象数据（.epw格式）分析太阳辐

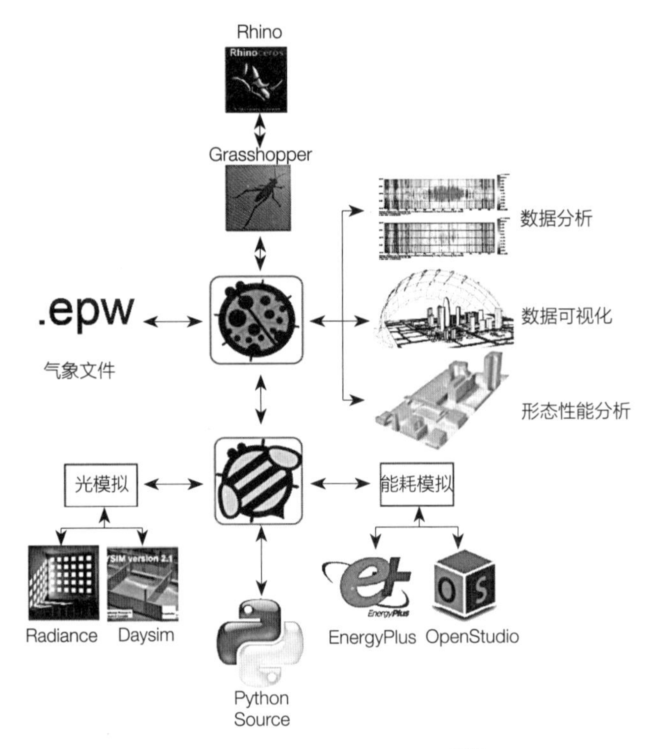

图2-18　参数化性能模拟工具[185]

射得热量和风环境等，且结果是以图表或结合建筑几何形态的可视化方式呈现。Honeybee是建筑性能模拟插件，可调用能耗模拟工具OpenStuido/EnergyPlus、光环境模拟工具Radiance/Daysim。

根据功能需求，Ladybug和Honeybee的运算器可以交互使用。参数化性能模拟Grasshopper/L+H的优势：一是耦合自然采光和自然通风的能耗模拟和热性能模拟。二是整合参数化几何模型和性能模拟，即建立建筑形态与性能的直接关联，简化模拟过程，提高计算效率。三是性能数据反馈至几何模型，即性能数据以结合至几何形态的可视化方式呈现，建筑师对方案性能有直观认识。四是部分设备系统参量做默认设置，如空调采暖系统设置可以设置为理想模式，降低输入复杂度。五是此平台的免费开源，用户可以根据具体需求对运算器做个性化定义或修改完善源代码[185][186]。

2.4.2.2　多目标优化软件modeFRONTIER

建筑师经常要解决多个有冲突的目标，对两个或两个以上的目标函数同时进行优化，目标函数之间可以没有关联，也可以相互制约。求解多目标优化问题时，平衡多个目标且均优的折中解不止一个，所以多目标优化求解得到折中解集，即Pareto最优解[187]，为设计决策提供充分的选择权。本书研究的优化目标是能耗、有效天然采光照度（UDI）、热环境不满意者百分数（PPD），优化问题可用数学模型表示为下式：

$$\begin{cases} y_1=\min [\mathrm{EUI}(x)] \\ y_2=\max [\mathrm{UDI}(x)] \\ y_3=\min [\mathrm{PPD}(x)] \end{cases}$$

式中：输出y_1、y_2、y_3分别表示建筑能耗、有效天然采光照度和热环境不满意者百分数，x为决策变量矢量，EUI、UDI、PPD分别表示建筑能耗函数、有效天然采光函数及热环境不满意者百分数函数。设计变量包括形态变量、界面变量、空间变量、主动系统设置变量等。

优化是使设计或决策尽可能有效的过程或方法。优化算法是通过筛选最佳变量，找出目标函数最小值或最大值的过程。基于算法的多目标优化是专注于平衡各目标以提升整体质量的迭代过程[188]。办公建筑性能目标为不同维度、不同量纲，且它们之间存在竞争关系，如大面积开窗有良好的视野和自然采光，但同时有可能造成制冷能耗和采暖能耗的增加。算法优化擅长解决像建筑性能优化类复杂的非线性问题，因此基于算法的性能优化逐渐成为研究热点[189]。基于算法的多目标优化，探索不同的参数组合，挖掘潜在设计方案，以自动寻优的方式找到性能最佳的方案，这意味着可以在没有用户重复输入和控制的情况下解决特定问题。

主流的多目标优化算法有遗传算法[190]、粒子群算法[191]、蚁群算法[192]、混合算法等。选择一种适合建筑性能优化的算法至关重要[193]。优化算法的选择取决于优化对象和目标。建筑设计变量具有不确定性、数量众多和离散等特点。建筑性能目标之间存在无法简单比较和冲突的关系。通过对比不同算法，得出遗传算法是建筑性能优化设计的首选[194][195]，可以有效改善设计过程和结果的适应性[196]。

modeFRONTIER[187]是应用于工程领域的商用多目标优化软件，以模块化编程技术搭建性能优化框架，优势是算法多样、界面友好且操作简便、数据分析性和可视化强（图2-19）。优化算法涵盖遗传算法、启发式优化、多策略算法、梯度优化四类，具体算法

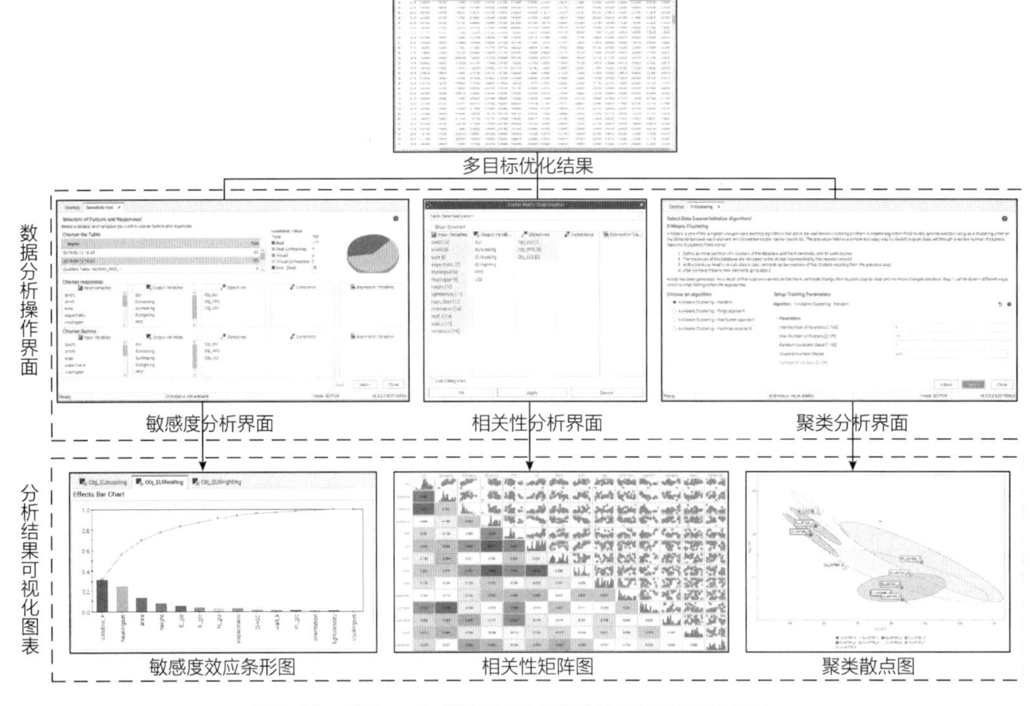

图2-19 基于modeFRONTIER的数据分析过程示意图

包括NSGA、MOGA、pilOPT、FAST等共20种。数据分析/后处理功能是对设计变量和性能目标做相关性、敏感性或聚类分析，深化自变量和因变量关系的认识。

2.4.2.3 基于modeFRONTIER整合性能模拟L+H的性能优化设计方法

性能优化设计是集成性能模拟和多目标优化软件。既有的基于优化软件的节能优化设计方法，存在算法有限、与能耗模拟软件集成技术复杂、优化结果分析能力有限等问题。扩展完善基于优化工具的性能优化设计方法对性能优化设计的发展和应用有重要意义。本研究提出基于多目标优化软件modeFRONTIER整合性能模拟Grasshopper/L+H的性能优化设计方法（图2-20）。

对比既有建筑性能优化方法和基于modeFRONTIER的性能优化方法（表2-10），得出基于modeFRONTIER的性能优化设计方法的优势：1）操作更简便，modeFRONTIER平台的Grasshopper接口采用可视化和模块化编程技术自动调用L+H；2）具备参数化设计平

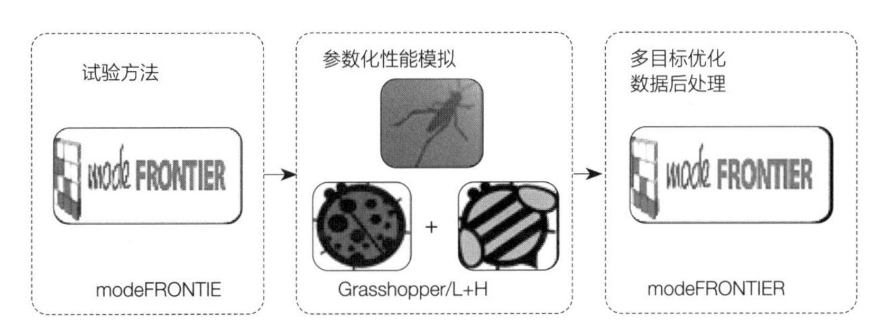

图2-20　基于modeFRONTIER整合L+H的性能优化整合过程

对比集成性能模拟和多目标优化的性能优化设计方法　　表2-10

	基于modeFRONTIER	基于参数化设计平台Grasshopper	基于Matlab	基于节能优化软件BEopt
优化工具	modeFRONTIER	Grasshopper/Octopus	Matlab	BEopt
性能模拟工具	Grasshopper/L+H	Grasshopper/L+H	EnergyPlus/TRNSYS	EnergyPlus
集成难易程度	易	易	较难	较难
优化算法选择	20种	NSGA-Ⅱ、SPEA2	全部	顺序搜索
主动停止优化	具备	不具备	不具备	—
分析优化结果	具备	不具备	具备	具备
数据可视化	散点图、直方图、多向量图、相关矩阵图、多维分析图表……	散点图	可视化图表都能实现	散点图、直方图

台的耦合性能模拟功能，即扩展能耗目标为兼顾能耗和光热性能；3）优化算法类型多样，NSGA-Ⅱ、pilOPT等20种；4）具备对优化结果的数据挖掘功能，如敏感度分析、聚类分析、多标准决策等；5）采用算法的自动运算模式，能自主停止优化；6）优化结果的可视化强，如相关性的矩阵分析图、敏感度效应的条形图、聚类分析的散点图。

modeFRONTIER整合性能模拟是以模块化方式（图2-21），组织设计要素（即自变量）、试验方法和多目标优化、参数化性能模拟、性能模拟结果（即因变量）、优化目标等。采用Grasshopper接口集成参数化性能模拟软件Grasshopper/L+H，并自动收集设计自变量和性能因变量的数据。试验设计方法不仅包括惯用的正交试验法，还增加析因试验方法。多目标优化是利用算法自动寻优，可选

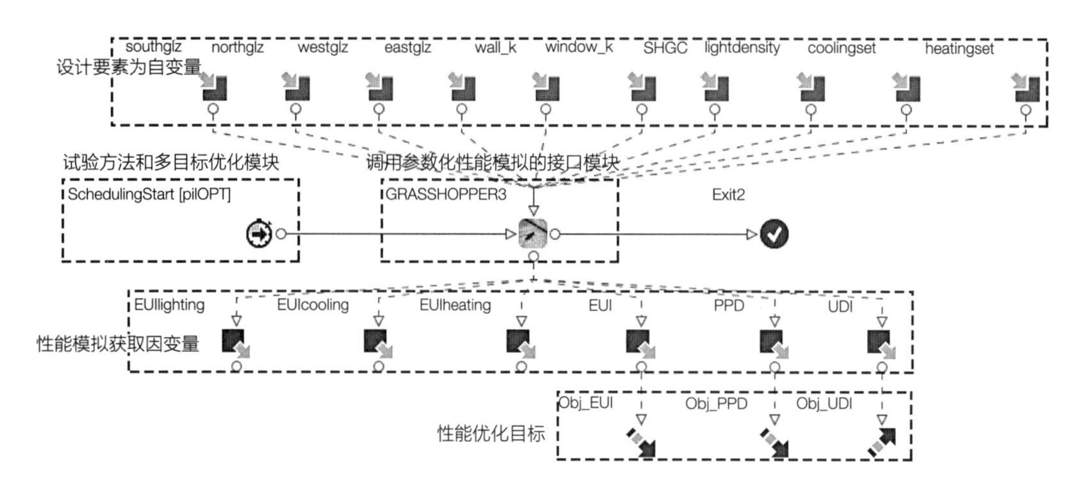

图2-21　基于modeFRONTIER整合参数化性能模拟

择优化算法类型和算法参数设置。

基于modeFRONTIER的寒冷地区办公建筑性能优化设计流程，见图2-22。首先是拟定性能目标、分析场地和环境等，进而确定适宜的被动策略和设计要素变量。本书选定的办公建筑性能目标是建筑能耗、有效天然采光照度和热环境不满意者百分数。办公建筑设计要素包括形态、界面、办公室空间要素和主动系统运行参数等。其次，建立基于Grasshopper/L+H光性能、能耗、热性能相关联的性能模型。然后，选择优化算法、设置算法参数，运用多目标优化算法自动搜索优化解。最后，对优化结果作统计分析，包括聚类分

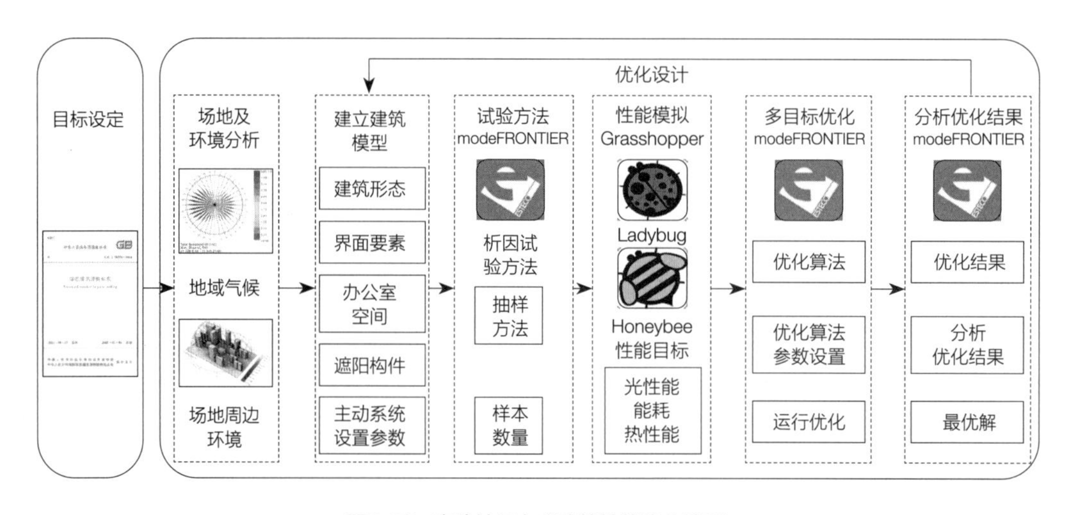

图2-22　寒冷地区办公建筑性能优化流程

析、多标准决策选择最优解等。简而言之，性能优化设计流程是目标设定、场地及环境分析、建立建筑模型、制定试验方案、性能模拟、多目标优化、分析优化结果、选择最优解。

办公建筑性能模型包含建筑单体、标准层、办公室空间三个尺度。三种模型包含的设计要素不同，对性能指标的影响也有差异，根据具体优化问题选用合适的模型。办公建筑单体用于分析形态和界面设计要素对性能的影响。标准层用于分析界面和主动系统设计参数对性能的影响。办公室空间模型用于分析界面、空间尺度、遮阳百叶设计要素和主动系统设计参数对性能的影响。

根据设计变量和性能目标选择适宜的试验方法。以办公建筑能耗和光热性能为目标选择相应的设计变量，利用拉丁超立方抽样获取样本量，进而采用算法做多目标优化。多目标优化算法对目标函数值进行排序，依据算法类型和算法参数设置的规则，不断发掘设计变量的可能组合，迭代建筑性能模拟，直到终止条件。多目标优化算法运用种群的非支配排序、保持多样性、精英保留等策略，实现多向和全局搜索，以保证末代种群优化方案的质量和代表性。对优化结果作相关性分析，量化性能目标的线性关系。对优化结果的敏感度进行分析，提取关键设计要素，并量化设计要素的交互作用。对Pareto优化解的聚类进行分析，挖掘最优解的设计要素分布特征。利用多标准进行决策，辅助建筑师选择最优解。

2.5　本章小结

本章首先梳理国内外绿色建筑评价体系，建筑性能权重中占比最大的是节能，室内光热环境次之，因此本书以能耗、热舒适度和光性能为研究重点。选用有效天然采光照度（UDI）、能耗密度（EUI）、热环境不满意者百分数（PPD）为建筑能耗和光热性能评价指标。

其次，分析寒冷地区气候特征。寒冷地区有冬夏季气候极端、光热同期、日照充足等气候特征。办公建筑设计既要考虑冬季防寒保温，还要兼顾夏季防热。寒冷地区太阳辐射量和日照资源充足，适宜的被动策略是内部得热、被动太阳能得热和自然通风。春季、秋季可采用的被动采暖策略最多，冬季次之，夏季可利用的被动制冷策略最少。

再次，调研寒冷地区办公建筑性能现状。寒冷地区办公建筑能耗具有明显的季节和时间规律，采暖和制冷能耗占比最大。因不合理灯控分区和室内遮阳的极端性，办公建筑自然采光利用率低。办公建筑室内环境依赖人工照明和空调设备，忽视使用者对环境的参与和调控能力。窗户对光热舒适度影响较大，使用者对外窗的操控较积极且频繁。

最后，在方案设计阶段，性能模拟能关联设计要素和性能评价指标，多目标优化算法能实现建筑能耗和光热性能的共赢。梳理既有建筑性能优化设计方法，进而提出基于modeFRONTIER的寒冷地区办公建筑性能优化设计方法及流程。既有性能优化方法主要包括基于参数化设计平台和基于优化平台两种。基于参数化设计平台的性能优化方法劣势是算法有限、缺失对优化结果的数据分析功能、最优解的选择主观化。基于优化平台的节能优化方法劣势是集成操作复杂、优化目标局限于节能。多目标优化平台modeFRONTIER具有模块化操作、算法多样、数据分析和可视化强的优势。因此，提出扩展优化平台的性能优化方法，即基于modeFRONTIER整合Grasshopper/L+H的性能优化设计方法。性能优化设计流程是目标设定、分析场地及环境、建立建筑模型、制定试验方案、性能模拟、多目标优化、分析优化结果、选定最优方案。

第3章

寒冷地区办公建筑性能模型

首先，调研提取寒冷地区办公建筑的形态和布局特征，建立寒冷地区典型办公建筑几何模型。其次，建立办公建筑光性能、能耗和热性能相关联的性能模型。性能模型是性能优化的基础，影响研究结论的可靠性，最后对性能模型做校验。

3.1 寒冷地区办公建筑几何模型

性能模拟一般涉及数十个甚至数百个参数，所以性能模拟的时间成本较高。用简化的模型做几十个光性能或能耗模拟通常需要超过一天的计算时间，若做性能耦合模拟，计算时长更是成倍增长。用简化的单体或区域做性能模拟，不仅可以节约时间，性能预测结果也相近，因此使用典型模型测试各种节能策略，并建立相应的设计方案。

3.1.1 影响办公建筑性能的设计要素

3.1.1.1 影响建筑性能的设计要素

通过分析建筑能耗计算公式或原理，提取影响建筑能耗的设计要素。建筑能耗主要由照明能耗Q_{L}、采暖能耗Q_{h}和制冷能耗Q_{C}共同构成，即：

$$Q_{总} = Q_{\mathrm{C}} + Q_{\mathrm{h}} + Q_{\mathrm{L}}$$

建筑得热一般有三种途径：围护结构传热耗热量$Q_{\mathrm{H \cdot T}}$；空气渗透耗热量Q_{INF}；内部得热量Q_{IH}，制冷能耗表示如下：

$$Q_{\mathrm{C}} = Q_{\mathrm{H \cdot T}} + Q_{\mathrm{INF}} + Q_{\mathrm{IH}}$$

$$Q_{\mathrm{H \cdot T}} = (t_i - t_e)\left(\sum_{i=1}^{m} \varepsilon_i \cdot K_{\mathrm{i}} \cdot F_{\mathrm{i}}\right) | A_0$$

$$Q_{\mathrm{INF}} = (t_i - t_e)(C_p \cdot \rho \cdot N \cdot V) | A_0$$

建筑采暖能耗Q_{h}，计算公式如下：

$$Q_{\mathrm{h}} = \frac{K \times A}{\eta c}\sum_{i=1}^{n} N_i'(t_{\mathrm{B}}' - t_i')^{+}$$

天然采光优先的照明能耗Q_L计算公式如下：

$$Q_L = \sum(1 - DA_i) \cdot \rho \cdot F_{exi} + \rho \cdot F_{in}$$

$$DA = \beta_1 + \beta_2 \times (h/r) + \beta_3 \times \delta + \beta_4 \times (h/r)^2 + \beta_5 \times \delta^2$$

对上述公式进行整理，得出建筑能耗与设计要素的函数关系式为：

$$Q=f\left(K, A, V, h, F_{cxi}, F_{in}, \frac{h}{r}, \delta, \eta, SHGC, S\right)$$

影响建筑能耗的设计参量有围护结构传热系数K、玻璃透过率δ、玻璃太阳得热系数SHGC、围护结构外表面积A、体积V、高度h、外区面积F_{cxi}、内区面积F_{in}、层高进深比h/r、窗墙比η、体形系数S等[197]。

建筑界面包括透明界面和非透明界面。透明界面设计主要指窗户尺度和玻璃材料的选择等，决定室内太阳辐射得热和自然采光，影响室内光热环境和建筑能耗。非透明界面包括墙体和屋面，通过室内外热传导过程影响建筑能耗和室内热环境。寒冷地区办公建筑采暖能耗的20%~50%是由界面所消耗，因此界面的热工性能对降低能耗至关重要，如窗和外墙传热系数。办公建筑性能设计需同时考虑建筑节能和室内舒适度，选择合理的建筑形体，通过优化设计要素或节能策略组合，达到办公建筑能耗和光热性能的并行提升。

窗户是设计要素中最重要的气候应变调节构件[198]。办公建筑普遍采用侧窗采光，将室外景色引入室内，使室内外空间相互渗透。通过窗进入室内的自然采光有利于降低照明能耗，太阳辐射增加被动太阳得热量降低采暖能耗。但大面积开窗会引入过多太阳光到室内，造成眩光、光照不均匀、温室效应等问题[199]。合理的窗设计可响应气候，调控进入室内的光热辐射量[200]，如窗户位置的合理选择、尺寸推敲和遮阳构件，有利于引入适量的光线和热辐射量。

3.1.1.2　朝向

朝向影响办公建筑接收太阳辐射得热量和日照时长。寒冷地区太阳辐射量充足，冬季太阳辐射得热量是234~316kW · h/m^2，夏季太阳辐射得热量是551~629kW · h/m^2。办公建筑室内空调设定温度是26℃，假设室外温度低于26℃时接收的太阳辐射是有益的，室外温度高于26℃接收的太阳辐射是不利的，太阳辐射增益量是有益太

寒冷地区代表城市太阳辐射增益量分析图　　表3-1

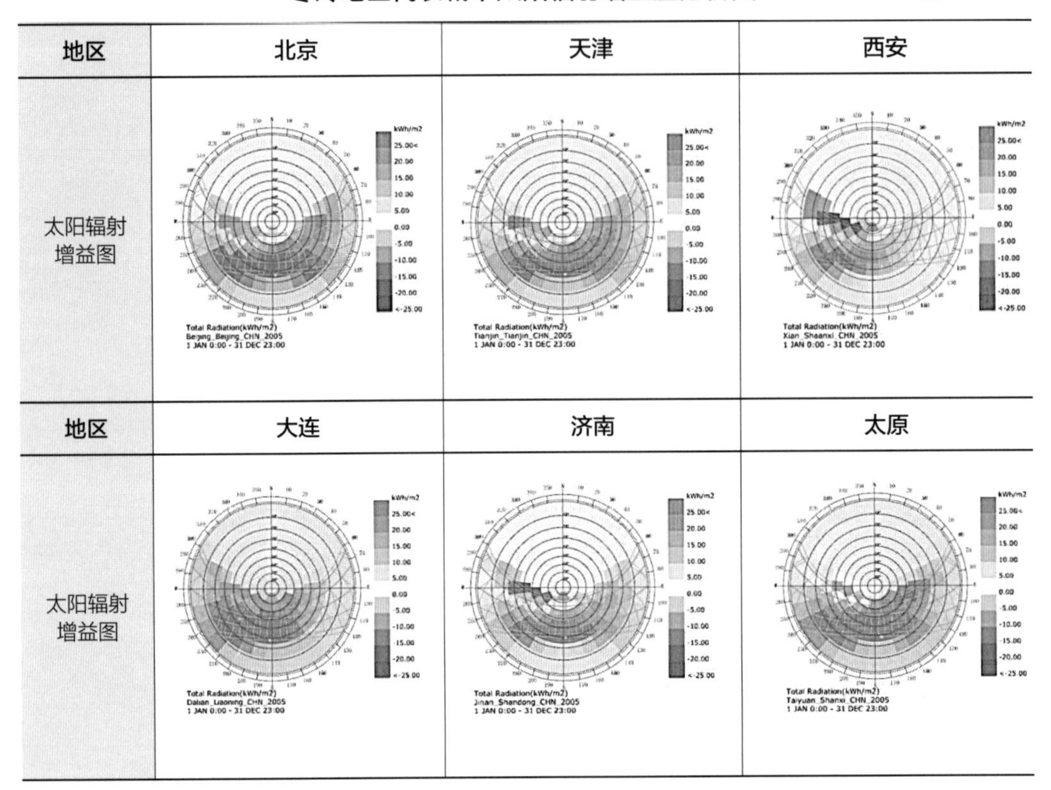

地区	北京	天津	西安
太阳辐射增益图	Total Radiation(kWh/m2) Beijing_Beijing_CHN_2005 1 JAN 0:00 - 31 DEC 23:00	Total Radiation(kWh/m2) Tianjin_Tianjin_CHN_2005 1 JAN 0:00 - 31 DEC 23:00	Total Radiation(kWh/m2) Xian_Shaanxi_CHN_2005 1 JAN 0:00 - 31 DEC 23:00
地区	大连	济南	太原
太阳辐射增益图	Total Radiation(kWh/m2) Dalian_Liaoning_CHN_2005 1 JAN 0:00 - 31 DEC 23:00	Total Radiation(kWh/m2) Jinan_Shandong_CHN_2005 1 JAN 0:00 - 31 DEC 23:00	Total Radiation(kWh/m2) Taiyuan_Shanxi_CHN_2005 1 JAN 0:00 - 31 DEC 23:00

阳辐射得热量减去不利太阳辐射得热量，据此绘制出寒冷地区太阳辐射增益图（表3-1）。寒冷地区太阳辐射特征是上午太阳辐射强度低、下午太阳辐射强度高，西向接受太阳辐射量过大。太阳辐射增益量大呈绿色、太阳辐射量过大呈红色区。根据太阳辐射增益图分析建筑朝向，最佳朝向是南向，东向、西向次之，北向太阳辐射增益量最少。

在办公建筑设计中，气候、道路、场地环境、城市规划等因素都影响建筑朝向。在一个区域内太阳轨迹和风向具有相对的稳定性，因此通过太阳辐射量和风向来确定建筑的适宜朝向具有普遍意义[201]。太阳方位角变化幅度大，各个朝向的日照时长和太阳辐射量差异也很大。南向直射光照度大，室内光线对比强烈反差大，易塑造光影效果，有利于营造空间氛围，但其均匀性差、眩光几率大。北向漫射光更均匀和稳定，不易造成眩光。最不利的朝向是东向、西向，夏天日照强度最大，有东晒、西晒的问题，眩光可能性较大。

朝向对建筑热性能的影响根据季节变化而有所不同，太阳辐射

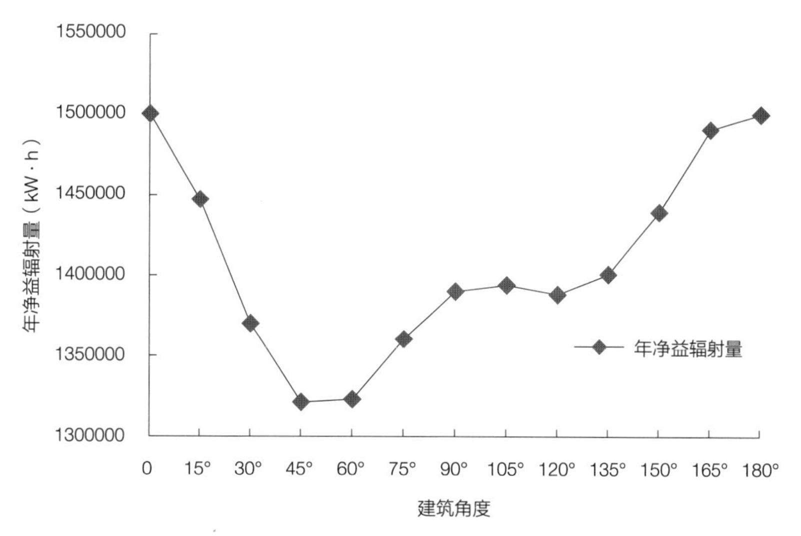

图3-1　西安市建筑角度与太阳辐射量的关系

在冬季减少采暖能耗、在夏季增加制冷能耗。以西安地区为例，采用Grasshopper/Ladybug气候分析工具，计算分析建筑朝向与太阳辐射增益量的关系。以正南向为0°，顺时针15°为步长，依据辐射增益量数据绘制成图（图3-1），朝向是正南向时获取的年太阳辐射增益量最多（1499308kW·h），单位面积净益辐射量为169kW·h/m^2，其次是南偏西15°和南偏东15°，所以西安市适宜朝向是南偏东15°至南偏西15°。建筑朝向为南偏东45°至南偏东60°时，年净益辐射量最低，因为此时建筑主朝向是东向、西向，夏季获得的不利太阳辐射量过多，降低了年净益辐射量。

采用Honeybee分析不同朝向的热负荷（制冷能耗和采暖能耗之和），设正南向为0°，顺时针15°为步长。本书选取六个典型城市进行建筑朝向模拟，它们呈现出相似的趋势。以西安为例，建筑角度与热负荷的关系图（图3-2）表明：建筑是正南向和南偏西15°时全年热负荷最低，因为建筑获取的有益热辐射量最多。南偏东45°时年热负荷最高，因为此时建筑大量外表面积是东向、西向，夏季耗冷量增加，冬季散热量增加，年耗冷量和耗热量都是最高。分析朝向对热负荷的影响，统计寒冷地区六个典型城市的建筑最佳和最差朝向（附录B）。寒冷地区办公建筑较佳朝向是南偏东15°至南偏西15°，最差朝向是东偏南45°至东偏南60°。

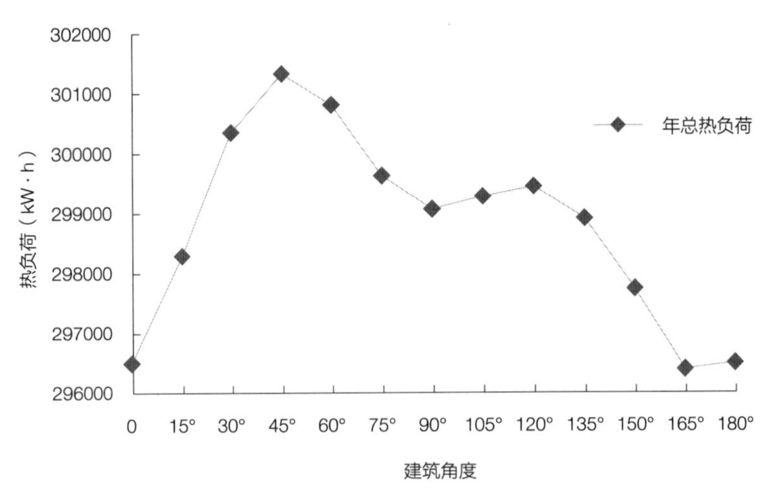

图3-2 建筑角度与年热负荷的关系

3.1.1.3 寒冷地区办公建筑形态调研

建筑性能与建筑形体相关。笔者对北京、天津、西安、济南、大连和西安等8座城市共100座办公建筑进行调研，矩形、L形和不规则形办公建筑分别占比60%、12%、28%。办公建筑调研内容包括布局方式、长宽比、层数、窗墙比等，归纳各项参量的值域和平均水平。分析建筑平面布局，寒冷地区办公建筑以核心筒式布局为主，占整个调研建筑的81.2%。调研案例的办公建筑标准层面积集中在1000~2000m^2（图3-3）。矩形平面的长宽比分布区间集中在1~2之间（图3-4）。层数分布区间集中于20~26层（图3-5），标准层层高分布区间集中于3.3~4.2m（图3-6），面宽分布区间集中于30~45m（图3-7），进深分布区间集中于25~39m（图3-8）。窗墙比分布区间集中于30%~60%。

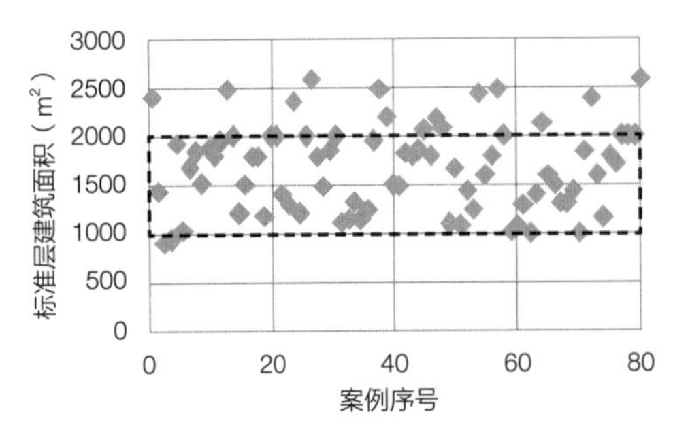

图3-3 调研案例的平面体量分析

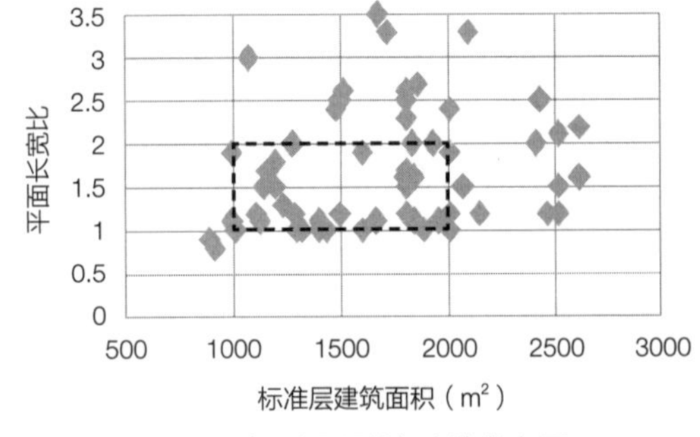

图3-4 矩形平面的长宽比分布图

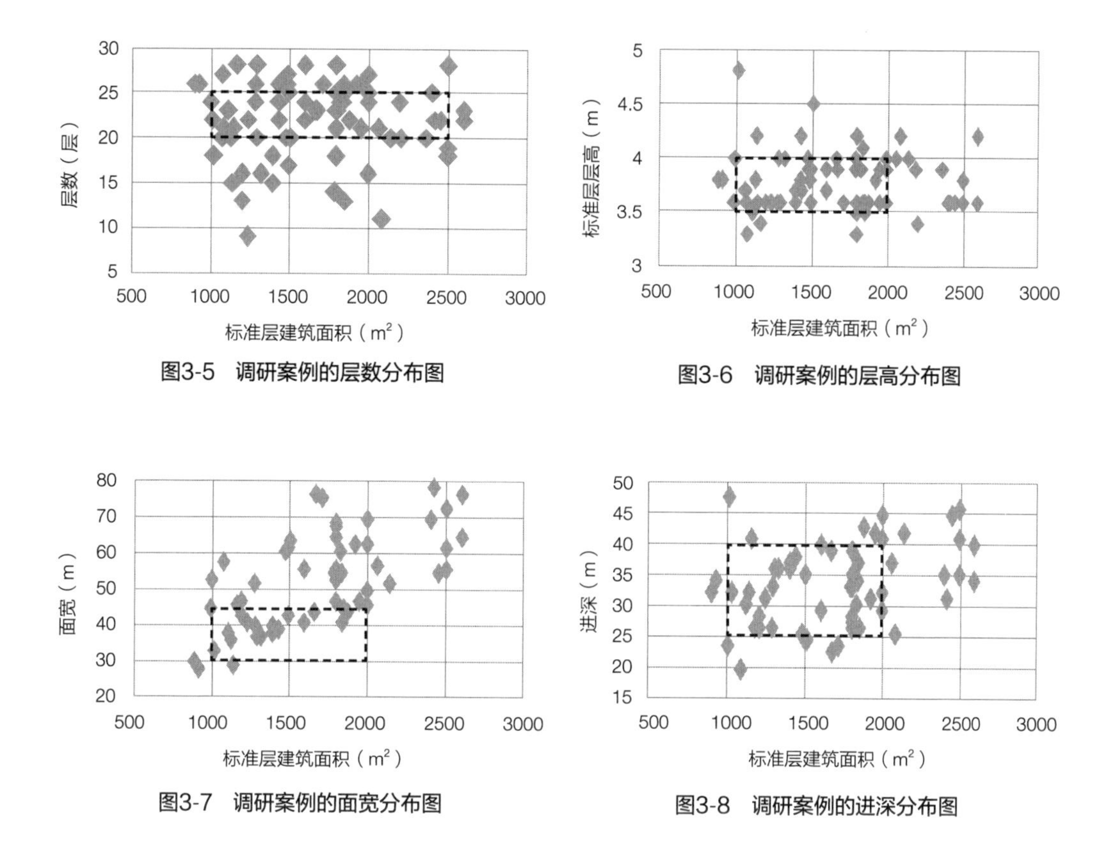

图3-5　调研案例的层数分布图

图3-6　调研案例的层高分布图

图3-7　调研案例的面宽分布图

图3-8　调研案例的进深分布图

3.1.2　寒冷地区典型办公建筑几何模型

典型模型是对办公建筑本质属性的提炼，即复杂系统的抽象，具有现实性、简明性、适应性和拓展性。典型办公建筑模型简化建筑形态，提高模拟计算效率。典型模型作为参照物，通过修正参数值达到预期性能目标，具有系统预测和辅助决策制定的功能。性能模型的参数设置量多，通过梳理可靠的文献资料和借鉴相关标准设定。

本书典型办公建筑几何模型是基于100栋办公建筑案例调研。寒冷地区建筑的最佳朝向是南北向或接近南北向，但办公建筑多位于临街面，且没有日照时数的要求，所以对朝向的要求不如住宅那么严格。办公建筑重视其与周边城市环境之间的关系，因此很多邻南北向街道的办公楼东、西立面也比较大。寒冷地区办公建筑典型模型选用正方形，平面尺寸是36m×36m（长×宽），标准层面积是1296m^2，层高3.6m，平屋顶，四个朝向的窗墙比均是40%。能耗与自然采光、热舒适度之间的平衡是在区域空间（即房间）

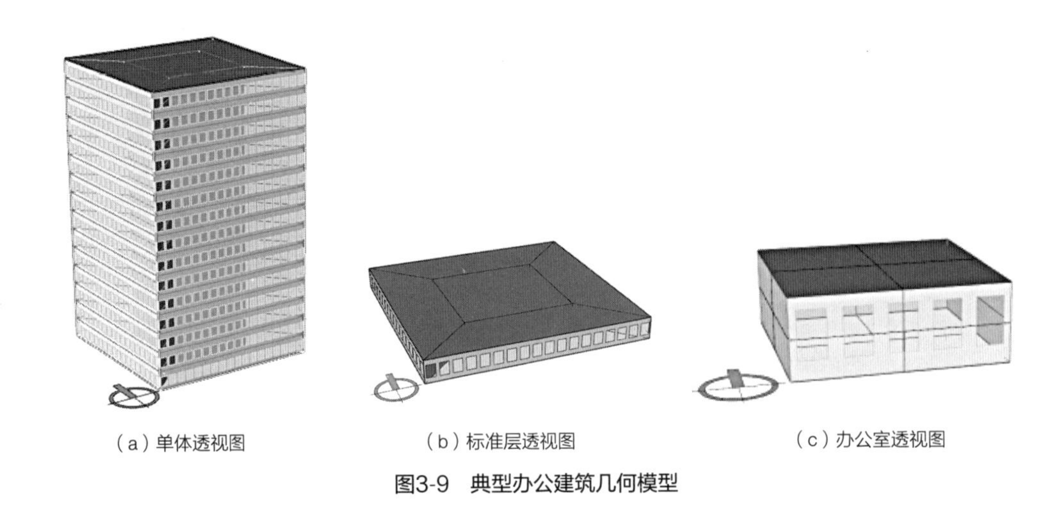

（a）单体透视图　（b）标准层透视图　（c）办公室透视图

图3-9　典型办公建筑几何模型

实现[202]，因此建立办公室基准模型。办公室模型是基于典型办公单体，选取单面外墙的办公室为研究对象。办公室尺寸是9m×9m，净高3m，窗墙比是40%（图3-9）。

3.2　办公建筑光性能模型

3.2.1　光性能模拟工具

光性能模拟是在建筑未建成前对室内外的光环境（自然采光和人工照明）的仿真计算，取得接近真实情况的图像和光性能评价指标，并对其做分析的过程[139]。在光性能模拟领域，研究对象的尺度可大可小，如从房间到城市，但是基本原理是相同的。采光性能模拟流程如图3-10所示，首先制定模拟方案；其次建立场景和区域模型；然后基于气象数据建立天空模型、设置结构和材料参数；最后进行光性能模拟，并分析模拟结果，将结果可视化。

Radiance软件始于1984 年，是静态光环境模拟软件，采用蒙特卡洛反光线跟踪算法，可以模拟天然采光和人工照明的光环境，并计算光性能指标[139]，被广泛应用于建筑光性能模拟。Radiance的准确性已经得到了国内外众多学者的验证，John对比大量实测

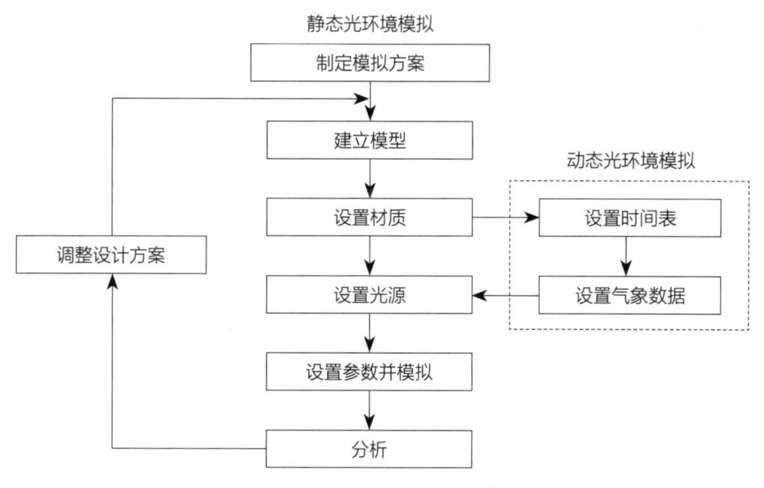

图3-10　光环境模拟过程[139]

数据和模拟结果，提出Radiance误差在10%以内。Daysim是基于Radiance内核，模拟建筑全年动态光环境性能的软件。Reinhart结合实测证实了Daysim误差率在合理范围[203]。Radiance/Daysim模拟光环境并生成rad文件，计算结果涵盖主流的光性能评价指标，如照度、采光系数、有效天然采光照度等。

3.2.2　光性能模型

基于L+H建立光性能模型（图3-11），采用Radianc光性能模拟引擎。天空模型是基于气象数据生成，天空模型涵盖CIE天空模型、全气象条件天空模型等，本研究采用全气象条件天空模型。周边环境、建筑几何形态、空间布局等对建筑光性能均有影响，根据实际项目条件设置。在几何模型的基础上对建筑结构和材料属性赋值，如围护结构的透射比、反射率等，将其转化为光性能模型。遮阳构件可在L+H中自动生成或手动设置。光性能模型需设定网格尺寸以设置照明传感器，设置在距地面0.75m的水平工作面，网格尺寸根据具体研究对象而定。此外，光性能模型还需设置人工照明功率。最后，进行光性能模拟，模拟方式涵盖全年光环境模拟、采光系数模拟、网格分析模拟等，本研究采用的是全年光环境模拟。光性能模拟结果涵盖照度、有效天然采光照度和人工照明运行时间表等。

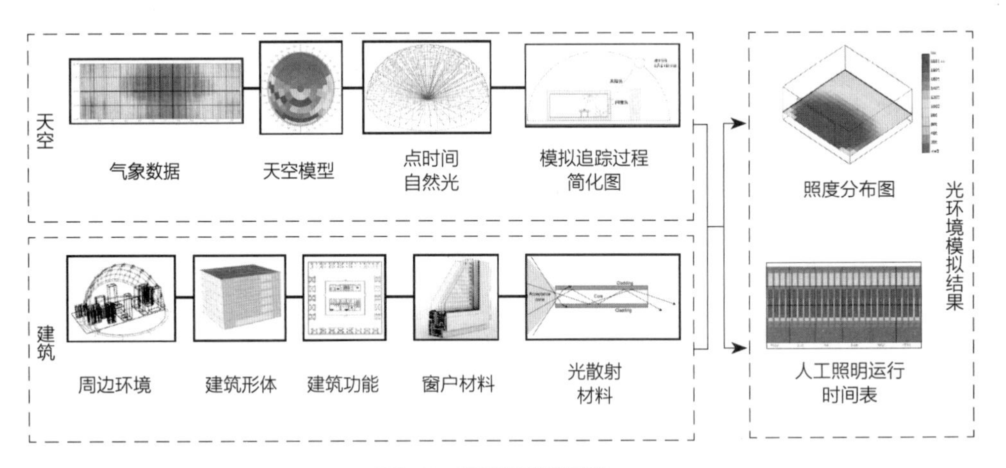

图3-11 建筑光环境模型

3.2.3 光性能模型的参数设置

办公建筑性能模型的参数设置借鉴已有研究成果和节能标准。室内光环境是太阳光与建筑界面共同作用的结果。界面作为室内外的屏障，由非透明和透明界面组成。室内光环境受界面构造和材料的光学属性、照明设备功率和人员使用方式等影响。界面的构造和材料光学属性参量的设定参照现行公共建筑节能设计标准，顶棚、地板、墙壁和遮阳构件的反射率分别设置为0.8、0.2、0.5和0.8，窗户的可见光透射比是0.45，透光率是0.6。外置遮阳构件的吸收率和反射率对内部环境的影响可忽略不计。外遮阳构件的透射率决定天然光的传入量和太阳能增益，将遮阳构件的透射率设置为0.6。办公建筑各功能空间的照度和人员密度设置如表3-2所示。

光性能模拟的计算时长与光线跟踪的密度相关，建筑模型越复杂光线跟踪密度越大，计算时间越长。模型体量、网格尺寸、模型

办公建筑各功能空间的照度和人员密度设置　　表3-2

	开放办公室	单间办公室	会议室	交通空间
人员密度	0.1人/m^2	0.05人/m^2	4人/m^2	50人/m^2
照度	300lx	500lx	300lx	100lx
照明功率	9W/m^2	9W/m^2	9W/m^2	5W/m^2

深度都会影响模拟时长和计算精度。在不考虑周边环境的前提下，对比整栋楼、三个标准层（由低、中、高层组合）、单个标准层的光性能模拟结果，发现模拟结果无显著差异，但耗时差距可高达7倍。用简化的单体或区域做光性能模拟，不仅可以节约时间，性能预测的结果也相近。

光性能模拟用网格划分空间以布置测试点，基于测试点的结果评价室内光环境。将网格尺寸分别设为6m、3m、2m、1m、0.6m，对比光性能计算精度和时间成本（表3-3）。空间全天然采光时间百分比（sDA）的差异在1%左右，全年光暴露量（ASE）无明显变化，但耗时高达5倍。为了节约时间，做办公建筑单体光性能模拟时网格设置为3m，做房间光性能模拟时网格设置为1m。

光环境模拟网格分析　　表3-3

网格尺寸	6m	3m	2m	1m	0.6m
sDA	53.4%	54.3%	52.9%	53.9%	54%
ASE	56%	56%	56%	56%	56%
耗时	4min	6min	8min	13min	20min

3.3 耦合自然采光和自然通风的办公建筑能耗模型

EnergyPlus计算核心是模拟建筑动态热过程，根据建筑功能、气候条件、使用状况（室内人员在室率、设备和照明功率密度），以及环境控制系统（供暖空调系统）送入不同冷热量、室内控制温度等进行计算，即对复杂的机械加热、冷却、照明和通风系统进行详细模拟。OpenStudio集成EnergyPlus和Radiance实现光性能和能耗模拟的关联，如光性能模型计算的结合自然采光的人工照明时间表用于能耗模拟。

3.3.1 能耗模型的参数设置

建筑能耗和热舒适度是太阳辐射、人、设备、建筑结构和材料热工性能共同作用的结果。能耗模型参数设置包括建筑功能、围护结构构造和热工属性、HVAC类型及功率、运行时间表、内部负荷、人员密度等。建筑物的使用时间表是7：00~18：00，星期一到星期五，办公建筑人员逐时在室率如表3-4所示。一般民用类建筑的冬季室温在16~22℃，夏季室温在26~28℃。《公共建筑节能设计标准》GB 50189—2015规定办公建筑冬季采暖设计温度为26℃，夏季空调设计温度为20℃。空调系统设置为理想模式。

办公建筑人员逐时在室率（%）[165]　　表3-4

时间	1：00	2：00	3：00	4：00	5：00	6：00	7：00	8：00	9：00	10：00	11：00	12：00
工作日	0	0	0	0	0	0	10	20	95	95	95	80
节假日	0	0	0	0	0	0	0	0	0	0	0	0
时间	13：00	14：00	15：00	16：00	17：00	18：00	19：00	20：00	21：00	22：00	23：00	24：00
工作日	80	95	95	95	95	30	30	0	0	0	0	0
节假日	0	0	0	0	0	0	0	0	0	0	0	0

汇总国外办公建筑能耗模型的参数，外墙传热系数值域是0.26~0.65W/（m^2·K），窗户传热系数是1.8~2.61W/（m^2·K），窗户太阳得热系数（SHGC）是0.25~0.65，可见光透过率（VT）是0.45~0.76，供热设备性能系数COP是0.8，制冷设备性能系数COP是3~4.94，采暖设计温度为20~22℃，制冷设计温度为24~26℃，照明功率密度是11.8~20W/m^2。

汇总国内办公建筑能耗模型的参数，外墙传热系数值域是0.45~1W/（m^2·K），窗户传热系数是1.8~3.24W/（m^2·K），屋面传热系数是0.35~0.7W/（m^2·K），窗户SHGC是0.4，窗墙比是40%，采暖设计温度为20℃（白天）、5℃（夜晚），制冷设计温度为24~26℃（白天）、28℃（夜晚），人员密度是6~10m^2/人，照明功率密度是9~20W/m^2，办公设备功率密度是10~16W/m^2。

国内外办公建筑能耗模型的主要差异：1）国外办公建筑能

耗模型的外墙有重质墙体、轻质钢框架幕墙，国内模型主要采用混凝土重质外墙。2）国外能耗模型的日夜采暖制冷设计温度一致（即全部时间全部运行），而国内的日夜设计温度是区别设置（即部分时间部分运行）。3）国外办公建筑围护结构传热系数的取值范围小于国内的，即国外建筑的围护结构热工性能较优于国内的。

借鉴国内外建筑能耗模型和节能规范（表3-5），本研究的办公建筑能耗模型参数设置：外墙传热系数为0.4W/（m^2·K）、窗户传热系数为1.5W/（m^2·K）、窗户SHGC为0.4、照明功率密度为9W/m^2、人员密度为10m^2/人。

能耗模型参数设置　　表3-5

	国外办公建筑能耗模型	国内办公建筑能耗模型	本书的办公建筑能耗模型
外墙传热系数[W/（m^2·K）]	0.26~0.65	0.45~1	0.4
外窗传热系数[W/（m^2·K）]	1.8~2.61	1.8~3.24	1.5
屋面传热系数[W/（m^2·K）]	—	0.35~0.7	—
外窗SHGC	0.25~0.65	0.4	0.4
外窗可见光透过率	0.45~0.76	—	—
窗墙比（%）	—	40	40
采暖设计温度（℃）	20~22	20（日）、5（夜）	—
制冷设计温度（℃）	24~26	24~26（日）、28（夜）	—
人员密度（m^2/人）	—	6~10	10
照明功率密度（W/m^2）	11.8~20	9~20	9

3.3.2　耦合自然采光和自然通风的能耗模型

3.3.2.1　耦合自然采光的能耗模型

光热性能之间存在耦合关系。自然采光不仅影响光环境，还影响建筑能耗和热舒适度（图3-12）。一方面，大面积开窗有利于自

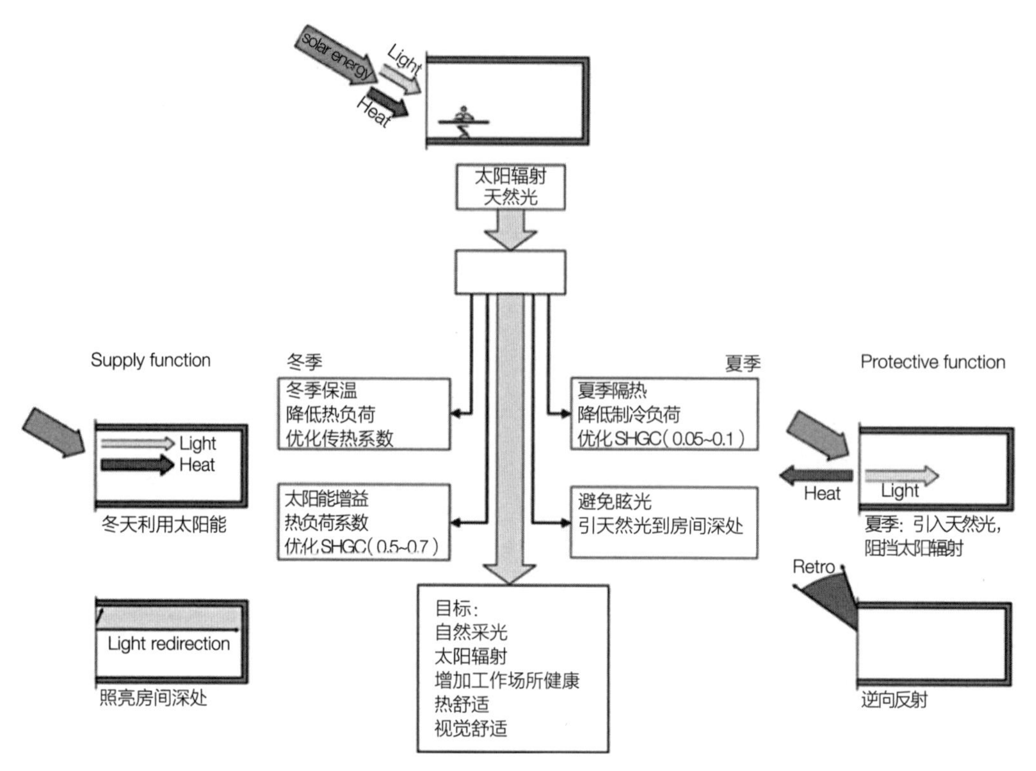

图3-12　自然采光、太阳辐射对建筑性能影响分析图[198]

然采光，减少照明能耗，但也易引入过量太阳辐射得热量，也可能导致夏季热损失增加，从而影响建筑能耗和舒适度；另一方面，利用自然采光会降低灯具散热量，从而影响内部得热量。

在建筑光性能模拟中设置测试网格，在室内光线昏暗时补充人工照明，在天然光充足时关灯，据此计算得出一年的人工照明运行时间表。光性能模拟计算得出的人工照明运行时间表，用于能耗模拟的运行设置，即以利用天然光为前提，计算人工照明、采暖和制冷能耗。对比未耦合和耦合自然采光的能耗结果（表3-6），可以发现未耦合的能耗高于耦合的能耗。因为未耦合自然采光的能耗模型忽视自然采光的节能潜力，导致照明能耗和总能耗预测值过高。耦合自然采光的能耗计算关联光热性能，灯具开启与否依据室内光环境。

能耗模拟方式对比图　　表3-6

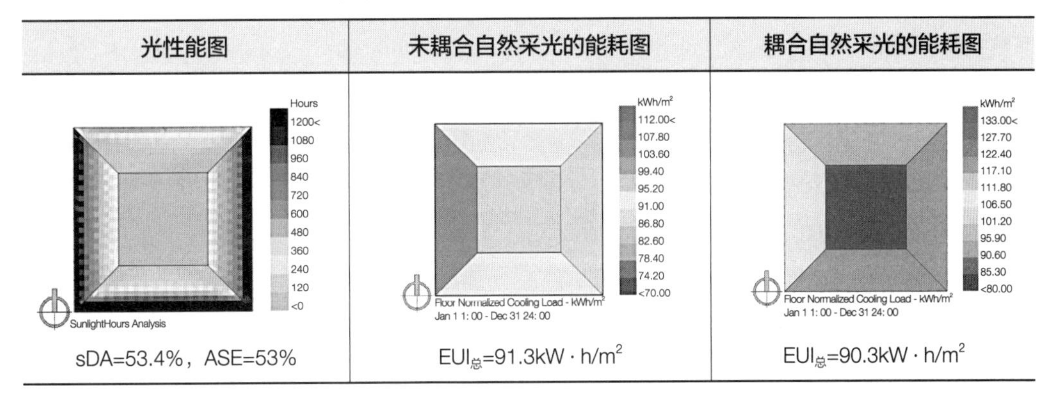

光性能图	未耦合自然采光的能耗图	耦合自然采光的能耗图
sDA=53.4%，ASE=53%	EUI$_{总}$=91.3kW · h/m^2	EUI$_{总}$=90.3kW · h/m^2

3.3.2.2　耦合自然采光和自然通风的能耗模型

办公建筑普遍装有新风系统，但有些物业部门为节省能源、降低建筑运行成本，所以新风系统使用频率不高[166]。使用者对外窗的启闭操控积极且频繁，大部分使用者一进办公室就开启外窗，下班时由于安全考虑才关闭[204]。自然通风有利于更新和补充室内新鲜空气，并有降温的功效。人体对波动环境比稳态环境具有更好的适应能力[205]。在室外最高温度不超过28℃，日温差小于10℃的地区，自然通风能够加快人体皮肤的汗液蒸发，减少人体的热不舒适。

根据空调区室内设定温度值和室内外通风条件生成自然通风时间表，冬季室内采暖温度是20℃，夏季室内制冷温度是26℃，室内自然通风条件是高于21℃、低于25℃（图3-13）。夏季利用自然通风的室外温度多在30℃以下，结合室内制冷温度，将自然通风的室外温度条件设置为高于12℃、低于26℃。本研究采用基于室内外温度生成的自然通风时间表做能耗模拟（图3-14），改进既有能耗模型采用季节划分的自然通风时间表。

基于L+H搭建耦合自然采光和自然通风的能耗模型（图3-15），

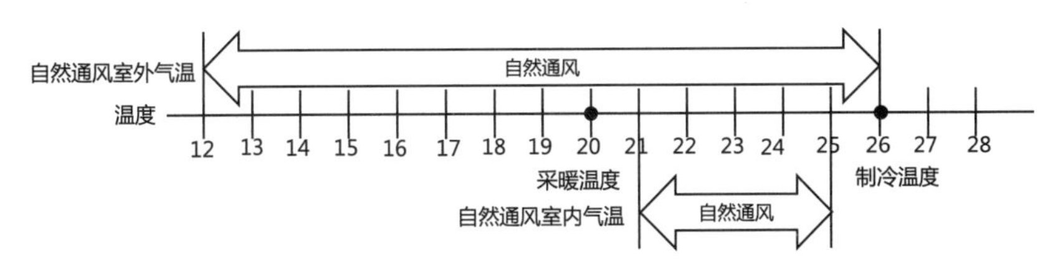

图3-13　自然通风的室内外气温条件

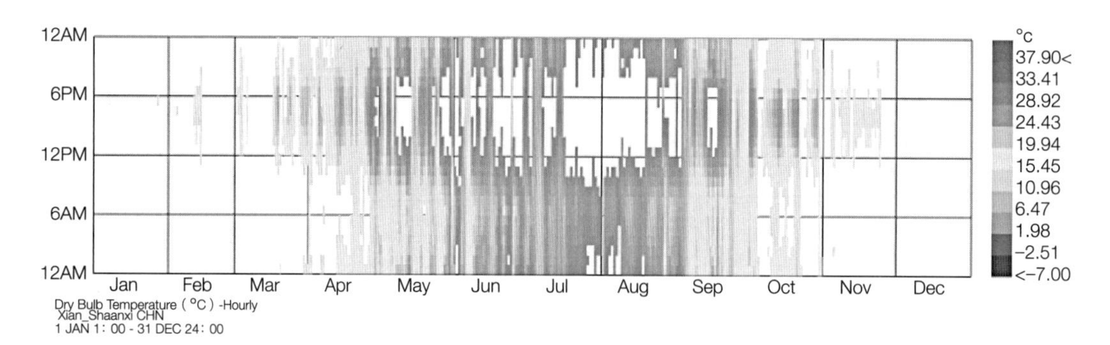

图3-14　室外温度在12~26℃之间的时间分布图

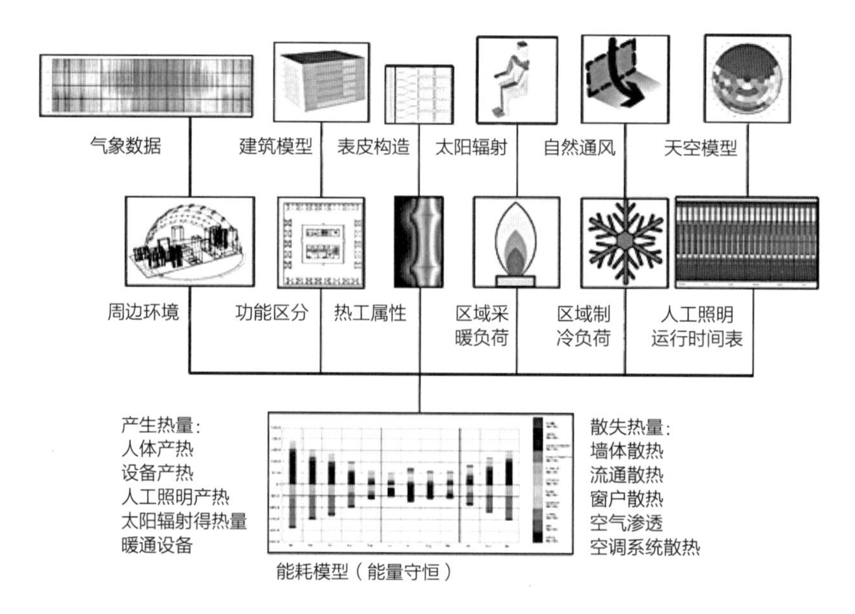

图3-15　能耗模型

采用OpenStudio为能耗模拟引擎。利用气象数据计算太阳辐射得热量、日照时长、通风环境。周边环境、建筑几何形态、空间布局等对建筑能耗均有影响，根据实际项目条件设置。在几何模型的基础上对建筑结构和材料属性赋值，如围护结构的传热系数、窗户SHGC等，将几何模型转化为能耗模型。此外，能耗模型还需设置人工照明功率，采暖空调设备类型、功率、设定温度，灯具开启时间表，人员在室率等。最后，进行能耗模拟，模拟结果涵盖各分项能耗、围护结构内外表皮温度、区域平均温度、人体得热量等。

3.3.2.3 热性能模型

热性能是人体对周围热环境满意度的评价，以预测平均热感觉指数PMV和不满意者百分数PPD为评价指标。PMV-PPD指标综合考虑环境参数（如空气温度、相对湿度、风速、平均辐射温度等）和人体参数（如服装热阻、新陈代谢水平）预测使用者的热感觉均值，适用于评价空调采暖稳态热环境的人体热舒适。

EnergyPlus能够创建足够高分辨率的内部温度图，为建立热舒适模型提供了技术支撑。Honeybee热舒适度运算器采用伯克利建筑环境中心研发的热舒适模型。能耗模型提供区域相对湿度、辐射温度和空气温度，气象文件提供室外温湿度，基于它们建立热舒适模型，并计算热舒适度和PMV-PPD等指标（图3-16）。

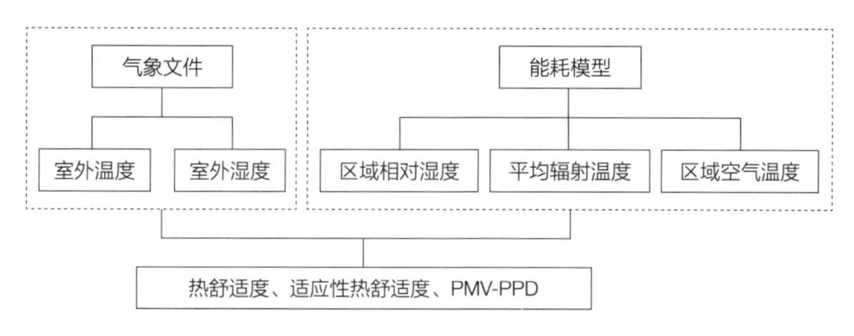

图3-16 办公建筑的热舒适模型

热舒适模型的参数设置。办公室内风速较低，设置为0.05m/s。人员以伏案工作为主，剧烈运动较少，因此将代谢率设置为1met。办公室室内温度较适宜，服装设定为三件套，服装热阻为1clo。

3.3.3 性能模型校验

3.3.3.1 光性能模型校验

实测对象是西安市某南北向的开放式办公区，平面尺寸是7.8m×19.9m（图3-17、图3-18），层高为2.7m，南北向开窗，窗墙比均是60%。调研日期是3月21日（春分），在早上、中午、下午分别进行测试，为了降低直射光的影响，所以仅对比上午和下午南北向办公室的实测和模拟结果。

图3-17　测试办公室实景图

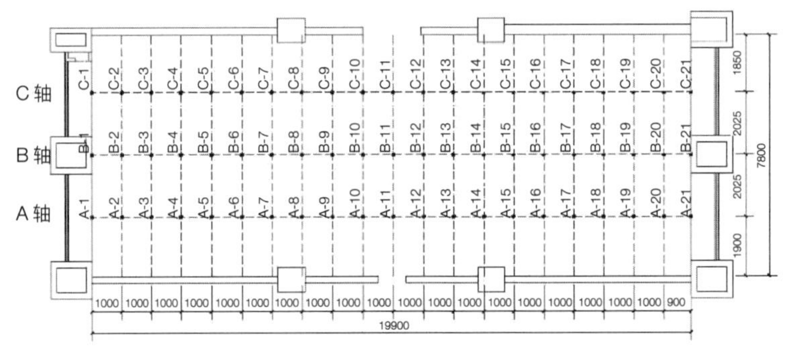

图3-18　南北向开敞式办公室照度测点分布图

实测结果显示，太阳光线在进入室内都会迅速消减。在北向距离采光口1m时，照度会减弱至一半甚至更多；在南向距离采光口1m时，照度会减弱至1/5甚至更多。模拟结果显示的照度变化规律与实测结果相似（图3-19），存在差异的原因有天空模型与实际天空情况的差异，以及实测中办公桌的隔挡、柜子、柱子等对光线的遮蔽。

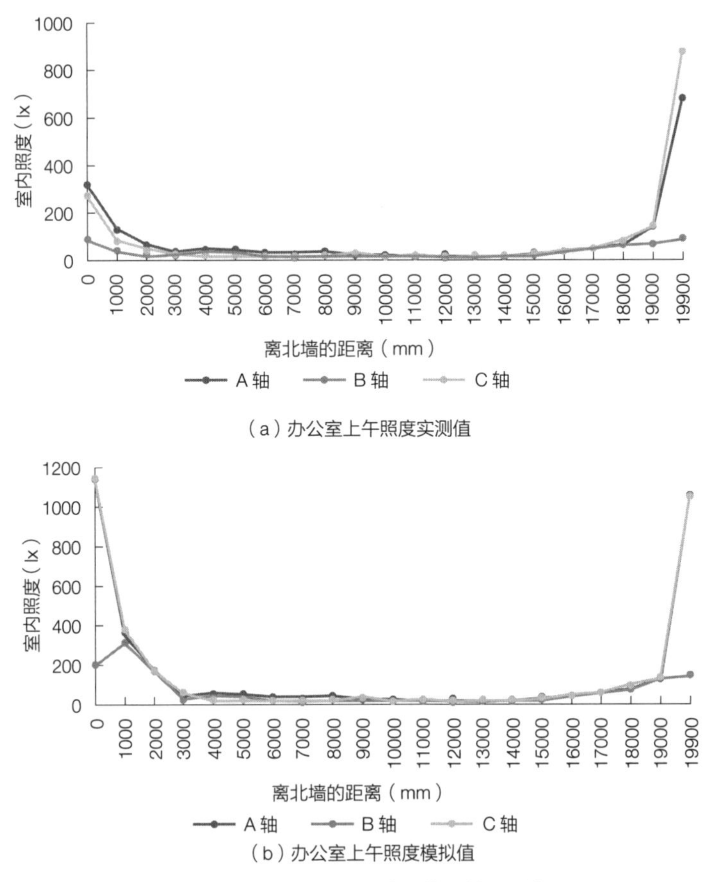

（a）办公室上午照度实测值

（b）办公室上午照度模拟值

图3-19　办公室实测照度和模拟结果对比图

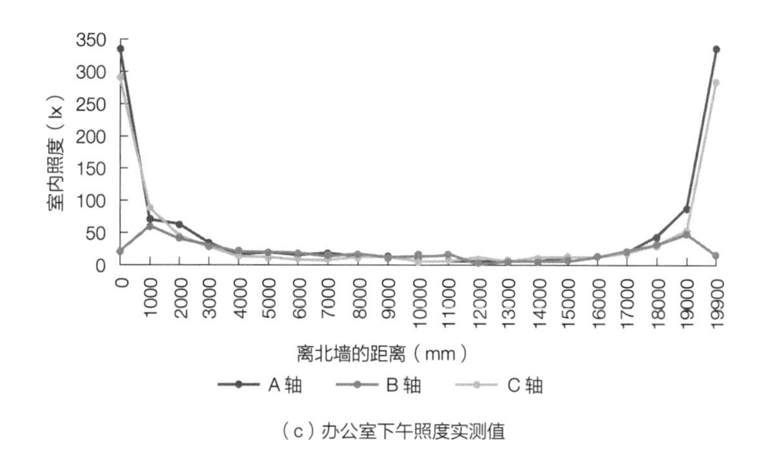

（c）办公室下午照度实测值

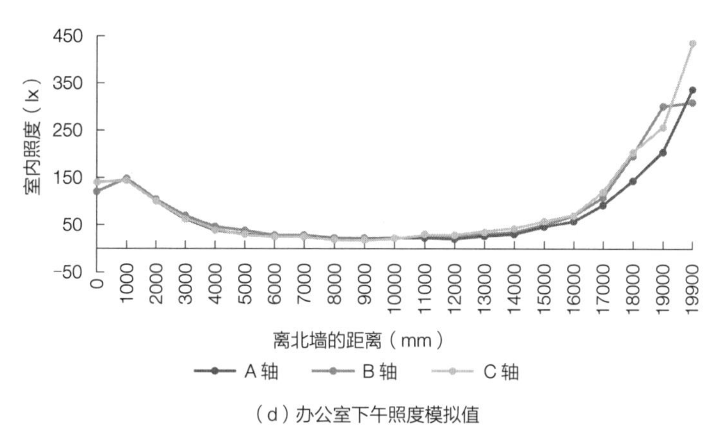

（d）办公室下午照度模拟值

图3-19　办公室实测照度和模拟结果对比图（续）

3.3.3.2　热性能模型校验

热性能模拟的校验是对比热舒适实验和模拟结果。AA创研工作室在天津大学建筑环境实验舱进行人体热舒适实验，实验舱外观及实验区平面图如图3-20所示。主实验区的空间尺寸是12m×12m×9m（长×宽×高），窗户朝向是东向，窗台高1m。以窗墙比为变量，情景1、2、3的窗墙比分别是20%、40%、60%。夏季实验期（2016年7月23~28日），制冷设定温度是25℃、27℃、29℃。冬季实验期（2017年1月5~10日），采暖设定温度是18℃、20℃、22℃。

（a）实验舱外观

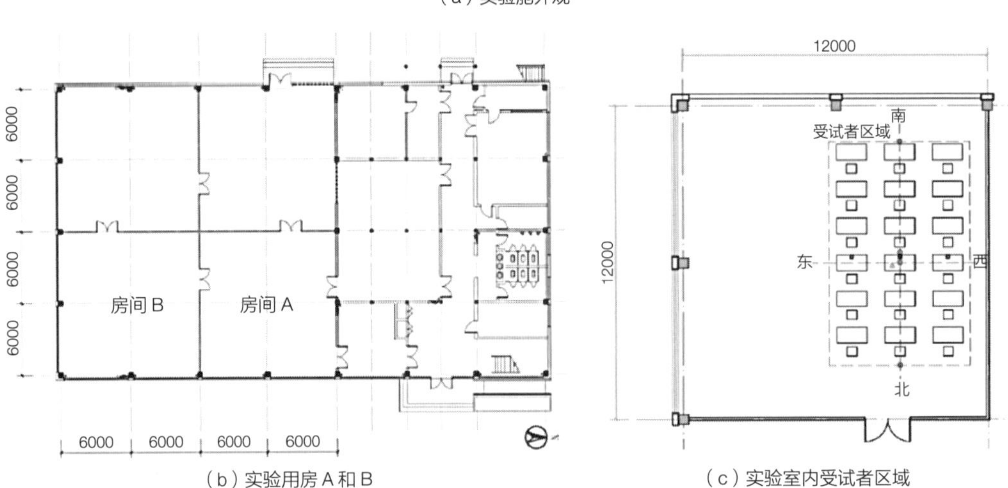

（b）实验用房 A 和 B　　（c）实验室内受试者区域

图3-20　实验舱外观及实验区平面图

（图片来源：AA创研工作室）

对比实验结果和模拟结果（表3-7），模拟结果与实测问卷结果基本一致。情景1的夏季、冬季热舒适度最好，即夏季设计温度25℃、冬季设计温度22℃满意度最高。实验和模拟的PMV和PPD数据存在些许差异的原因：一是实验室除东向有窗户，南向也有窗户，只是被窗帘/隔墙遮挡，对室内热环境会有些许影响；二是与受试者的位置相关，测试座位与窗垂直，并从空间中心向远离窗方向布置，避开太阳直射区，而模拟是将太阳直射和辐射得热量等加入热性能计算。

对比热舒适实测和模拟结果　　表3-7

	现场实验结果	模拟结果
热感觉投票PMV	夏季 25℃：-1~0 27℃：0 29℃：1	夏季 25℃：1 27℃：1.5 29℃：2
	冬季 18℃：-2~-1 20℃：-1~0 22℃：0	冬季 18℃：-1.6 20℃：-1.1 22℃：-1~0
热舒适投票PPD	夏季 25℃_PPD：53.2% 29℃_PPD：96.7% 情景1_27℃_PPD：63% 情景1_25℃_PPD：20% 25℃时大部分受试者感到舒适	夏季 25℃_PPD：18.8%~23.2% 29℃_PPD：75.8%~80% 情景1_27℃_PPD：47% 情景1_25℃_PPD：18.8% 25℃时大部分受试者感到舒适
	冬季 20℃_情景1、2、3_PPD：35.3%、79.4%、79.4% 18℃_情景1、2、3_PPD：61%、73.4%、82.4% 22℃时大部分受试者感到舒适	冬季 20℃_情景1、2、3_PPD：32.6%、32.5%、35.6%； 18℃_情景1、2、3_PPD：57.9%、57%、56.3%； 22℃_情景1、2、3_PPD：13.9%、14.2%、14.6% 22℃时大部分受试者感到舒适
结论	夏季27℃、冬季22℃时 情景1的冬季、夏季热感觉最好	夏季25℃、冬季22℃时 情景1的冬季、夏季热感觉最好

表格来源：实测数据来源于AA创研工作室；模拟数据为笔者计算。

3.3.4　细化性能模型

细化建筑性能模型，考虑核心筒位置、外区进深、单间办公室布局对建筑性能的影响。办公建筑可分为使用空间和辅助空间两个部分，使用空间包含办公区（开放式办公区和单间办公室）、会议室、其他附属业务用房。辅助空间包含垂直交通（楼梯、电梯）、设备用房、卫生间、储藏间等。合理布局及分区可以减少建筑热负荷[206]。

3.3.4.1　核心筒位置

核心筒可设置于中央或周边，以核心筒布局为变量，研究核心筒位置对建筑性能的影响（图3-21）。光性能评价指标是空间全天然采光时间百分比sDA和全年光暴露量ASE，能耗评价指标是能耗密度EUI，热舒适评价指标是热舒适度TC。模拟结果表明：核心筒

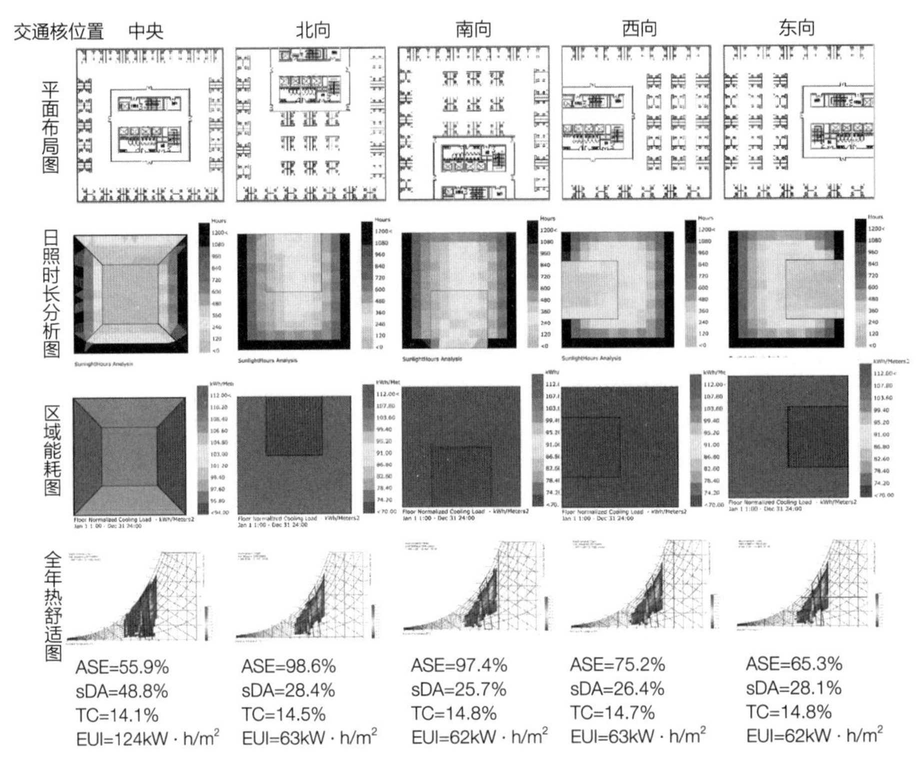

图3-21　交通核布局对建筑性能的影响

位于中央的光性能最均衡（sDA是48.8%，ASE是55.9%），其次是核心筒位于北向，核心筒位于南、西、东向的光性能不佳（ASE是100%，sDA没有显著变化）。

核心筒位于西、东、南向时总能耗较低（62~64kW · h/m^2），其次是核心筒位于北向（总能耗是74kW · h/m^2），核心筒位于中央总能耗最高（124kW · h/m^2）。造成能耗差异的原因是对不利朝向的规避，核心筒位于中央时，建筑与自然环境接触的空间和表面积最多，即夏季获得太阳辐射得热量大，冬季散失热量也多，所以总能耗最高。核心筒位于北向，建筑南、西、东向的日照时间和太阳辐射量较大，所以制冷能耗和总能耗较高。核心筒位于中央时室内热舒适度最高，其次是北向和南向，然后是东向，最后是西向。综合考虑能耗和光热性能，核心筒的最佳位置是西向和东向，其次是北向，最后是位于中央[207]。由于寒冷地区办公建筑核心筒布局以中央式为主，所以后续研究采用中央式布局。

3.3.4.2　外区进深

办公建筑的空间布局不仅要满足功能需求，还应结合热环境分区。建筑的外区与自然环境有持续频繁的能量交流，外区可利用自然采光、太阳辐射和自然通风降低能耗需求。办公建筑内区由于不受室外空气和日照的直接影响，变化较小，但内部得热量大可能导致制冷负荷增长。

以外区进深为变量，外区进深分别设置为4m、6m、8m、9m，研究其对建筑性能的影响（图3-22）。空间全天然采光时间百分比（sDA）与外区进深呈反比，与全年光暴露量（ASE）成正比。外区进深为6m时，光性能最佳（sDA是48.8%，ASE是46.9%）。外区进深为4m时，热舒适度为13.9%，伴随外区进深的增加，热舒适度增加至14.1%。冬夏季内区的热舒适度较高于外区。冬季各朝向外区的热舒适度排序：南外区最好，其次是西外区，然后是东外区，最后是北外区。外区进深与建筑能耗呈反比，因为外区进深越大，利用自然采光和自然通风降低建筑能耗的潜力越大。外区进深为9m时，总能耗最低（124kW · h/m^2），比外区进深为4m的能耗降低2.3%。东外区建筑能耗最低，其次是南、北外区，西外区的能耗

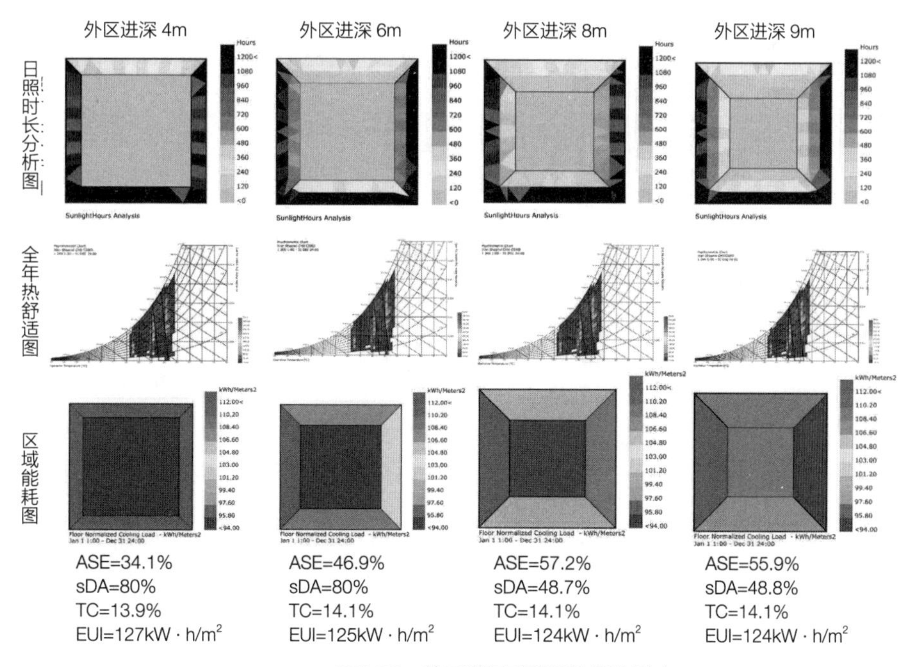

图3-22　外区进深对建筑性能的影响

最高。外区进深为9m时，建筑能耗和光热性能最佳，因此后续典型办公建筑模拟将外区进深设置为9m。

3.3.4.3 单间办公室布局

寒冷地区的建筑能耗是以采暖能耗为主，单间办公室由于视野和职能等级的考虑，一般多位于建筑周边。若将单间办公室布置于建筑内部（即紧邻核心筒），是否能利用内部得热量（如人员、设备、照明的产热量）降低能耗，因此对比单间办公室布局对建筑性能的影响。设置单间办公室为4m × 6m，四个朝向各2间，共8间。单间办公室的人员密度是0.05人/m^2，照度是500lx。开放办公区的人员密度是0.1人/m^2，照度是300lx。单间办公室和开放办公区的人员密度和舒适度要求不同，因此对能耗有一定的影响。

对比开放式办公外区、单间办公室位于周边和内部三种布局（图3-23）。结果表明，单间办公建筑位于周边时，室内光环境最好（sDA是84.4%，ASE是48.6%），比开放式办公外区的ASE降低7.3%，sDA增加35.6%。单间办公室位于内部时光环境最差。说明开放式办公外区的直射光线量大，产生眩光的可能性大。单间办公室位于周边能降低直射光线照度和眩光的可能性。

模拟结果表明，寒冷地区虽以低温不舒适为主，但单间办公室

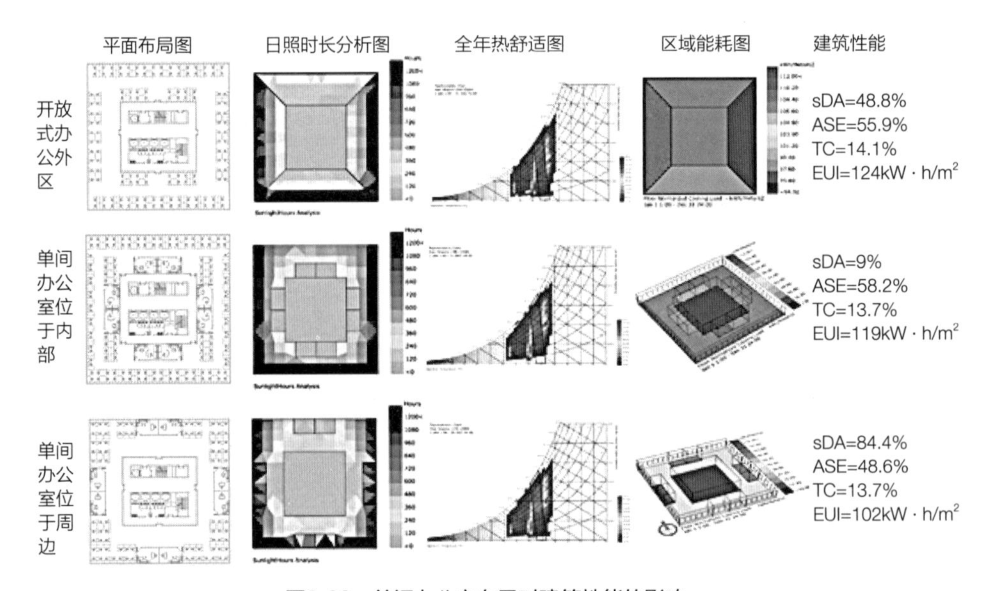

图3-23 单间办公室布局对建筑性能的影响

位于周边的总能耗更低（102kW·h/m^2），且热舒适度没有降低。究其原因，一是寒冷地区夏季极端气候频发，且办公建筑室内产热量大，所以夏季制冷能耗较高、热不舒适度问题较冬季更严重。二是周边单间办公室可利用自然采光，照明能耗有明显降低，利用外部环境也可降低采暖能耗9%和制冷能耗10%。简而言之，单间办公室位于周边的建筑性能优于其位于内部。

3.4　本章小结

首先，本章总结了影响建筑性能的设计要素。朝向影响办公建筑接收自然采光和太阳辐射得热量。寒冷地区办公建筑获取太阳辐射增益量最多的朝向是南向，其次是东向、北向，最后是西向。寒冷地区建筑适宜朝向是南偏东15°至南偏西15°，最佳朝向是南向。根据寒冷地区办公建筑调研结果，建立典型办公建筑几何模型。

其次，建立办公建筑光性能模型。光性能模型输入信息包括气象文件、天空模型、结构或材料的光学属性、人工照明功率等。对比不同网格尺寸对光性能模拟的影响，将办公建筑单体和标准层的光性能模拟网格设定为3m，办公室光性能模拟网格设定为1m。室内光线不满足照度需求时补充人工照明，在天然光充足时关灯，光性能模型据此计算得出全年的人工照明运行时间表。

然后，自然采光和自然通风具有节能且不降低建筑性能的潜力，建立耦合自然采光和自然通风的办公建筑能耗模型。将光性能模型计算得出的人工照明运行时间表、根据室内外温度计算得出的自然通风时间表用于能耗模拟。热性能模型是基于室外气象数据和能耗模型提供的室内物理环境数据，建立的热舒适模型，用于热舒适度和PMV-PPD等指标。

最后，校验性能模型。对比光热性能模拟结果和实测数据，数据差异在可解释、可接受的合理范围内。

第4章

影响建筑性能的关键设计要素

建筑设计变量众多，本章采用析因试验方法改进正交试验，降低时间成本、挖掘优化结果的潜在信息。利用拉丁超立方抽样保证样本质量。利用相关性分析量化建筑性能的关联程度，敏感度主效应分析提取影响建筑性能的关键设计要素，敏感度交互效应分析量化设计要素的交互作用。以寒冷地区办公建筑为研究对象，分别从办公建筑单体、标准层、单元空间等尺度分析建筑设计要素与建筑性能的关系。

4.1 析因试验方法

4.1.1 析因试验方法

试验设计（Design of Experiments，简称DOE）是通过有目的地改变输入参数（即设计变量）来观察输出结果（即建筑能耗和光热性能），包括采用概率论设置试验方案和数理统计方法分析试验数据。试验设计用于解决以下问题：1）较少的试验次数缩短试验周期，即降低时间成本；2）从有限的试验结果中提取尽可能多的信息；3）量化设计变量对性能的影响程度，根据影响强弱对其排序并筛选关键设计参量；4）由分析结果支持的再优化，如减少对性能不敏感的设计要素、控制设计要素的范围。试验设计方法包括正交设计、析因设计、完全随机设计、交叉设计、嵌套设计、裂区设计，都可采用方差做数据分析。试验设计的基本原理是重复、随机化与区组化。

析因试验是多因素全面试验，即同时改变所有变量，将多个因素进行排列组合、交叉分组的试验方法，既能研究单个因素多个水平的主效应，也能研究因素之间是否有交互效应，同时找到最佳组合。析因试验的优势是减少模拟次数；观察变量间的交互作用；因为主效应和交互效应是在变量各种可能组合的情况下得到的，所以适用范围广泛、潜在规律与实际情况接近。因此本研究采用析因试验方法。

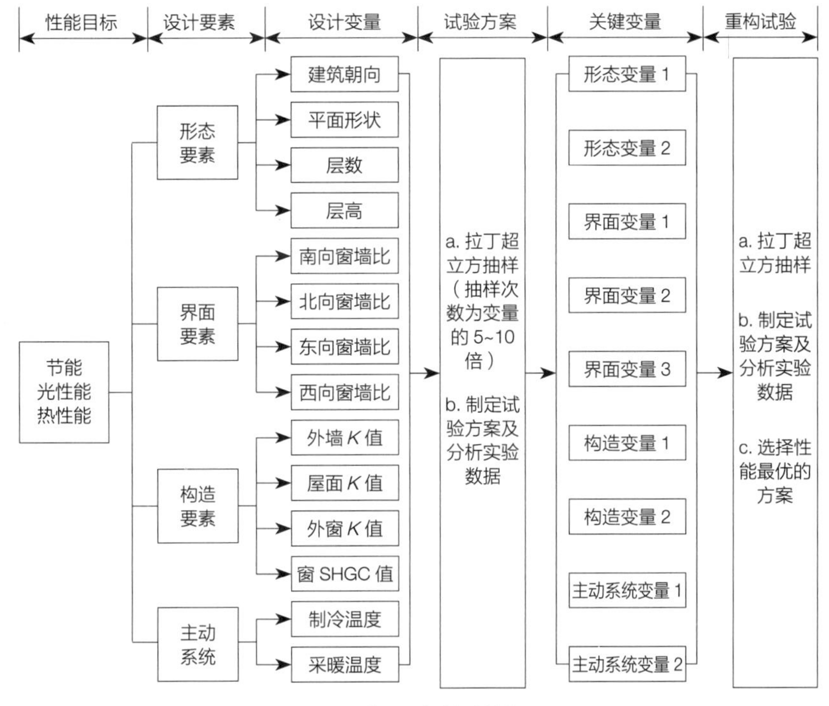

图4-1　析因试验设计过程

析因试验是以建筑能耗和光热性能为目标，以建筑形态、界面、空间、主动系统等设计要素为变量（图4-1）。采用相关性和敏感度分析量化设计要素与建筑性能的关系，并量化输出的置信区间，保证模拟预测可靠性。敏感度分析显示各参数的主效应和多参量的交互效应，从而提取对性能影响较大的设计要素。敏感度分析结果还用于重构试验方案，关注关键设计要素从而提高设计效率。

4.1.2　拉丁超立方抽样

试验设计方法是一种基于统计学的数据分析方法，首先需要在变量的取值区间内对其进行抽样。抽样可减少模拟次数，基于抽样的统计分类也适用于敏感度、相关性和聚类分析。抽样方法有简单随机抽样、sobol抽样、拉丁超立方抽样、田口抽样等。合理的抽样策略能平衡计算时长和精度。

本书选用拉丁超立方抽样（Latin Hypercube Sampling，简称LHS）。LHS抽样首先将全参数空间划分为等概率区域，然后再随机

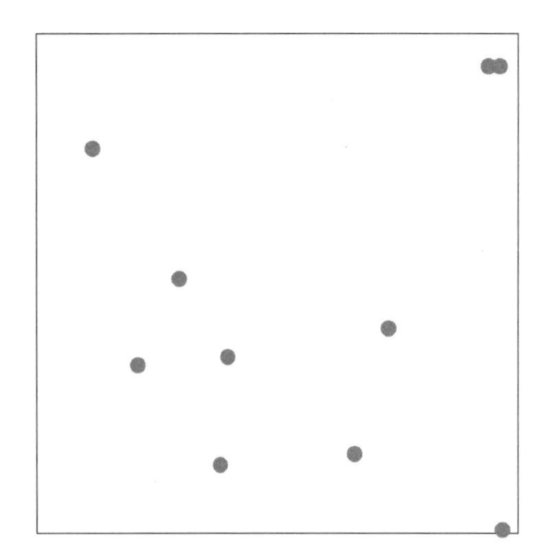

图4-2　随机抽样示意图[187]

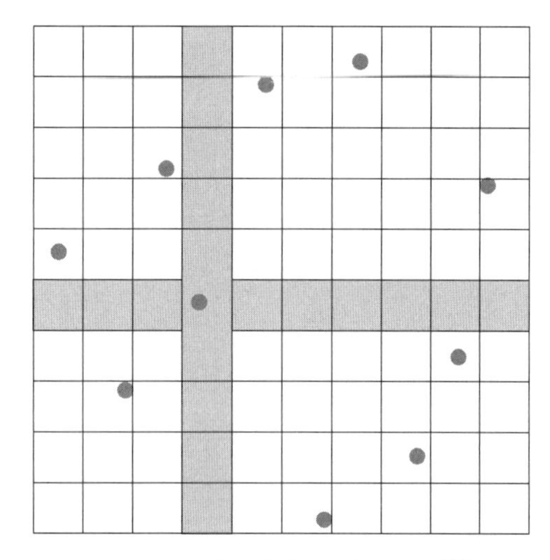

图4-3　拉丁超立方抽样示意图[187]

采样以避免样本聚集问题，是一种先进的蒙特卡罗抽样。图4-2和图4-3是样本量为10的随机抽样和LHS抽样的示意图。LHS抽样具有有效的空间填充能力，能够拟合非线性响应。Helton[208]对比多种抽样方法，得出LHS抽样不但可以满足覆盖全参数空间的概率分布，而且计算量小，能有效节约时间成本。利用LHS抽样得到不同变量的组合，通常抽样次数为变量数目的5~10倍[209]。

4.2　相关性分析

相关性分析是量化两个变量之间的线性关联，变量可以是自变量和因变量的任意组合。相关性分析结果受输入变量值域、抽样方法和评价指标性质的影响。相关系数用于评价两个变量关联程度的强弱，有正负之分，值域是-1~1。相关系数有PC、SC、PCC、PRCC四类，本书选用PCC为相关性评价指标。皮尔逊相关系数（Pearson Correlation Coefficient，简称PCC）的等级划分为四类：无相关性（｜相关系数｜<0.1），弱相关性（0.1<｜相关系数｜<0.3），中相关性（0.3<｜相关系数｜<0.5），强相关性（0.5<｜相关系数｜<1）。以寒冷地区典型办公建筑模型为研究对象，分别对建筑形态、界面、办公室空间做相关性分析。

4.2.1 办公建筑形态相关性分析

办公建筑形态的相关性分析是以办公建筑单体为研究对象，以建筑形体、界面、主动系统等设计要素为变量（表4-1），以总能耗、有效天然采光照度（UDI）、热环境不满意者百分数（PPD）为性能目标。用皮尔逊相关系数分别计算建筑性能目标之间、设计要素与建筑性能的关联程度。

办公建筑形态设计参量 表4-1

类型	设计参量	简写	单位	值域
形态设计要素	朝向	orientation	°	0~360
	长宽比	aspect_ratio	—	1~3
	面积	area	m^2	1000~2000
	层高	height	m	3.5~4.5
	层数	num_floor	层	5~10
界面设计要素	窗墙比	WWR	—	0.1~0.9
	屋面传热系数	roof_k	W/（m^2·K）	0.2~0.5
	墙体传热系数	wall_k	W/（m^2·K）	0.2~0.5
	窗户太阳得热系数	Window_SHGC	—	0.2~0.5
	窗户传热系数	window_k	W/（m^2·K）	1~3
主动系统设计要素	照明功率密度	lightdensity	W/m^2	9~12
	制冷温度设定	cooling set	℃	25~28
	采暖温度设定	heating set	℃	18~20

4.2.1.1 性能目标的相关性分析

相关性分析验证并量化寒冷地区办公建筑能耗和光热性能之间竞争或合作的关系（图4-4）。建筑总能耗与有效天然采光照度（UDI）有中度正相关性（PCC=0.35），说明能耗和光性能的耦合程度，量化自然采光对照明、制冷、采暖能耗的综合效应。建筑总能耗与热环境不满意者百分数（PPD）有弱度负相关性（PCC=−0.26）。

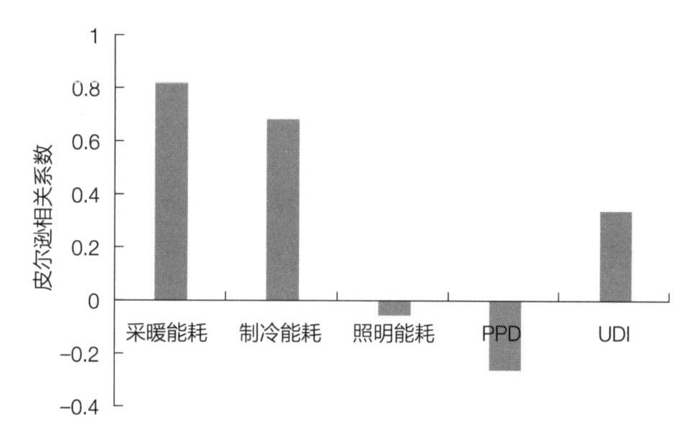

图4-4　总能耗与其他性能的相关性

寒冷地区办公建筑总能耗与采暖能耗、制冷能耗有强相关性，相关系数分别是0.82、0.69。寒冷地区的气候特征导致总能耗中采暖能耗占比最大。夏季高温时段正是办公建筑使用时段，建筑室内人员密度大、设备多，即室内产热量大，所以制冷能耗占比也较大。

4.2.1.2　形态要素与性能目标的相关性分析

形态设计要素中层数、层高、长宽比与建筑性能的相关性较紧密（图4-5）。层数与建筑能耗是弱相关，因为在标准层面积不变的情况下，层数是衡量建筑体量和规模的重要因素。层高与建筑性能呈弱相关。层高与总能耗、热环境不满意者百分数（PPD）呈正比，与有效天然采光照度（UDI）呈反比。层高影响办公楼单位面积需要加热或制冷的空气体积。在窗墙比不变的前提下，层高增加影响窗面积，进而影响室内天然采光照度和太阳辐射得热量。长宽比与UDI和PPD呈正的弱相关。办公建筑大进深降低室内外能量交流的体积，降低空调设备的能耗，但牺牲使用者与外环境的接触，忽视天然采光和自然通风的利用。

界面设计要素中窗墙比、外墙传热系数、外窗传热系数、屋面传热系数、窗户太阳得热系数与建筑性能相关性较紧密，尤其是窗设计。窗墙比与总能耗呈强相关，与UDI、PPD呈中相关（图4-5），即寒冷地区办公建筑窗设计对能耗的影响大于光热性能。

主动系统的制冷和采暖温度设定直接影响能耗和PPD，所以与能耗和热性能相关性较强，其次是照明功率密度。主动系统设计要素与建筑形态、界面要素的相关性如图4-6所示。建筑标准层面积与

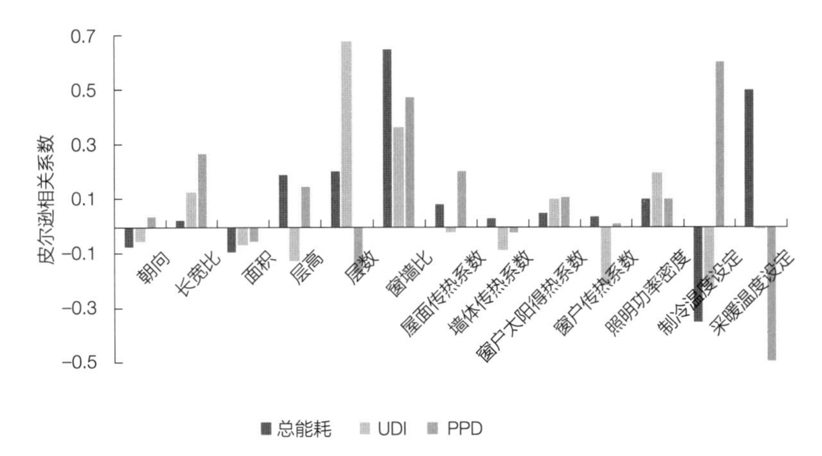

图4-5　办公建筑单体的设计要素与建筑性能的相关性

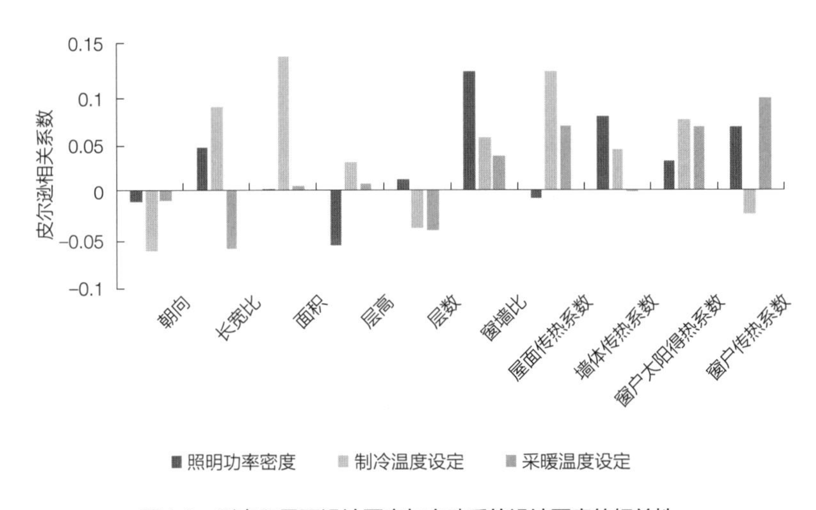

图4-6　形态和界面设计要素与主动系统设计要素的相关性

制冷温度有弱相关性（相关系数是0.14），窗墙比与照明功率密度有弱相关性（相关系数是0.12）。

4.2.2　办公建筑界面相关性分析

建筑形态相关性结果表明，界面和主动系统设定参数对建筑性能的影响较大。因此，以办公建筑标准层为对象，分别以正方形、长方形、L形办公建筑标准层为例（图4-7）。正方形办公建筑在3.1节已详细描述，长方形和L形办公建筑的面积均为1300m²，模拟参

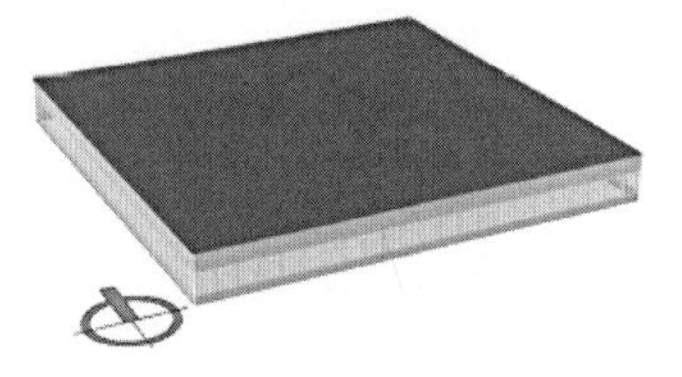

（a）正方形办公建筑

（b）长方形办公建筑

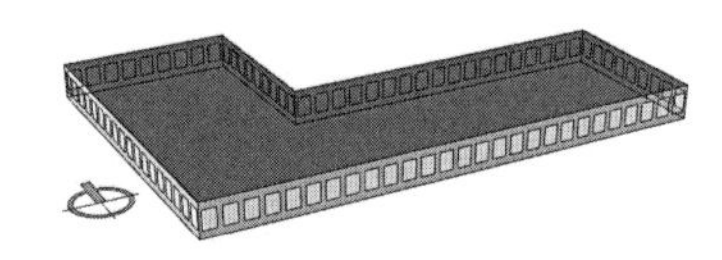

（c）L形办公建筑

图4-7　三类办公建筑标准层示意图

办公建筑外界面设计参量　　表4-2

类型	设计参量	简写	单位	值域
界面设计要素	南向窗墙比	south_glz	—	0.1~0.9
	西向窗墙比	west_glz	—	0.1~0.9
	北向窗墙比	north_glz	—	0.1~0.9
	东向窗墙比	east_glz	—	0.1~0.9
	墙体传热系数	wall_k	W/（m^2·K）	0.2~0.5
	窗户太阳得热系数	Window_SHGC	—	0.2~0.5
	窗户传热系数	window_k	W/（m^2·K）	1~3
主动系统设计要素	照明功率密度	lightdensity	W/m^2	9~12
	制冷温度设定	cooling set	℃	18~20
	采暖温度设定	heating set	℃	25~28

数设置与正方形建筑一致。办公建筑界面相关性分析以界面和主动系统设计要素为变量（表4-2）。

4.2.2.1　性能目标的相关性分析

总能耗与分项能耗的相关性分析见图4-8~图4-10。长方形办公建筑的照明能耗与总能耗存在弱相关性（相关系数是-0.24）。正方形和长方形办公建筑的制冷能耗与总能耗是中相关性（相关系数均是0.42）。L形办公建筑的制冷能耗与总能耗相关性是强度（相关系数是0.58），即L形办公建筑的制冷能耗在总能耗的占比高于正方形和长方形。究其原因，L形办公建筑的自然通风能力较弱，且获取太阳辐射得热量的外表面积较大。

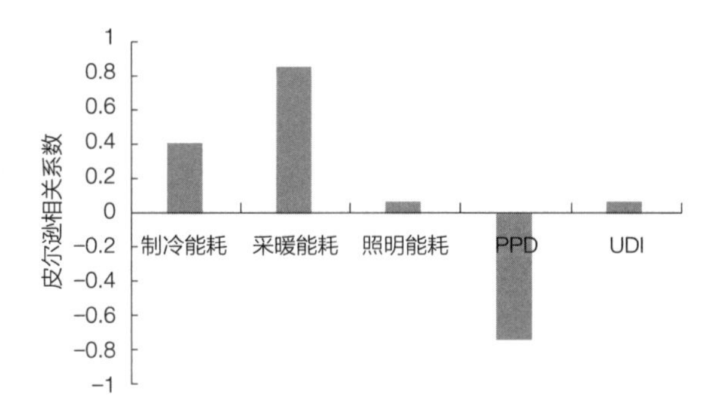

图4-8　正方形办公建筑总能耗与其他性能的相关性

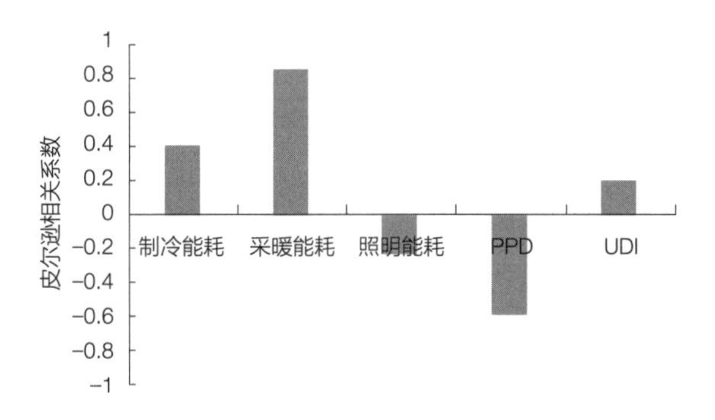

图4-9　长方形办公建筑总能耗与其他性能的相关性

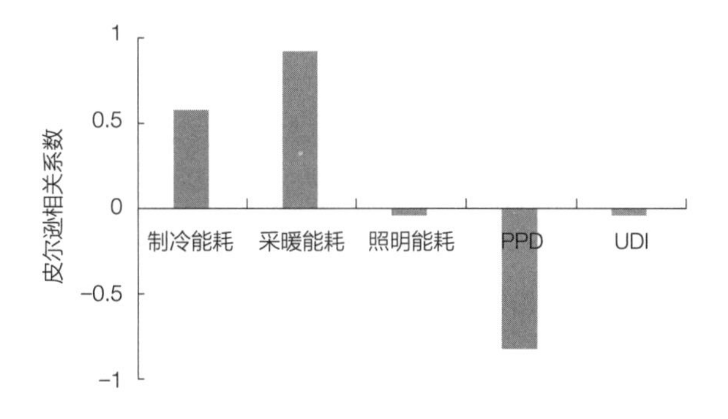

图4-10　L形办公建筑总能耗与其他性能的相关性

总能耗与有效天然采光照度（UDI）的相关性分析。长方形办公建筑的总能耗与UDI有弱相关性（相关系数是0.24）。

热环境不满意者百分数（PPD）与总能耗有强相关性（图4-11）。正方形、长方形、L形建筑的PPD与总能耗是强相关性（相关系数分别是−0.7、−0.6、−0.8），说明长方形热性能对主动设备的依赖性最弱，其次是正方形，最后是L形建筑。长方形办公建筑的

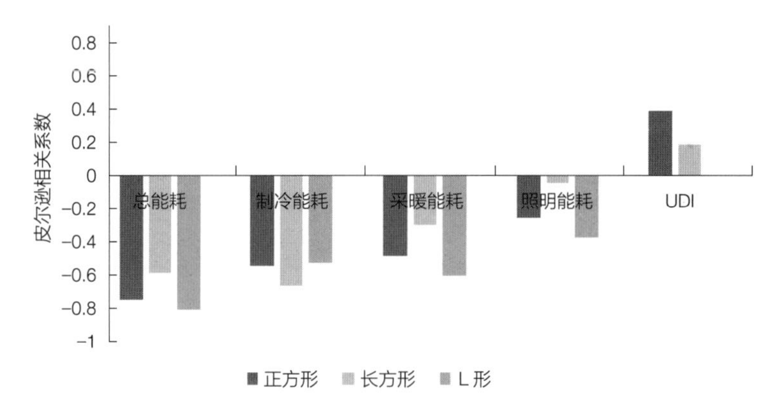

图4-11 热性能与其他性能的相关性

主朝向是南向，太阳辐射增益量最佳，所以长方形建筑的PPD与总能耗相关性最低。

依据PPD和分项能耗的相关性分析，长方形和正方形办公建筑的PPD与制冷能耗相关性最大，其次是采暖能耗，最后是照明能耗。L形办公建筑的PPD与采暖能耗相关性最大，其次是制冷能耗，最后是照明能耗。

寒冷地区有光热同期现象，自然采光影响采暖能耗。正方形和长方形办公建筑采暖能耗与UDI有弱相关性（相关系数是0.25和0.39）。正方形和L形建筑采暖能耗与照明能耗有弱相关性（相关系数是−0.2和−0.15），长方形建筑采暖能耗与照明能耗有中相关性（相关系数是−0.45）。

4.2.2.2 界面要素与性能目标的相关性分析

1. 窗墙比

窗墙比对不同形态建筑性能的影响如图4-12~图4-14所示。窗墙比与建筑总能耗相关性从大至小依次是长方形、L形、正方形办公建筑。窗墙比与有效天然采光照度（UDI）相关性从大至小依次是正方形、长方形、L形办公建筑。窗墙比与热环境不满意者百分数（PPD）相关性从大至小依次是L形、正方形、长方形办公建筑。对比四个朝向窗墙比，东、西向窗墙比与建筑性能的相关性最紧密。

正方形办公建筑窗墙比与建筑性能的相关性分析如图4-12所示。结果表明，东向、北向窗墙比与UDI呈强相关性，西向、南向

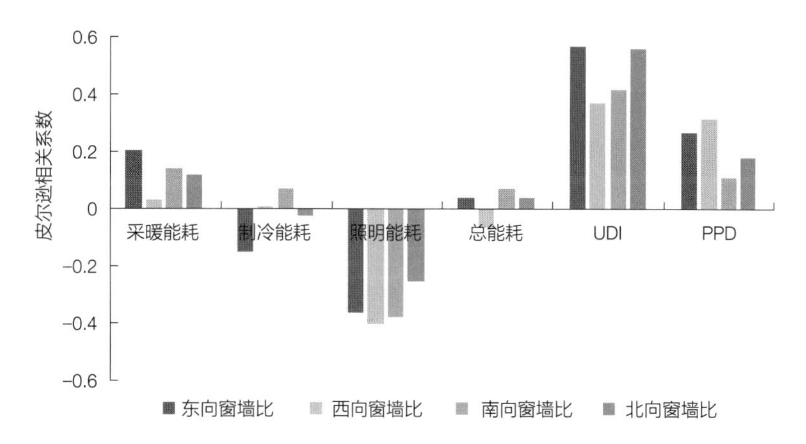

图4-12　正方形办公建筑窗墙比与建筑性能的相关性

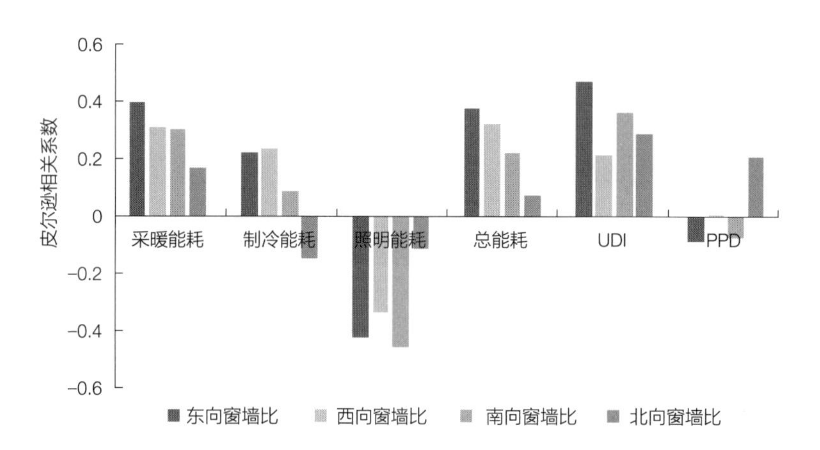

图4-13　长方形办公建筑窗墙比与建筑性能的相关性

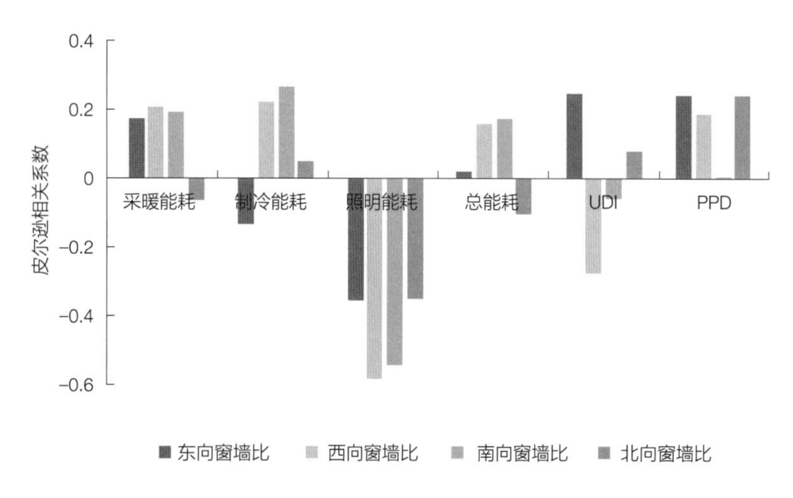

图4-14　L形办公建筑窗墙比与建筑性能的相关性

窗墙比与UDI呈中相关性。西向窗墙比与PPD呈中相关性，其他朝向窗墙比与PPD呈弱相关。北向窗墙比与照明能耗呈弱相关，其他朝向窗墙比与照明能耗呈中相关性。

长方形办公建筑窗墙比与建筑性能的相关性分析如图4-13所示。结果表明，窗墙比与建筑能耗和UDI的相关性较紧密。东向、南向窗墙比与UDI呈中相关性，西向、北向窗墙比与UDI呈弱相关。东向、西向窗墙比与总能耗呈中相关性，南向窗墙比与总能耗呈弱相关。东向和西向窗接收的太阳辐射得热量较大，所以更依赖主动设备调节，即总能耗较高。北向窗墙比和PPD有弱相关性。

L形办公建筑窗墙比与建筑性能的相关性分析见图4-14。L形建筑东向、西向、北向窗墙比和PPD呈弱相关。L形办公建筑自身形体对太阳光线有遮挡，所以东向、西向窗墙比和UDI呈弱相关。西向、南向、北向窗墙比和总能耗呈弱相关。

2. 界面热工性能

正方形、L形建筑窗户传热系数和PPD呈中相关性，长方形建筑窗户传热系数与PPD呈弱相关性（图4-15~图4-17）。由于冬季玻璃的冷辐射和窗户附近局部下沉气流易造成热不舒适，夏季太阳辐射得热量过大也会造成热不舒适，因此PPD受窗户传热系数影响较显著。

长方形建筑窗户传热系数和总能耗呈中相关性（相关系数0.33），正方形建筑窗户传热系数和总能耗呈弱相关性（相关系数0.1）。因为长方形办公建筑主朝向是南北向，优势是利用被动太阳

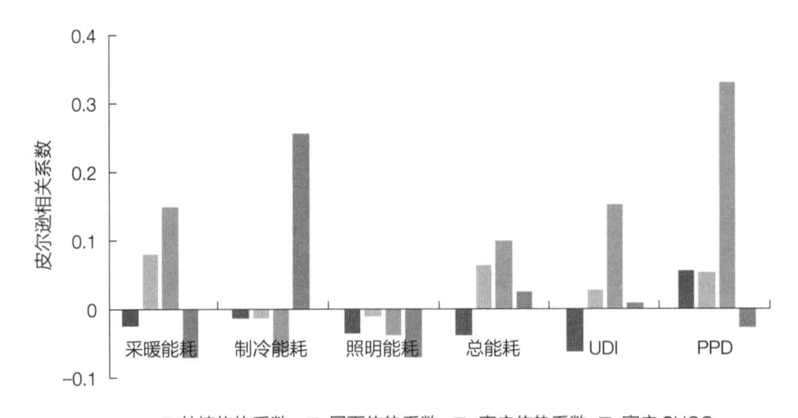

图4-15　正方形办公建筑围护结构热工参量与建筑性能的相关性

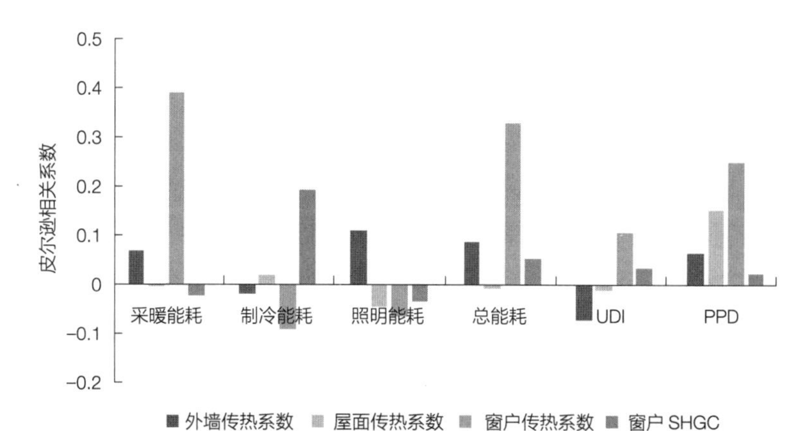

图4-16　长方形办公建筑围护结构热工参量与建筑性能的相关性

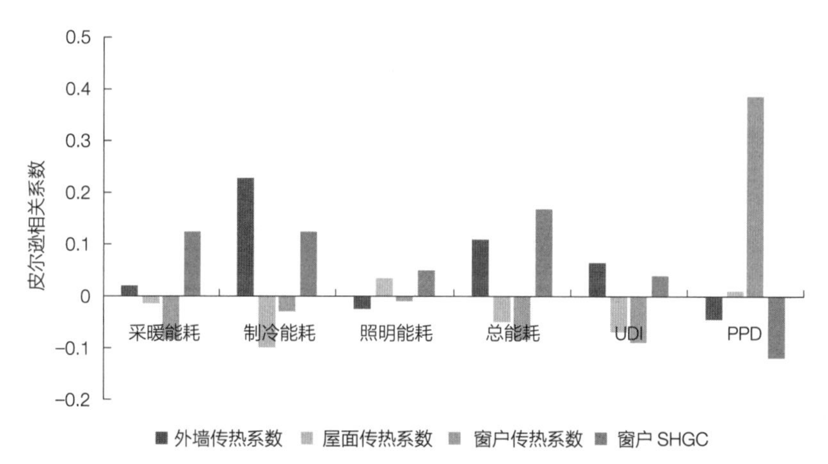

图4-17　L形办公建筑围护结构热工参量与建筑性能的相关性

能，也因此与外界的热交换较频繁，因此窗户热工性能对能耗影响较大。正方形建筑窗户传热系数和采暖能耗呈弱相关，长方形建筑窗户传热系数和采暖能耗呈中相关，因为即使是高度隔热的窗户，其热传导系数也是墙体的5~8倍，是热量流失的主要部位。长方形、正方形和L形建筑窗户的太阳得热系数（SHGC）与制冷能耗呈弱相关。

3. 主动系统温度设定

寒冷地区以冬季低温不舒适为主，夏季高温不舒适也不容忽视，所以采暖制冷温度设定值对建筑性能影响十分重要。正方形、长方形、L形建筑的采暖温度与总能耗呈强相关性。正方形和L形建筑的制冷温度与总能耗呈中相关性，长方形的制冷温度与总能耗呈弱相关性（图4-18~图4-20）。

正方形、长方形、L形建筑的采暖、制冷温度与PPD呈强相关性。正方形和L形建筑的采暖温度和PPD的相关系数是-0.68、-0.73，制冷温度和PPD的相关系数是0.53、0.6，即采暖温度与PPD的相关性大于制冷温度。这是由于正方形建筑的朝向劣势、L形建筑自身的遮挡和西向表面积较大。长方形建筑的采暖温度和PPD的相关系数（-0.51）小于制冷温度和PPD的相关系数（0.6），这是因为长方形办公建筑具有进深和朝向的优势，如太阳得热等被动采暖策略的利用率较高。

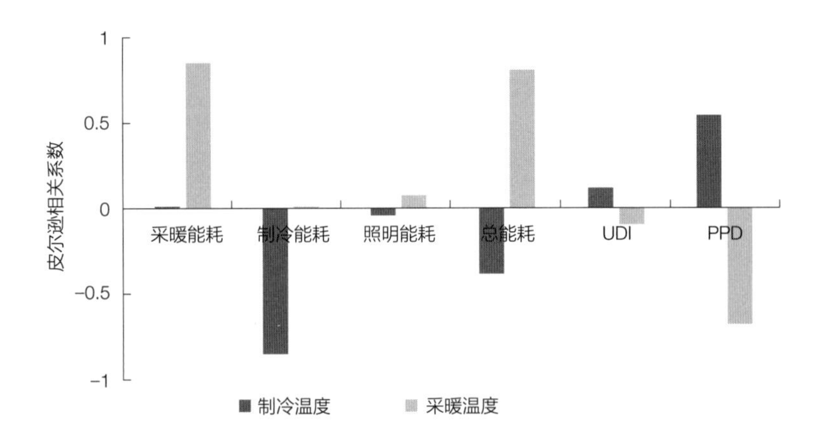

图4-18　正方形建筑供暖制冷区室内温度与建筑性能的相关性

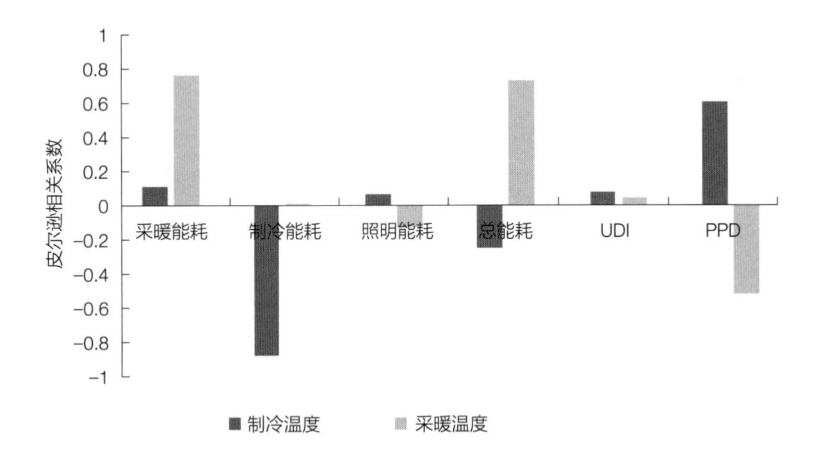

图4-19　长方形建筑供暖制冷区室内温度与建筑性能的相关性

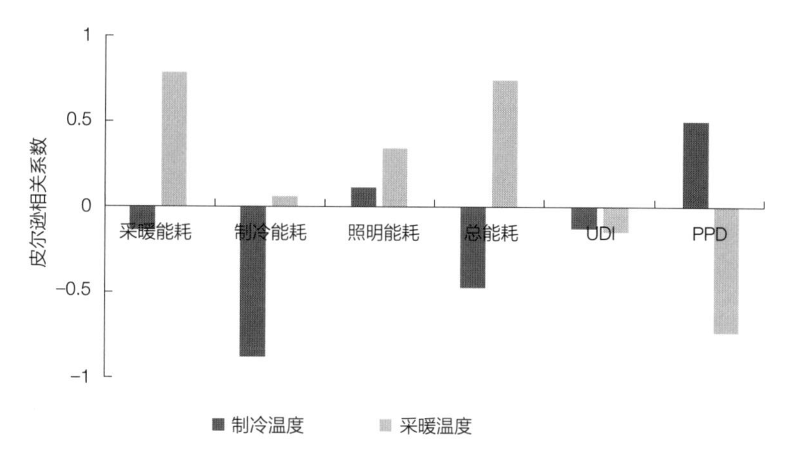

图4-20　L形建筑供暖制冷区室内温度与建筑性能的相关性

4.2.3　办公室空间相关性分析

办公建筑的主要单元空间是办公室，办公室是实现能耗与自然采光、热舒适平衡的区域。以办公室空间、界面、外置遮阳百叶和主动系统等设计要素为变量（表4-3）。用皮尔逊相关系数分别计算

办公室空间设计参量　　表4-3

类型	设计参量	简写	单位	值域
空间设计要素	面宽缩放系数	widethscalingfaxtor	—	0.5~1.5
	进深缩放系数	depthscalingfaxtor	—	0.5~1.5
	朝向	orientation	°	0~360
	层高	height	m	2.7~3.6
界面设计要素	窗墙比	south_glz	—	0.1~0.9
	墙体传热系数	wall_k	W/(m^2·K)	0.2~0.5
	窗户太阳得热系数	Window_SHGC	—	0.2~0.9
	窗户传热系数	window_k	W/(m^2·K)	1~3
遮阳百叶设计要素	百叶宽度、间距	shd_depth	m	0.1~0.4
	百叶倾角	shd_angel	°	0~90
主动系统设计要素	照明功率密度	lightdensity	W/m^2	9~12
	制冷温度设定	cooling set	℃	18~20
	采暖温度设定	heating set	℃	25~28

建筑性能之间、设计要素与建筑性能的相关性。

4.2.3.1 性能目标的相关性分析

办公室总能耗与其他性能相关性结果如图4-21所示。办公室总能耗与采暖能耗、制冷能耗有强相关性（相关系数分别是0.69、0.35），与照明能耗有弱相关性（相关系数是0.12）。总能耗与热环境不满意者百分数（PPD）、有效天然采光照度（UDI）有弱相关性，相关系数分别是−0.22、−0.14。

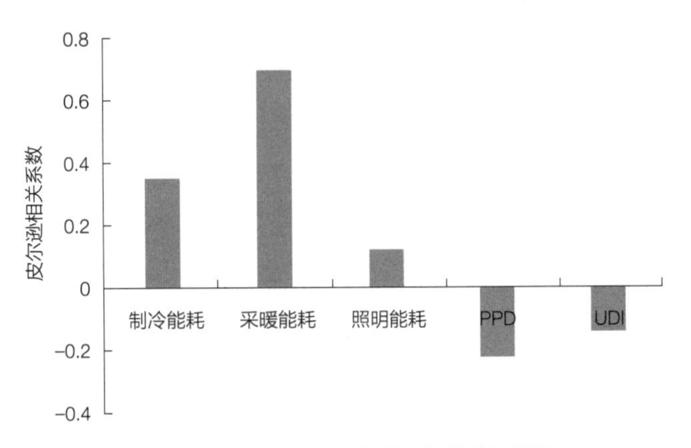

图4-21 办公室总能耗与其他性能的相关性

4.2.3.2 空间要素与性能目标的相关性分析

办公室空间设计要素与建筑性能的相关性分析如图4-22所示。办公室进深缩放系数与建筑性能呈负相关。进深缩放系数与总能耗呈弱相关，与PPD、UDI呈中相关性。面宽缩放系数、层高与建筑性能呈正相关。面宽缩放系数与PPD、UDI呈弱相关。因为窗墙比随面宽尺度变化而变化，因此面宽与光热性能的相关性小于进深的。层高与总能耗有弱相关性，因为层高变化影响办公室单位面积需要加热或制冷的空气体积。

窗户是办公室设计的关键界面。窗墙比、窗户传热系数与建筑性能呈正相关。窗墙比与PPD呈中相关，与UDI、总能耗呈弱相关。窗户传热系数与能耗、PPD呈弱相关。因为靠近窗户的空间通常过冷或过热而不舒适，从而增加能耗。影响热不舒适的因素有两个，一是辐射不舒适，即表面对使用者的冷辐射或热辐射；二是冷

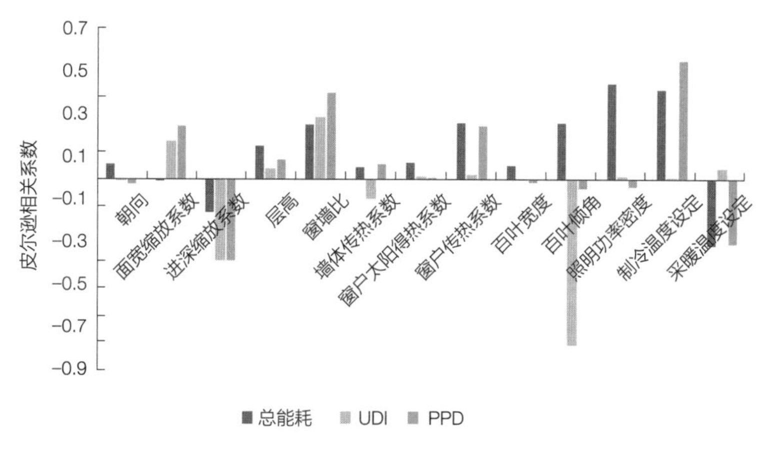

图4-22 办公室设计要素与建筑性能的相关性

热空气沿着玻璃表面蔓延而引起的不适。

外置遮阳百叶作为选择过滤器，平衡自然采光和太阳辐射得热量。遮阳百叶设计要素有遮阳百叶宽度和倾角。百叶倾角与UDI呈强相关，与总能耗呈弱相关。

主动系统设计要素与建筑性能相关性分析如图4-22所示。照明功率密度、制冷温度、采暖温度与总能耗呈中相关。制冷温度与PPD呈强相关。采暖温度与PPD呈中相关。进而，分析空间、外界面、遮阳构件设计要素与主动系统设计要素的相关性（图4-23）。朝向与采暖温度有弱相关，即利用太阳辐射降低空调采暖温度设定值。窗墙比与照明功率密度有弱相关性，相关系数是0.11。

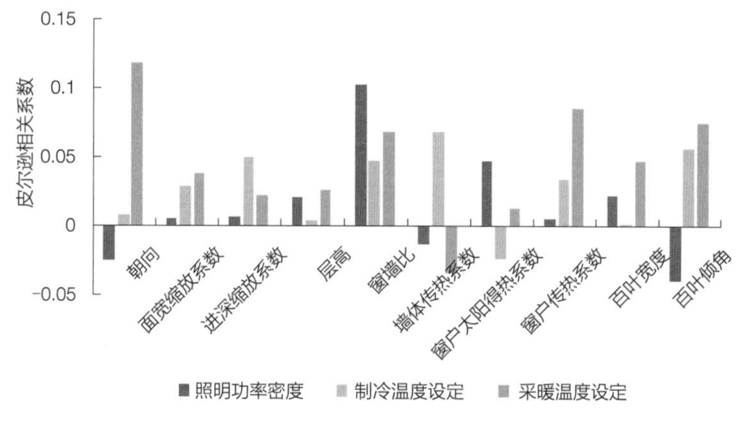

图4-23 设计要素与主动系统设计要素的相关性

4.2.4 建筑性能相关性

办公建筑单体、标准层和办公室的相关性分析结果如表4-4所示。研究对象的尺度差异影响建筑总能耗和分项能耗的相关性。当研究对象是建筑单体和办公室时，总能耗和制冷能耗、采暖能耗呈强相关性。当研究对象是标准层时，总能耗和制冷能耗是中相关性，长方形的总能耗和照明能耗有弱相关性。结果表明，建筑采暖、制冷和照明能耗呈制约关系，总能耗与采暖制冷能耗的相关性最紧密。

研究对象的尺度差异也影响建筑能耗和光热性能的相关性。建筑单体、办公室的总能耗和PPD呈弱相关性，而标准层的总能耗和PPD呈强相关性。办公建筑单体的能耗和UDI呈中相关，长方形建筑标准层、办公室的能耗和UDI呈弱相关。结果表明，建筑能耗与PPD的相关性大于能耗与UDI的相关性。

总结不同研究对象的建筑性能关系、设计要素和建筑性能的关系，全面且客观地认识变量相关性。总结与建筑能耗相关的设计要素，包括制冷温度、采暖温度、层高、窗墙比、层数、窗户传热系数、进深、百叶倾角。与建筑UDI相关的设计要素包括窗墙比、层高、长宽比、照明功率密度、进深、百叶倾角。与建筑PPD相关的设计要素包括制冷温度、采暖温度、层高、窗墙比、长宽比、窗户传热系数、屋面传热系数、进深、面宽。

建筑性能相关性分析结果汇总　　表4-4

<table>
<tr><th colspan="2">研究对象</th><th>总能耗和分项能耗关系</th><th>性能关系</th><th>与建筑性能相关的设计要素</th></tr>
<tr><td colspan="2" rowspan="3">建筑单体</td><td rowspan="3">总能耗和采暖能耗、制冷能耗强相关</td><td rowspan="3">总能耗和UDI呈中相关；
总能耗和PPD有弱相关</td><td>能耗：层数、层高、窗墙比、制冷温度、采暖温度</td></tr>
<tr><td>PPD：层高、长宽比、窗墙比、屋面传热系数、制冷温度、采暖温度</td></tr>
<tr><td>UDI：层高、长宽比、窗墙比、照明功率密度</td></tr>
<tr><td rowspan="3">标准层</td><td rowspan="3">正方形</td><td rowspan="3">总能耗和制冷能耗中相关</td><td rowspan="3">总能耗和PPD强相关</td><td>能耗：窗户传热系数、采暖温度、制冷温度</td></tr>
<tr><td>PPD：窗墙比、窗户传热系数、采暖温度、制冷温度</td></tr>
<tr><td>UDI：窗墙比</td></tr>
</table>

续表

研究对象		总能耗和分项能耗关系	性能关系	与建筑性能相关的设计要素
标准层	长方形	总能耗和照明能耗弱相关；总能耗和制冷能耗中相关	总能耗和UDI弱相关；总能耗和PPD强相关	能耗：东西南向窗墙比、窗户传热系数、采暖温度、制冷温度
				PPD：北向窗墙比、窗户传热系数、采暖温度、制冷温度
				UDI：窗墙比
	L形	总能耗和制冷能耗强相关	总能耗和PPD强相关	能耗：西南北向窗墙比、窗户SHGC、外墙传热系数、采暖温度、制冷温度
				PPD：东西北向窗墙比、窗户传热系数、采暖温度、制冷温度
				UDI：东西向窗墙比
办公室		总能耗和制冷能耗、采暖能耗强相关；总能耗和照明能耗弱相关	总能耗和PPD、UDI弱相关	能耗：进深、层高、窗墙比、窗户传热系数、百叶倾角、制冷温度、采暖温度
				PPD：进深、面宽、窗墙比、窗户传热系数、制冷温度、采暖温度
				UDI：进深、面宽、窗墙比、百叶倾角

4.3　全局敏感度分析

4.3.1　敏感度分析方法概述

敏感度分析（Sensitivity Analysis，简称SA）用于识别设计变量对性能结果的影响。敏感度分析解决以下问题：1）定量评价设计变量对建筑性能的影响程度；2）敏感性分析可识别不重要参数，从而将其设置为常量，筛选影响性能较大的关键参数[210]；3）量化不同参数组合对性能的影响；4）分析设计参量不准确或发生变化时如何影响性能结果，保证最优解的稳定性。

敏感度分析分为局部敏感度分析（Local Sensitivity Analysis）和全局敏感度分析（Global Sensitivity Analysis）两类。局部敏感度分析是一次一个变量，观察单一变量对输出结果的影响。优势是原理简单、应用方便。劣势是忽略变量之间的相互作用，不能对比多个变量对输出结果的影响。影响建筑性能的设计自变量数目众多，且自变量之间的交互作用影响较大。全局敏感度分析变量之间交互作用对性能结果的影响，得到的结果比局部敏感度分析结果更精确，因此受到越来越多的关注。

全局敏感度分析方法有基于筛选法、多元回归法、元模型法和基于方差的方法。建筑性能通常较为复杂，建筑性能和设计要素之间的关系不是简单的线性关系，因此基于方差的敏感度分析是首选。平滑样条方差分析（SS-ANOVA）是一种基于函数分解的统计建模算法，通过估计不同样本组的组间和组内方差来研究样本的不确定性或误差的来源。本书采用平滑样条方差分析做建筑性能的敏感度分析。

用SS-ANOVA计算设计要素的主效应和交互效应，以评估设计要素对建筑性能的独立影响和不同要素组合的交互效应。主效应/主敏感度效应（Main Effects）是只考虑一个自变量对因变量的影响，便于对设计变量的排序。交互效应/总敏感度效应（Interaction Effects）是两个或两个以上自变量共同对因变量的影响。

SS-ANOVA采用贡献指数做评价指标。贡献指数（Contribution Indices，简写CI）是自变量对全局方差的贡献百分比。共线指数用于评价分析的质量，即解在设计空间中是否得到很好的分布，如果数据足够好，则共线指数接近1，共线指数远高于1表示不可靠。累积效应（Comulative Effect）是总输出的累积贡献，值域是0~100%。以建筑单体的能耗敏感度分析为例，对比累积效应100%和80%（图4-24、图4-25）。将累积效应设置为80%，过滤掉不太

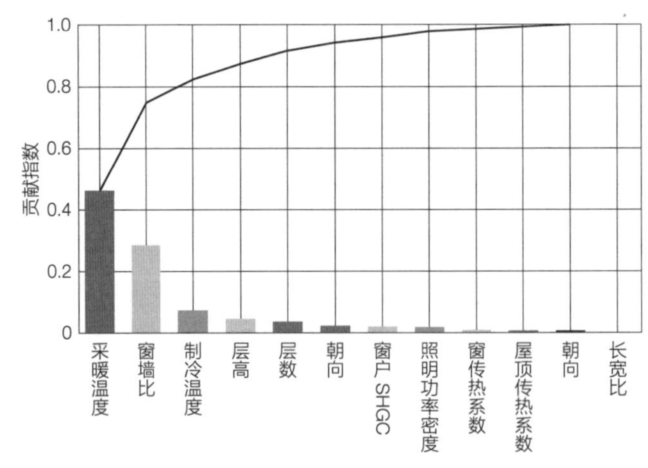

图4-24　累积效应为1的敏感度主效应分析图

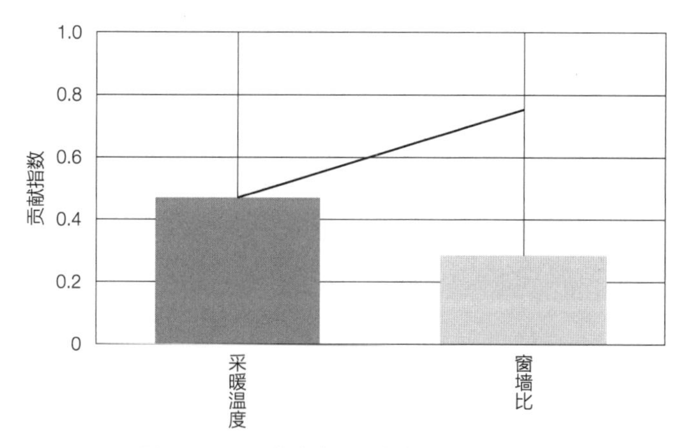

图4-25　累积效应为80%的敏感度主效应分析图

重要的要素，得出影响建筑单体能耗的关键设计要素是采暖温度和窗墙比。在后续敏感度分析中将累积效应设置为80%。

4.3.2　敏感度主效应分析

4.2节的相关性分析结果表明，建筑设计要素中主动系统设置参数与建筑性能的相关性最紧密。依据建筑设计要素敏感度主效应分析，关注建筑形态要素对建筑性能的影响。

4.3.2.1　建筑形态的敏感度主效应分析

建筑形态设计变量包括形态要素（朝向、长宽比、标准层面积、层高、层数）和界面要素（窗墙比、屋面传热系数、外墙传热系数、外窗传热系数、外窗SHGC），具体设置如表4-1所示。敏感度计算结果的贡献指数接近1，说明数据质量可靠。

建筑单体敏感度结果如图4-26所示，影响建筑能耗的关键参量是窗墙比、窗传热系数，贡献指数分别是0.5、0.22。影响建筑有效天然采光照度（UDI）的关键参量是窗墙比、层数，贡献指数分别是0.52、0.37。影响建筑热环境不满意者百分数（PPD）的关键参量是窗墙比，贡献指数是0.41。

4.3.2.2　建筑界面的敏感度主效应分析

分析正方形、长方形、L形办公建筑标准层的界面设计要素对

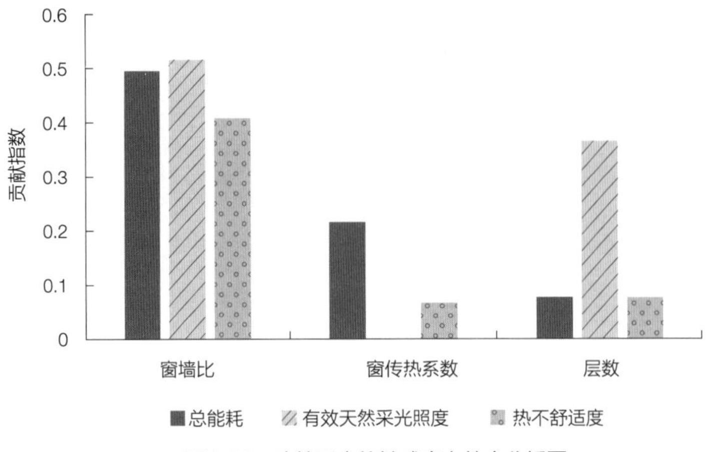

图4-26 建筑形态的敏感度主效应分析图

建筑性能的敏感度主效应。建筑界面设计变量包括四个朝向窗墙比、外墙传热系数、外窗传热系数、外窗太阳得热系数，具体设置如表4-2所示。累积效应设置为80%，贡献指数接近1。

1. 正方形办公建筑

正方形办公建筑界面敏感度主效应结果如图4-27所示。影响正方形办公建筑能耗的关键参量是窗户太阳得热系数（SHGC）和窗户传热系数，贡献指数均是0.23。影响有效天然采光照度（UDI）的关键设计要素是北向、东向窗墙比，贡献指数分别是0.34、0.31。北向光环境最佳，东向仅在上午会有直射光线，所以次之。南向虽然光源充足，但太阳直射光较多，工作面照度易高于2000lx，出现眩光的可能性较高。西向太阳高度角低，室内接收太阳直射的时间

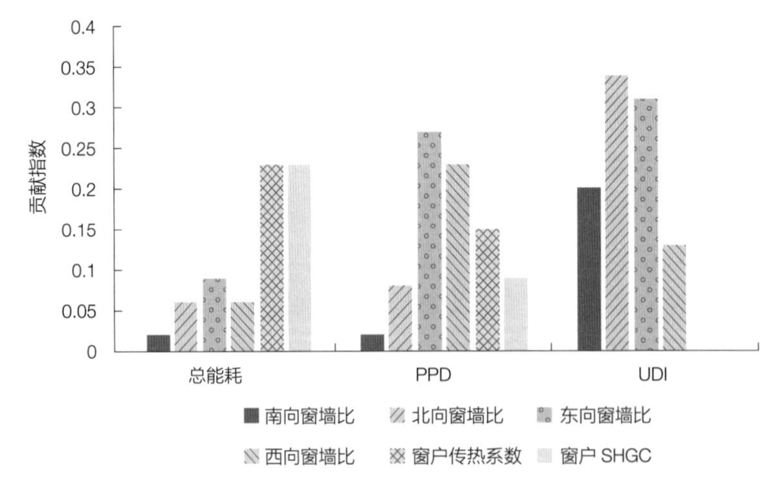

图4-27 正方形办公建筑界面的敏感度主效应分析图

长，工作面照度过大，出现眩光频率高，所以光环境最差。窗户是室内外能量交换频繁的部位，影响热环境不满意者百分数（PPD）的关键参量是东向窗墙比、西向窗墙比、窗户传热系数，贡献指数分别是0.27、0.23、0.15。

2. 长方形办公建筑

长方形办公建筑界面敏感度主效应分析结果如图4-28所示。影响长方形办公建筑能耗的关键参量是东向窗墙比和窗户传热系数，贡献指数是0.31、0.46。办公建筑以采暖能耗为主，东向接收太阳辐射得热量较大，对采暖能耗影响较大，因此东向窗墙比和窗户传热系数的贡献指数较大。影响有效天然采光照度（UDI）的关键设计要素是东向和南向窗墙比。影响热不舒适度（PPD）的关键参量是窗户传热系数和北向窗墙比。长方形办公建筑北向表面积占比较大，而北向窗户与外界热交流频繁，且太阳辐射得热量在四个朝向中最低，所以PPD受北向窗墙比影响较显著。

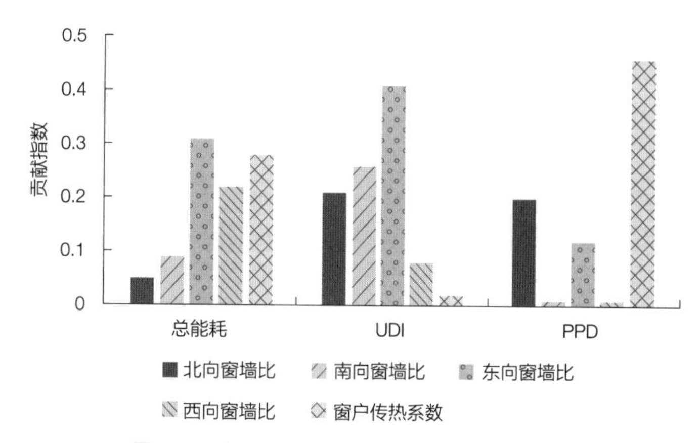

图4-28　长方形办公建筑界面的敏感度主效应分析图

3. L形办公建筑

L形办公建筑界面敏感度分析结果如图4-29所示，累积效应设置为80%，贡献指数接近1。影响建筑能耗的关键要素是窗户SHGC、南向窗墙比、西向窗墙比，贡献指数分别是0.26、0.23、0.22。影响建筑热环境不满意者百分数（PPD）的关键要素是窗户传热系数、北向窗墙比，贡献指数是0.44、0.22。影响有效天然采光照度（UDI）的关键要素是西向窗墙比、东向窗墙比，贡献指数是0.35、0.3。东向、西向窗墙比对室内接收太阳辐

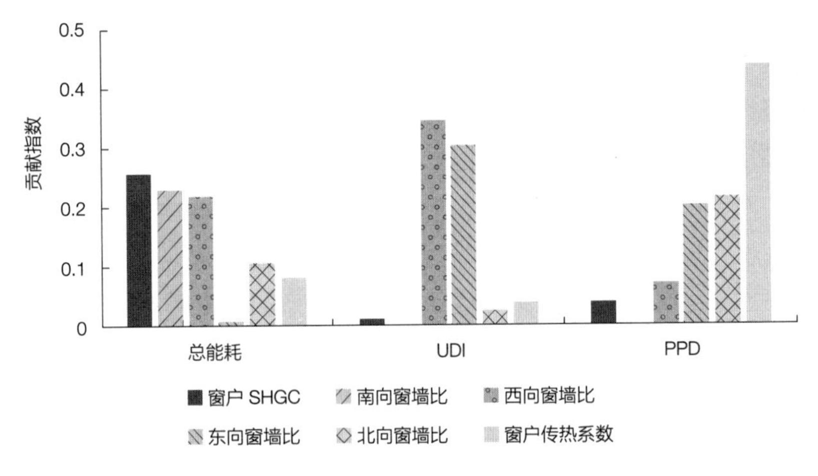

图4-29　L形办公建筑界面的敏感度主效应分析图

射得热量和自然采光照度的影响较大，所以对光性能较敏感，合理的窗设计能有效提高办公建筑室内环境质量。

4.3.2.3　办公室空间的敏感度主效应分析

办公室空间设计要素包括空间变量（面宽缩放系数、进深缩放系数、朝向、层高），界面变量（窗墙比、外墙传热系数、外窗传热系数、外窗太阳得热系数），遮阳百叶设计变量（百叶宽度、百叶倾角），具体设置如表4-3所示。敏感度计算结果的贡献指数接近1，说明数据质量可靠。

办公室敏感度主效应分析结果如图4-30所示。影响建筑能耗

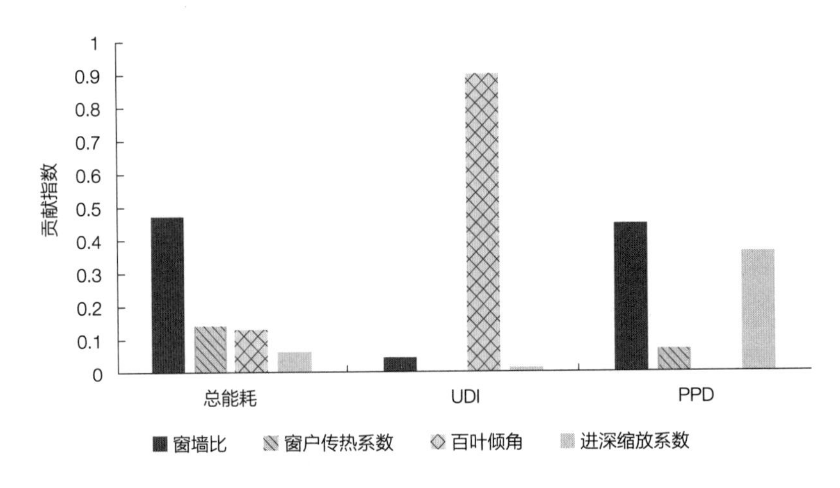

图4-30　办公室空间的敏感度主效应分析图

的关键要素是窗墙比、窗户传热系数、百叶倾角，贡献指数分别是0.47、0.14、0.13。影响有效天然采光照度（UDI）的关键要素是百叶倾角（贡献指数是0.9）。影响建筑热环境不满意者百分数（PPD）的关键要素是窗墙比、进深缩放系数，贡献指数是0.45、0.36。

4.3.2.4　影响建筑性能的主动系统设计要素

主动系统设计要素包括照明功率密度、采暖和制冷温度设定。量化主动设计要素对建筑能耗的敏感度主效应（图4-31），结果表明：影响建筑能耗最大的主动系统设计要素是采暖温度，其次是制冷温度，最后是照明功率密度。

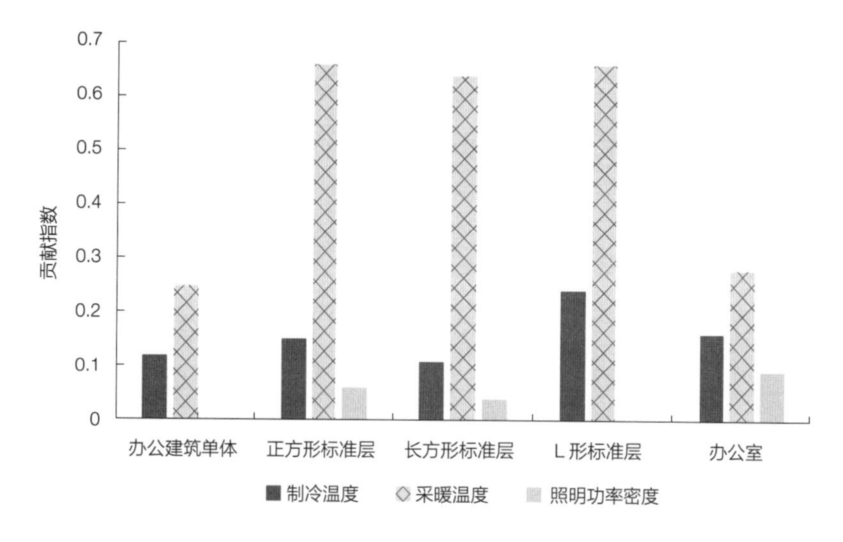

图4-31　能耗敏感度的主效应分析图

量化主动设计要素对建筑热环境不满意者百分数（PPD）的敏感度主效应，PPD主要受采暖温度和制冷温度影响（图4-32）。结果表明：办公建筑单体、长方形标准层和办公室的PPD受制冷温度的影响大于采暖温度。正方形和L形标准层的PPD受采暖温度的影响大于制冷温度。建议结合建筑形态和空间尺度，合理设定采暖和制冷温度以提高热性能。

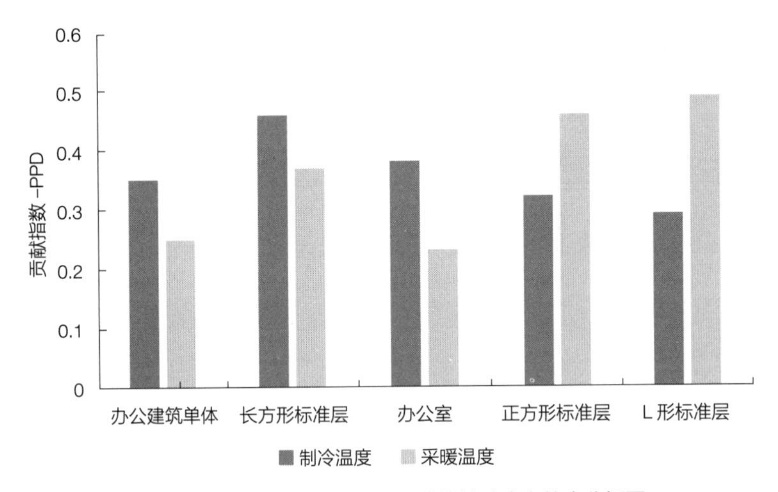

图4-32　热环境不满意者百分数的敏感度主效应分析图

4.3.3　敏感度交互效应分析

敏感度交互效应分析设计要素对建筑性能的交互作用，设计变量涵盖形态、界面、办公室空间和主动系统设计要素。

4.3.3.1　建筑形态的敏感度交互效应分析

分析办公建筑形态的敏感度交互效应，累积效应设置为80%。影响建筑能耗的主要交互要素是窗墙比和长宽比（贡献指数是0.75），其次是朝向和传热系数，最后是窗墙比和层数、窗墙比和建筑朝向（图4-33a）。影响有效天然采光照度（UDI）的交互要素是窗墙比和层高、面积和长宽比、窗户太阳得热系数和建筑朝向、窗墙比和窗户传热系数（图4-33b）。影响热环境不满意者百分数（PPD）的交互要素是窗户太阳得热系数和采暖温度、窗墙比和制冷温度、窗户太阳得热系数和窗户传热系数（图4-33c）。

敏感度交互效应结果表明，形态、界面、主动系统设计要素交互影响建筑性能。由于不同朝向的太阳辐射得热量和日照时长的差异，所以朝向和窗户传热系数、朝向和窗墙比的交互作用影响建筑能耗，应结合朝向设置界面热工参数。制冷温度和窗墙比、采暖温度和窗户太阳得热系数交互影响建筑热不舒适度。因此，性能设计要同时考虑主动系统和形态设计要素。

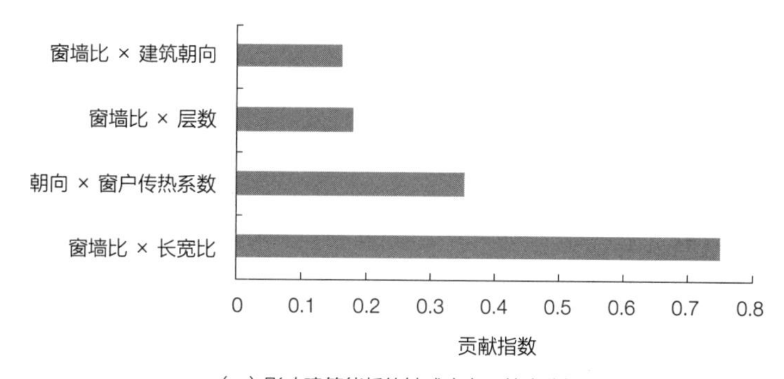

（a）影响建筑能耗的敏感度交互效应分析

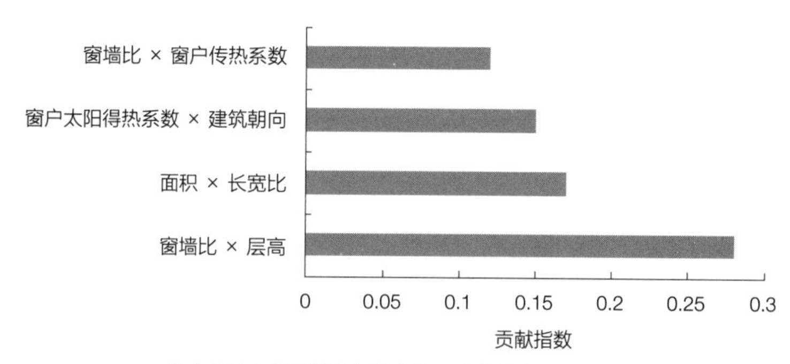

（b）影响有效天然采光照度（UDI）的敏感度交互效应分析

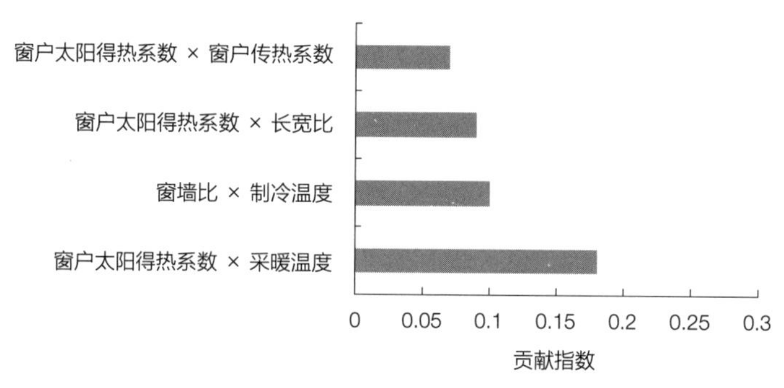

（c）影响建筑热环境不满意者百分数（PPD）的敏感度交互效应分析

图4-33　办公建筑形态要素的敏感度交互效应分析

4.3.3.2　建筑界面的敏感度交互效应分析

1. 正方形办公建筑

正方形办公建筑界面的敏感度交互效应分析结果如图4-34所示。影响建筑能耗的交互要素从大至小依次是采暖温度与南向窗墙比、照明功率密度与南向窗墙比、制冷温度与东向窗墙比、南向窗墙比与窗户传热系数、东向窗墙比与照明功率密度（图4-34a）。

区域制冷、采暖温度的设定与朝向、窗墙比相关，南向窗户接受太阳辐射增益量较大、自然采光条件优良，室内达到中性温度对主动设备的要求相对较低，从而南向窗墙比与供暖温度、照明功率密度的交互作用显著。

影响有效天然采光照度（UDI）的交互要素主要是东向、西向窗墙比（图4-34b），因为东、西向的太阳入射角都较低，易直射至工作面产生眩光现象。影响热环境不满意者百分数（PPD）的交互要素依次是制冷温度和东向窗墙比、西向窗墙比和窗传热系数、南向窗墙比和照明功率密度、采暖温度和外墙传热系数、南向窗墙比和窗户传热系数（图4-34c）。东向存在东晒风险，所以东外区制冷温度的设定和开窗面积的交互作用显著，且对热性能敏感度较大。窗面积和窗户传热系数的交互作用影响建筑热性能。

2. 长方形办公建筑

影响长方形办公建筑能耗的交互要素从大至小依次是采暖设定温度与西向/南向窗墙比、北向窗墙比与建筑朝向、照明功率密度与外墙/外窗传热系数（图4-35a）。长方形办公建筑的南向和西向接收太阳辐射得热量较大，利用被动太阳能得热量降低对采暖设备的需求。北向窗户是散失热量的关键部位，结合朝向特征设计窗墙比。

影响有效天然采光照度（UDI）的交互要素是南向窗墙比和东向窗墙比、照明功率密度和采暖温度、南向窗墙比和窗户太阳得热系数、照明功率密度和窗户传热系数、南向窗墙比和建筑朝向（图4-35b）。影响热环境不满意者百分数（PPD）的交互要素有北向窗墙比和建筑朝向、南向窗墙比和采暖温度、北向窗墙比和西向窗墙比、东向窗墙比和照明功率密度、东向窗墙比和制冷温度（图4-35c）。

3. L形办公建筑

影响L形办公建筑能耗的交互要素是采暖温度与西向窗墙比、采暖温度与南向窗墙比、北向窗墙比与建筑朝向、采暖温度与外墙传热系数（图4-36a）。影响办公建筑有效天然采光照度（UDI）的交互要素是东向窗墙比与南向窗墙比、南向窗墙比与窗户太阳得热系数、照明功率与窗户传热系数、南向窗墙比与建筑朝向（图4-36b）。影响热环境不满意者百分数（PPD）的交互要素是北向窗墙比与建筑朝向、南向窗墙比与采暖温度、北向窗墙比与西向窗墙比、东向窗墙比与照明功率密度、东向窗墙比与制冷温度（图4-36c）。

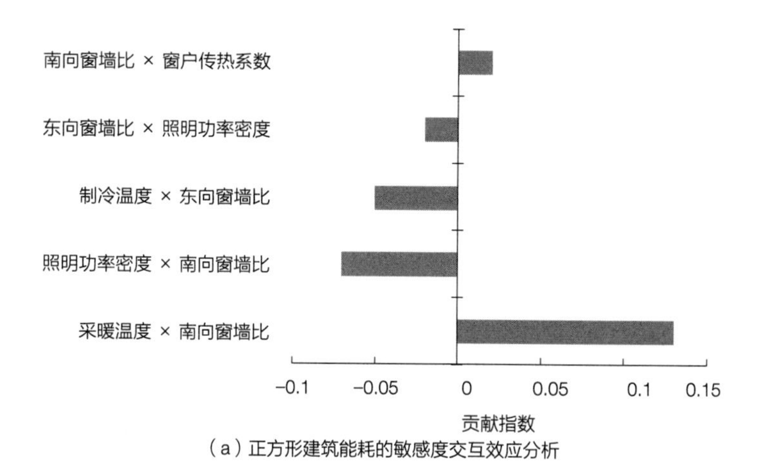

（a）正方形建筑能耗的敏感度交互效应分析

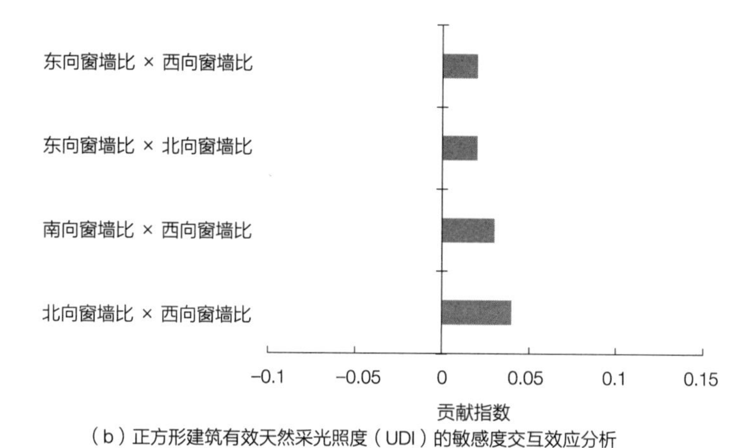

（b）正方形建筑有效天然采光照度（UDI）的敏感度交互效应分析

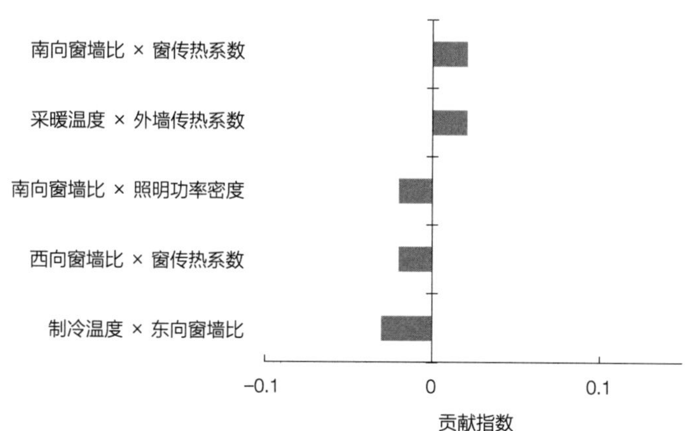

（c）正方形建筑热环境不满意者百分数（PPD）的敏感度交互效应分析

图4-34　正方形办公建筑性能敏感度交互效应分析

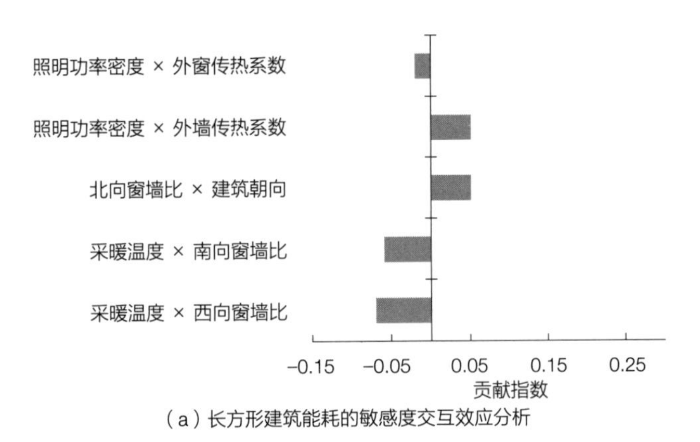

（a）长方形建筑能耗的敏感度交互效应分析

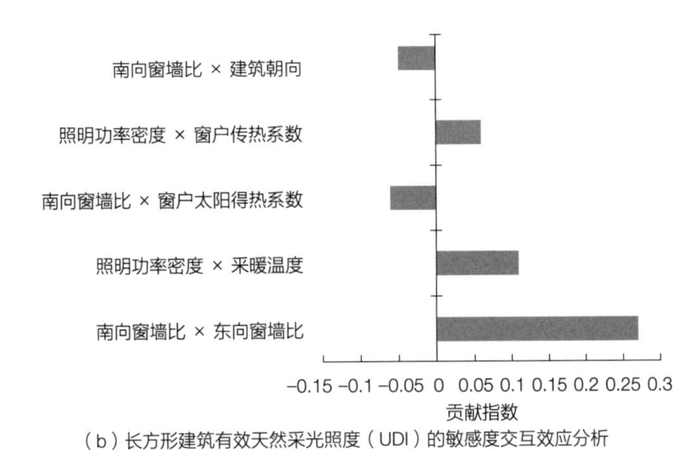

（b）长方形建筑有效天然采光照度（UDI）的敏感度交互效应分析

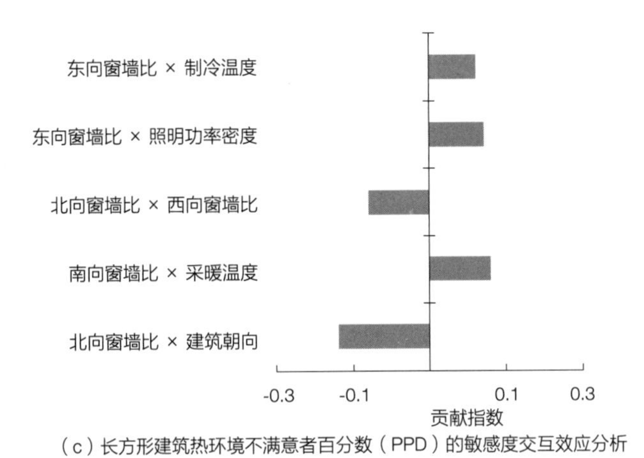

（c）长方形建筑热环境不满意者百分数（PPD）的敏感度交互效应分析

图4-35　长方形办公建筑性能敏感度交互效应分析

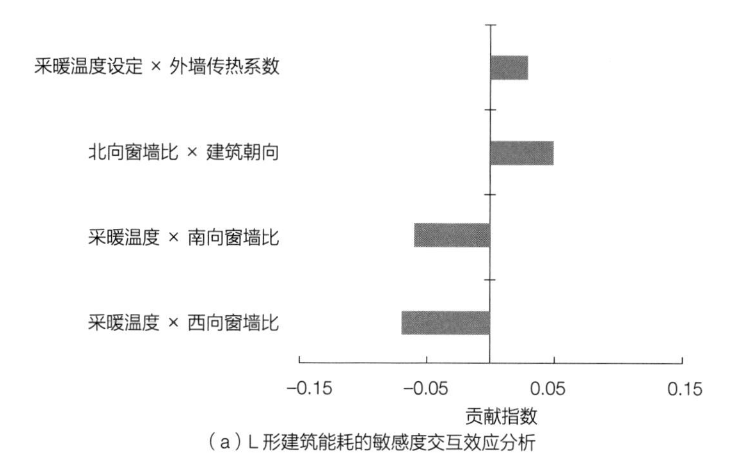

（a）L 形建筑能耗的敏感度交互效应分析

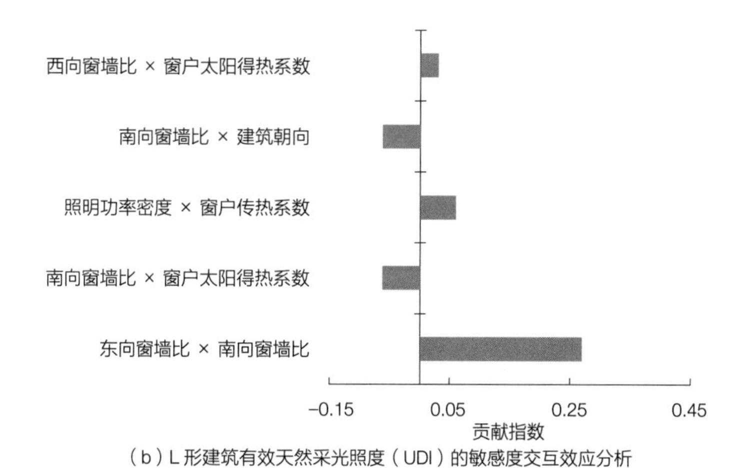

（b）L 形建筑有效天然采光照度（UDI）的敏感度交互效应分析

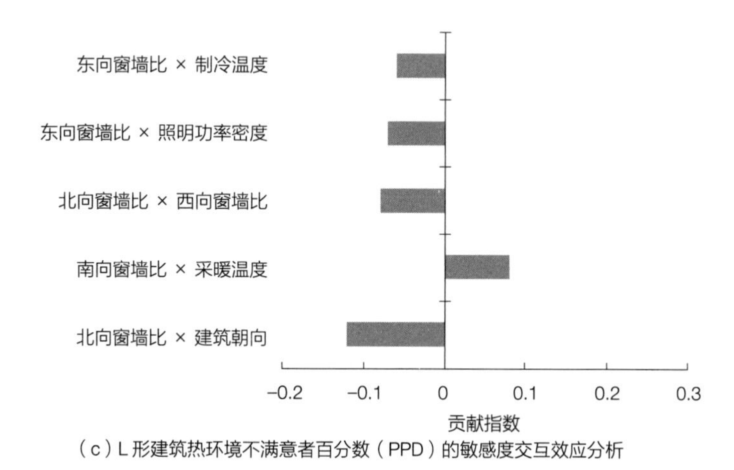

（c）L 形建筑热环境不满意者百分数（PPD）的敏感度交互效应分析

图4-36　L形办公建筑性能敏感度交互效应分析

4.3.3.3 办公室空间的敏感度交互效应分析

影响办公室能耗的交互要素是窗墙比与采暖温度、百叶倾角与采暖温度、窗墙比与外墙传热系数、窗墙比与进深缩放系数（图4-37a）。因为窗墙比、进深、外窗传热系数、百叶倾角和采暖温度共同影响室内外能量交流，所以它们交互作用影响能耗。影响办公建筑有效天然采光照度（UDI）的交互要素是照明功率密度和进深缩放系数、窗户太阳得热系数（SHGC）和面宽缩放系数、建筑朝向和照明功率密度、进深缩放系数和百叶倾角（图4-37b）。影响热环境不满意者百分数（PPD）的交互要素是外墙和外窗传热系数、制冷温度和外窗传热系数、百叶倾角和面宽缩放系数、制冷温度和进深缩放系数（图4-37c）。

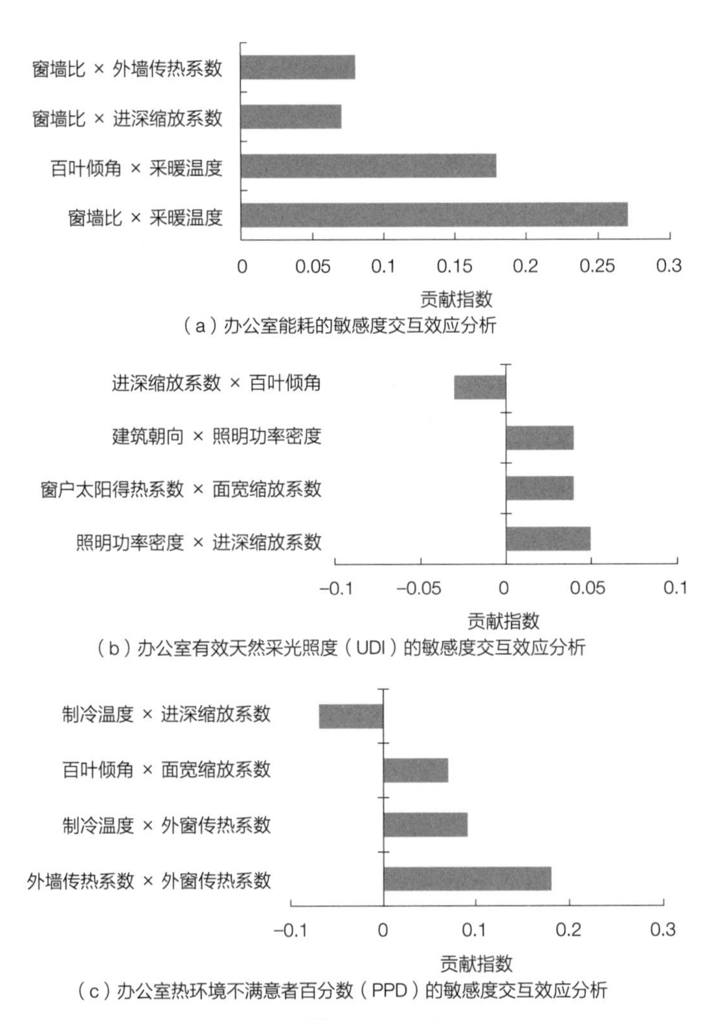

（a）办公室能耗的敏感度交互效应分析

（b）办公室有效天然采光照度（UDI）的敏感度交互效应分析

（c）办公室热环境不满意者百分数（PPD）的敏感度交互效应分析

图4-37 办公室的敏感度交互效应分析图

4.3.4　影响办公建筑性能的关键设计要素

办公建筑单体、标准层和办公室的敏感度分析结果如表4-5所示。根据敏感度主效应总结影响建筑性能的关键设计要素及取值区间。根据敏感度交互效应总结建筑设计要素的组合策略。

4.3.4.1　影响建筑光性能的关键设计要素

1. 关键设计要素

敏感度主效应结果表明，影响建筑光性能的关键设计要素是窗墙比和百叶倾角。光性能导向的寒冷地区办公建筑单体窗墙比建议取值区间是62%~73%。正方形办公建筑的北向窗墙比是59%~71%，东向窗墙比是52%~66%；长方形办公建筑的东向窗墙比是46%~85%，南向窗墙比是35%~46%；L形办公建筑的西向窗墙比是41%~70%，东向窗墙比是46%~65%。办公室的外置遮阳百叶的倾角建议是0°~32°。

2. 设计要素的交互效应和组合策略

根据敏感度交互效应分析结果，提出结合朝向设计窗墙比/照明功率密度/窗户SHGC，结合层高设计窗墙比/长宽比，结合进深设计百叶倾角等被动要素组合策略；以及结合进深和朝向设计照明功率密度的主被动要素组合策略。

4.3.4.2　影响建筑能耗的关键设计要素

1. 关键设计要素

敏感度主效应结果表明，影响建筑能耗的关键设计要素是窗墙比、窗传热系数、窗户SHGC和百叶倾角。节能导向的寒冷地区办公建筑单体窗墙比建议取值区间是27%~37%，窗传热系数是1.5~2W/（$m^2 \cdot K$）。正方形办公建筑的窗户SHGC建议取值区间是0.31~0.36，窗传热系数是1.5~1.9 W/（$m^2 \cdot K$）。长方形办公建筑的东向窗墙比是17%~42%，窗传热系数是1.1~1.6 W/（$m^2 \cdot K$）。L形办公建筑的窗户SHGC建议取值区间是0.26~0.38，南向窗墙比是23%~50%，西向窗墙比是15%~44%。办公室的窗墙比建议取值区间是31%~60%，窗传热系数是1.1~1.7W/（$m^2 \cdot K$），百叶倾角是2°~3°。

建筑性能敏感度分析汇总　　表4-5

研究对象		主效应	交互效应	关键设计要素取值区间	设计策略
单体		能耗： 窗墙比>窗户传热系数	能耗：窗墙比×长宽比>朝向×窗户传热系数>窗墙比×朝向	节能： 窗墙比：27%~37%； 窗传热系数：1.5~2W/（m^2·K）	节能策略：1. 窗墙比和长宽比的组合策略； 2. 结合朝向设计窗户传热系数、窗墙比
		PPD： 窗墙比>长宽比>朝向	PPD：窗户SHGC×采暖温度>窗墙比×制冷温度>窗户SHGC×长宽比	热性能： 窗墙比：52%~65%； 长宽比：1.8~2.5； 朝向：南偏东20°~南偏西17°	热性能策略：1. 窗户SHGC和采暖温度、窗墙比和制冷温度的组合策略； 2. 建筑长宽比和窗户SHGC的组合策略
		UDI： 窗墙比	UDI：窗墙比×层高>长宽比×层高>朝向×窗户SHGC	光性能： 窗墙比：62%~73%	光性能策略：1. 层高和窗墙比/长宽比的组合策略； 2. 结合朝向设计窗户SHGC
标准层	正方形	能耗： 窗户SHGC>窗户传热系数	能耗：供暖温度×南向窗墙比>照明功率密度×南向窗墙比>制冷温度×东向窗墙比	节能： 窗户SHGC：0.31~0.36； 窗传热系数：1.5~1.9W/（m^2·K）	节能策略：主动系统设定值和窗墙比的组合策略，尤其是东向、南向窗墙比
		PPD： 东向窗墙比>西向窗墙比>窗户传热系数	PPD：制冷温度×东向窗墙比>西/南向窗墙比×窗户传热系数、南向窗墙比×照明功率密度、供暖温度×外墙传热系数	热性能： 东向窗墙比：14%~22%； 西向窗墙比：27%~40%； 窗传热系数：1.2~1.5W/（m^2·K）	热性能策略：1. 东向窗墙比和制冷温度的组合策略； 2. 南向窗墙比和窗户传热系数/照明功率密度的组合策略； 3. 供暖温度和外墙传热系数的组合策略
		UDI： 北向窗墙比>东向窗墙比	UDI：西向窗墙比×北向窗墙比>西向窗墙比×南向窗墙比>东向窗墙比×北/西向窗墙比	光性能： 北向窗墙比：59%~71%； 东向窗墙比：52%~66%	光性能策略：1. 各朝向窗墙比交互影响光性能； 2. 西向窗墙比与其他朝向窗墙比都有交互效应
	长方形	能耗： 东向窗墙比>窗户传热系数	能耗：供暖温度×西向窗墙比>供暖温度×南向窗墙比>北向窗墙比×朝向	节能： 东向窗墙比：17%~42%； 窗传热系数：1.1~1.6W/（m^2·K）	节能策略：1. 采暖温度和西/南向窗墙比的组合策略； 2. 结合朝向设计窗墙比
		PPD： 窗户传热系数>北向窗墙比	PPD：北向窗墙比×朝向>采暖温度×南向窗墙比>制冷温度×东向窗墙比	热性能： 窗传热系数：1.4~1.8W/（m^2·K）， 北向窗墙比：32%~53%	热性能策略：1. 结合朝向设计窗墙比； 2. 南向窗墙比和采暖温度、东向窗墙比和制冷温度的组合策略

续表

研究对象		主效应	交互效应	关键设计要素取值区间	设计策略
标准层	长方形	UDI： 东向窗墙比>南向窗墙比	UDI：南向窗墙比×东向窗墙比>南向窗墙比×朝向	光性能： 东向窗墙比：46%~85%； 南向窗墙比：35%~46%	光性能策略：1. 南向和东向窗墙比的交互作用； 2. 结合朝向设计窗墙比
标准层	L形	能耗： 窗户SHGC>南向窗墙比>西向窗墙比	能耗：采暖温度×西向窗墙比>采暖温度×南向窗墙比>北向窗墙比×朝向>采暖温度×外墙传热系数	节能： 窗户SHGC：0.26~0.38； 南向窗墙比：23%~50%； 西向窗墙比：15%~44%	节能策略：1. 西/南向窗墙比和采暖温度的组合策略； 2. 结合朝向设计窗墙比； 3. 采暖温度和外墙传热系数的组合策略
标准层	L形	PPD： 窗传热系数>北向窗墙比	PPD：北向窗墙比×朝向>采暖温度×南向窗墙比>照明功率密度×东向窗墙比>制冷温度×东向窗墙比	热性能： 窗传热系数：1.6~2.2 W/（$m^2 \cdot K$）； 北向窗墙比：33%~53%	热性能策略：1. 结合朝向设计窗墙比； 2. 南向窗墙比和采暖温度的组合策略； 3. 东向窗墙比和照明功率密度/制冷温度的组合策略
标准层	L形	UDI： 西向窗墙比>东向窗墙比	UDI：南向窗墙比×东向窗墙比×>南向窗墙比×朝向	光性能： 西向窗墙比：41%~70%； 东向窗墙比：46%~65%	光性能策略：1. 南向和东向窗墙比的交互作用； 2. 结合朝向设计窗墙比。
办公室		能耗： 窗墙比>窗户传热系数>百叶倾角	能耗：采暖温度×窗墙比>采暖温度×百叶倾角>窗墙比×外墙传热系数>窗墙比×进深	节能： 窗墙比：31%~60%； 窗传热系数：1.1~1.7 W/（$m^2 \cdot K$）； 百叶倾角：2°~3°	节能策略：1. 采暖温度和窗墙比/百叶倾角的组合策略； 2. 窗墙比和外墙传热系数/进深的组合策略
办公室		PPD： 窗墙比>进深	PPD：外窗传热系数×外墙传热系数>外窗传热系数×制冷温度>百叶倾角×面宽>制冷温度×进深	热性能： 窗墙比：42%~63%； 进深：9~10.4m	热性能策略：1. 界面的传热系数； 2. 制冷温度和外窗传热系数/进深的组合策略
办公室		UDI： 百叶倾角	UDI：照明功率密度×进深>照明功率密度×朝向>进深×百叶倾角	光性能： 百叶倾角：0°~32°	光性能策略：1. 照明功率密度和进深/朝向的组合策略； 2. 百叶倾角和进深的组合策略

2. 设计要素的交互效应和组合策略

敏感度交互效应表明，主动系统设计要素和形态要素共同影响建筑性能，因此提出主被动设计要素的组合策略。影响正方形办公建筑能耗的交互要素是南向窗墙比和采暖温度/照明功率密度、东向窗墙比和制冷温度。影响长方形办公建筑能耗的交互要素是采暖温度和西/南向窗墙比、朝向和北向窗墙比。影响L形办公建筑能耗的交互要素是采暖温度和西/南向窗墙比/外墙传热系数。节能导向的主被动要素组合策略包括：采暖温度和窗墙比/外墙传热系数/百叶倾角、制冷温度和窗墙比、照明功率密度和窗墙比。

根据敏感度交互效应分析结果，提出结合朝向设计窗墙比/窗户传热系数，结合窗墙比设计外墙传热系数/进深等被动要素组合策略。

4.3.4.3 影响建筑热性能的关键设计要素

1. 关键设计要素

敏感度主效应结果表明，影响建筑热性能的关键设计要素是窗墙比、长宽比、朝向、窗传热系数和进深。热性能导向的寒冷地区办公建筑单体窗墙比的建议取值区间是52%~65%，长宽比是1.8~2.5，朝向是南偏东20°~南偏西17°。正方形办公建筑的东向窗墙比是14%~22%，西向窗墙比是27%~40%，窗户传热系数是1.2~1.5W/（$m^2 \cdot K$）。长方形办公建筑的窗户传热系数是1.4~1.8W/（$m^2 \cdot K$），北向窗墙比是32%~53%。L形办公建筑的窗户传热系数是1.6~2.2W/（$m^2 \cdot K$），北向窗墙比是33%~53%。办公室的窗墙比是42%~63%，进深是9~10.4m。

2. 设计要素的交互效应和组合策略

影响正方形办公建筑热性能的交互要素是制冷温度和东向窗墙比，照明功率密度和南向窗墙比，采暖温度和外墙传热系数，窗传热系数和西/南向窗墙比。影响长方形办公建筑热性能的交互要素是朝向和北向窗墙比，采暖温度和南向窗墙比，制冷温度和东向窗墙比。影响L形办公建筑热性能的交互要素是朝向和北向窗墙比，采暖温度和南向窗墙比，制冷温度和东向窗墙比，照明功率密度和东向窗墙比。

根据敏感度交互效应结果，提出结合朝向设计窗墙比，长宽比和窗户SHGC、窗墙比和窗户传热系数、外窗和外墙传热系数、面宽和百叶倾角的被动要素组合策略。热性能导向的采暖温度和窗墙比/窗SHGC/外墙传热系数，制冷温度和窗墙比/窗传热系数/进深，照明功率密度和窗墙比的主被动要素组合策略。

4.4　对节能标准关键设计指标的建议

4.4.1　分析节能标准的关键设计指标

汇总我国《公共建筑节能设计标准》GB 50189和《绿色办公建筑评价标准》GB 50908中针对寒冷地区办公建筑的设计指标（表4-6）。标准中以定性方式规定办公建筑空间和界面设计要素，如选择最佳朝向、形态和外遮阳。围护结构的热工性能是约束性和强制性指标，如界面传热系数、外窗太阳得热系数（SHGC）和可见光透射比（VT）。

我国《公共建筑节能设计标准》和《绿色建筑评价标准》的评价指标　　表4-6

类型	设计要素	《公共建筑节能设计标准》GB 50189	《绿色办公建筑评价标准》GB 50908
形态设计	建筑朝向	最佳朝向	最佳朝向，避免东西向
	形态	—	条状建筑
	体形系数	≤0.4	—
界面设计	窗墙比	≤0.7	<0.4
	遮阳设计	宜设置外遮阳	宜设置外遮阳
	外墙传热系数	≤0.5W/（m^2·K）	宜高于GB 50189
	屋面传热系数	≤0.45W/（m^2·K）	宜高于GB 50189
	外窗传热系数	≤3W/（m^2·K）	宜高于GB 50189
	窗太阳得热系数SHGC	东、南、西≤0.52 北≤0.6	宜高于GB 50189
	窗可见光透射比VT	≥0.4	宜高于GB 50189
主动设备	供暖区室内温度	26℃	同GB 50189
	空调区室内温度	20℃	同GB 50189

注：设计要素评价指标是在体形系数≤0.3的情况下。

基于析因试验结果的相关性和敏感度分析，对影响寒冷地区办公建筑能耗的关键设计要素有了基本的认识。结合朝向特征，探讨办公建筑外墙传热系数、窗墙比、窗户热工性能与能耗的关系，对办公建筑节能设计标准提出改进建议。

4.4.2 办公建筑外墙传热系数

以《公共建筑节能设计标准》GB 50189的办公建筑40m×40m×3.6m（面宽×进深×层高）为基准模型，各朝向的窗墙比均为40%，窗户传热系数和SHGC分别设置为1.5 W/（m^2·K）和0.3，外墙传热系数是0.3W/（m^2·K）。基准办公建筑的制冷能耗是33.3 kW·h/m^2、采暖能耗是41kW·h/m^2、照明能耗是19.4kW·h/m^2、总能耗是93.7kW·h/m^2。用［（能耗-基准能耗）/基准能耗］×100%计算节能率。用［（最大能耗-最小能耗）/基准能耗］×100%计算能耗增长幅度。

建筑节能标准对寒冷地区建筑外墙传热系数的规定是小于等于0.5W/（m^2·K）。以外墙传热系数为变量，值域是0.1~0.6W/（m^2·K）。模拟结果如图4-38所示，外墙传热系数与能耗呈正比，外墙传热系数越小能耗越低。外墙传热系数对采暖能耗（节能率2.9%）的影响大于制冷能耗（节能率1.3%），外墙传热系数对总能耗的节能率是1.9%。

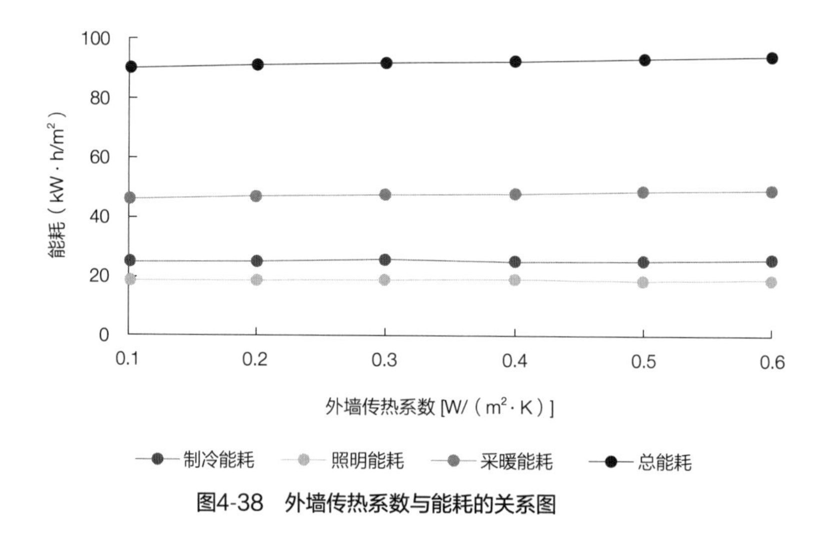

图4-38 外墙传热系数与能耗的关系图

寒冷地区办公建筑各朝向接收太阳辐射得热量和日照时长差异显著（表4-7）。屋面接收太阳辐射得热量（1062W/m^2）和日照时长（144h）最大，其次是西立面（太阳辐射得热量是638W/m^2、日照时长是73h），然后是南立面（太阳辐射得热量579W/m^2、日照时长117h），最后是东立面和北立面（太阳辐射得热量分别是306 W/m^2、237W/m^2，日照时长分别是71h、27h）。因为各朝向接收太阳辐射得热量和日照时长的差异，探讨结合朝向设定围护结构热工性能的可行性和必要性。

办公建筑各立面太阳辐射得热量和日照时长分析　　　　**表4-7**

	屋面	西立面	东立面	南立面	北立面
日照时长	144h	73h	71h	117h	27h
辐射得热量	1062W/m^2	638W/m^2	306W/m^2	579W/m^2	237W/m^2

以外墙传热系数［0.1~0.6 W/（m^2·K）］和朝向（东、南、西、北）为变量。外墙传热系数主要作用于建筑外区，因此以各朝向外区为研究对象。模拟结果见图4-39、图4-40。制冷能耗与外墙传热系数呈正比，即外墙传热系数越小制冷能耗越低（图4-39）。西向接收太阳辐射得热量过大，所以西向的制冷能耗最高，其次是南向、东向和北向。随着外墙传热系数的增加，西向制冷能耗增幅最大（4.4%），其次是南向（增幅4.2%），最后是东向（增幅2.5%）和北向（增幅2.3%）。

由于东向和北向接收的太阳辐射热量较小，所以东向和北向的采暖能耗最大，其次是南向的采暖能耗。由于西向太阳辐射得热量较大，西向的采暖能耗最低。外墙传热系数与采暖能耗呈正比

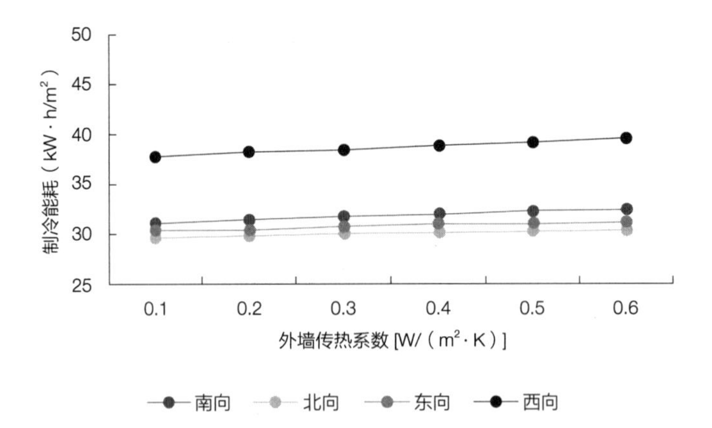

图4-39　四个朝向外墙传热系数与制冷能耗的关系图

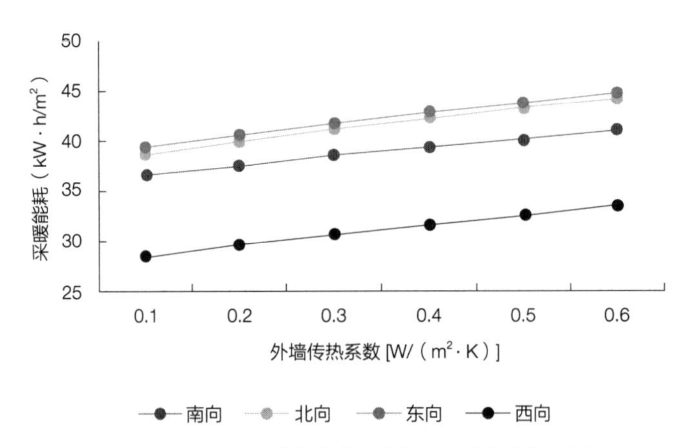

图4-40　四个朝向外墙传热系数与采暖能耗的关系图

（图4-40）。随着外墙传热系数的增加，首先是西向采暖能耗增幅最大（16.1%），其次是北向和东向（增幅分别是13.3%、12.7%），最后是南向（增幅11.4%）。

建筑总能耗与外墙传热系数呈正比关系（图4-41）。由于寒冷地区办公建筑以采暖能耗为主，所以东向和北向的总能耗最大，其次是南向，西向的总能耗最低。随着外墙传热系数的变化，西向外区总能耗增长幅度最大（7.6%）。北向、东向、南向随外墙传热系数变化的增幅相似，分别是6.8%、6.6%、6.4%。基准办公建筑是正方形，各朝向同等面积的条件下，西向外墙接收太阳辐射得热量最多，所以西向外墙传热系数对建筑能耗的影响最显著。

虽然能耗与外墙传热系数呈正比，若一味追求外墙的保温隔热性能（即较低的传热系数），不仅有过度追求高标准保温材料

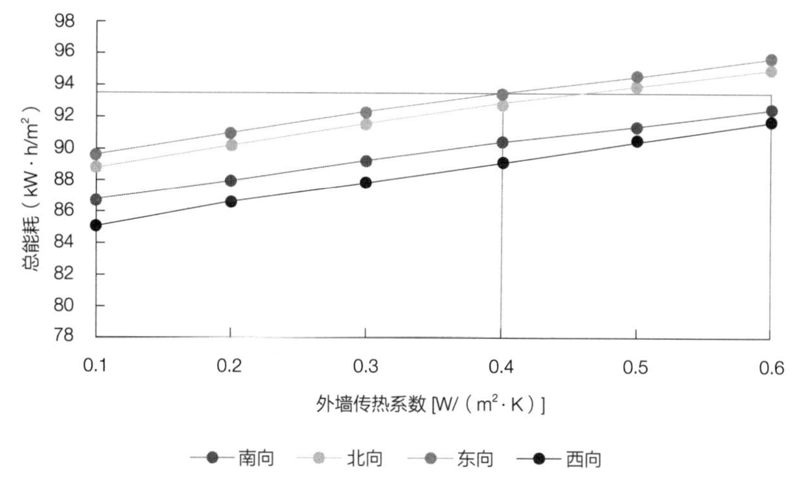

图4-41　四个朝向外墙传热系数与总能耗的关系图

的倾向，也有隔绝室内外环境的趋势。假设以办公建筑基准模型的能耗（93.7 kW·h/m^2）为引导值，满足此能耗限值的各朝向外墙传热系数可做差异性设置，建议东向和北向外墙传热系数小于0.4W/（m^2·K）、南向和西向外墙传热系数小于0.6 W/（m^2·K）（图4-41）。寒冷地区办公建筑以采暖能耗为主，西向和南向的太阳辐射得热量充足，东向和北向的太阳辐射得热量较低。因此，建议外墙传热系数结合朝向特征做差异性设置，北向和东向立面设计相对较低的外墙传热系数，西向和南向立面设计相对较高的外墙传热系数。

4.4.3　办公建筑窗墙比和窗户热工性能

4.4.3.1　窗墙比对能耗的影响

以办公建筑的窗墙比和朝向为变量，窗墙比值域是10%~90%（步长10%）。窗墙比对采暖能耗的影响最显著（图4-42）。随窗墙比的增大，西向采暖能耗增幅最大（132%），其次是东向和北向（分别是85%和84%），南向采暖能耗增幅最小（81%）。

随着窗墙比的增加，西向制冷能耗增幅最大（54%），其次是南向（18%），东向和北向制冷能耗增幅最小（分别是14%和13%）（图4-43）。东向和北向立面的窗墙比是30%时，制冷能耗最低。

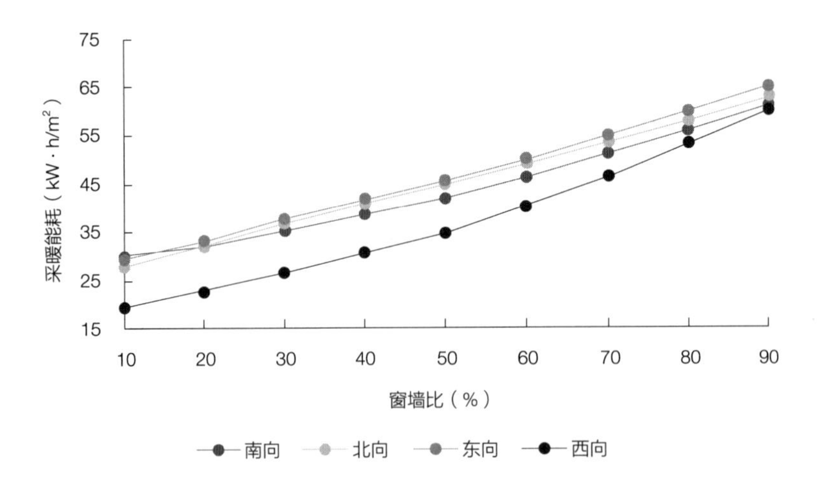

图4-42　四个朝向窗墙比与采暖能耗的关系图

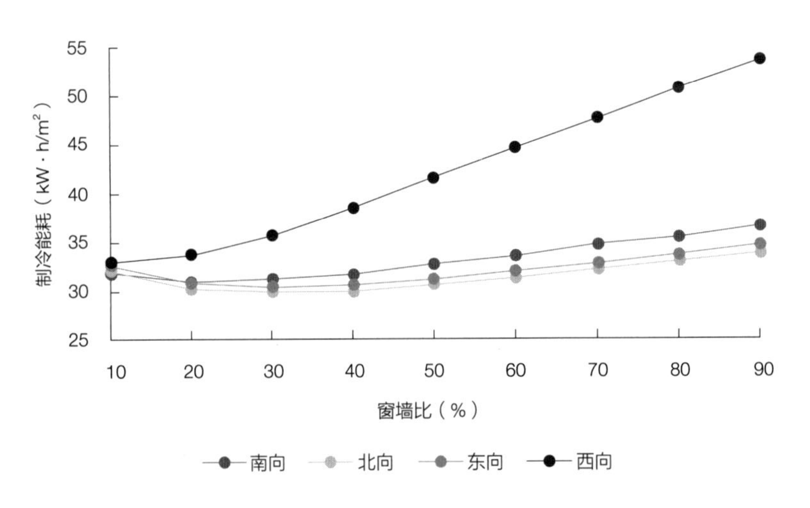

图4-43　四个朝向窗墙比与制冷能耗的关系图

南向立面的窗墙比是20%时，制冷能耗最低。西向立面的窗墙比是10%时，制冷能耗最低。随着窗墙比的增大，照明能耗呈下降趋势，下降幅度是74%~86%。当窗墙比大于60%时，照明能耗的减小趋势明显放缓（图4-44）。

伴随窗墙比的增长，各朝向制冷能耗的增幅是13%~54%，采暖能耗的增幅是81%~132%，照明能耗的降幅是74%~86%。窗墙比变化对制冷和采暖能耗的增幅大于照明能耗的降幅，所以各朝向建筑外区总能耗与窗墙比呈正比（增幅24%~55%）（图4-45）。窗墙比是20%时，建筑总能耗最低。西立面窗墙比变化对总能耗影响最大（增幅55%）。西立面窗墙比大于30%时，总

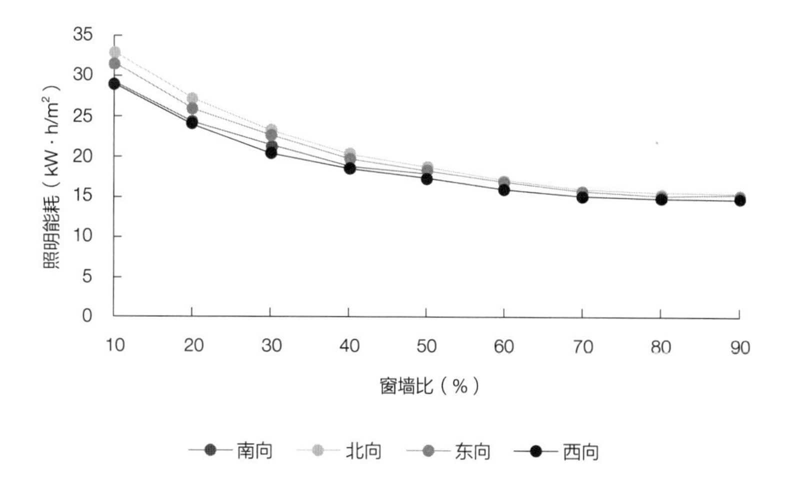

图4-44　四个朝向窗墙比与照明能耗的关系图

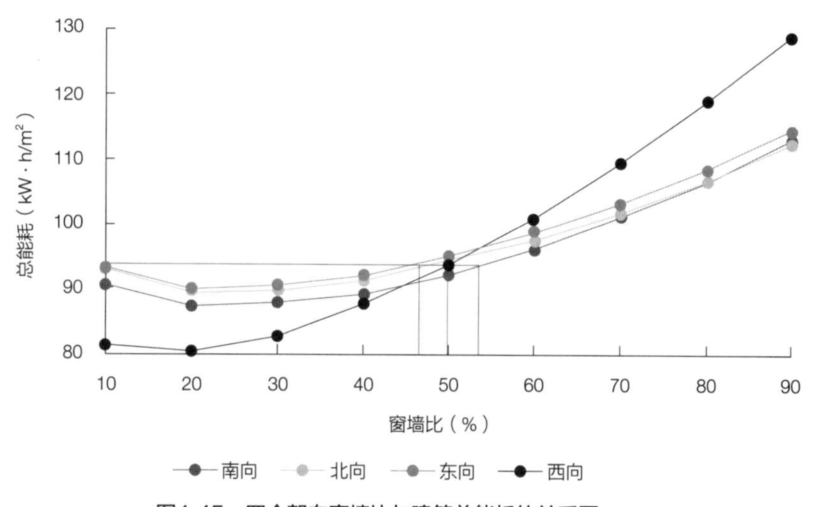

图4-45　四个朝向窗墙比与建筑总能耗的关系图

能耗呈明显上升趋势。南向、东向、北向立面的窗墙比变化对总能耗的影响幅度分别是28%、26%、24%。南向、东向、北向立面的窗墙比小于50%时，总能耗增长较缓慢。假设以办公建筑基准模型的能耗（93.7kW · h/m^2）为引导值，建议东向和北向窗墙比小于47%，西向窗墙比小于50%，南向窗墙比小于53%（图4-45）。

4.4.3.2　窗户热工参数对能耗的影响

1. 窗户传热系数对能耗的影响

以窗户传热系数和朝向为变量，值域是1~3W/（m^2 · K），步长是0.5 W/（m^2 · K）。窗户传热系数对建筑制冷能耗的影响如图4-46

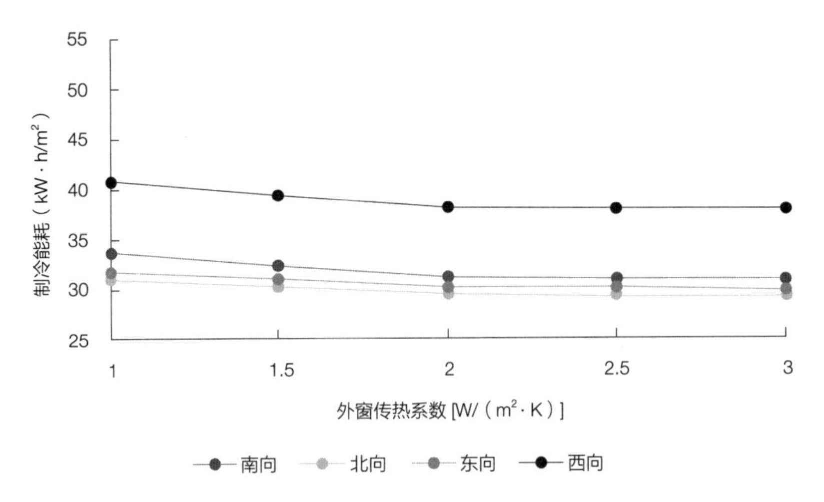

图4-46　各朝向窗户传热系数与制冷能耗的关系图

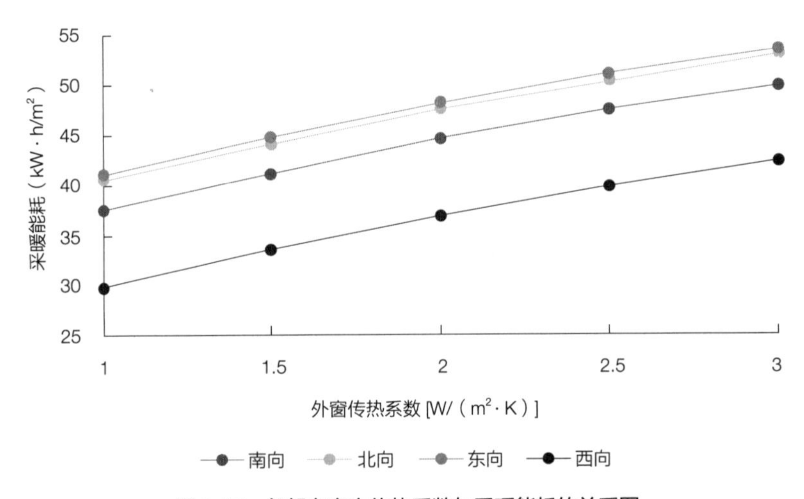

图4-47　各朝向窗户传热系数与采暖能耗的关系图

所示。随着外窗传热系数的增加，各朝向制冷能耗呈6%~8%的降幅。南向窗户传热系数对制冷能耗的降幅最大（8%），西向、东向、北向窗户传热系数对制冷能耗的降幅分别是7%、6%、6%。

外窗传热系数与采暖能耗呈正比（图4-47）。伴随窗户传热系数的增长，西向采暖能耗增幅最大（37%），其次是南向（增幅30%），东向和北向采暖能耗增幅最小（均是28%）。

伴随外窗传热系数的增长，各朝向采暖能耗的增幅（37%~28%）大于制冷能耗的降幅（6%~8%），所以总能耗与外窗传热系数呈正比。随外窗传热系数的增大，各朝向外区总能耗呈10%~11%的增幅（图4-48），外窗传热系数越低，建筑总能耗越低。

2. 窗户得热系数（SHGC）对能耗的影响

现行国家标准《公共建筑节能设计标准》GB 50189规定，当窗墙比小于60%时，对北向窗户太阳得热系数（SHGC）无要求，东向、西向、南向外窗SHGC的限值是小于等于0.4。以朝向和窗户SHGC为变量，窗户SHGC的值域是0.2~0.6，步长为0.1。

外窗SHGC与建筑制冷能耗呈正比（图4-49）。随外窗SHGC的增加，西向制冷能耗的增幅最大（53%），其次是南向（增幅32%），最后是北向和东向（增幅分别是27%和25%）。窗户SHGC与建筑采暖能耗呈反比（图4-50）。伴随外窗SHGC的增加，南向采

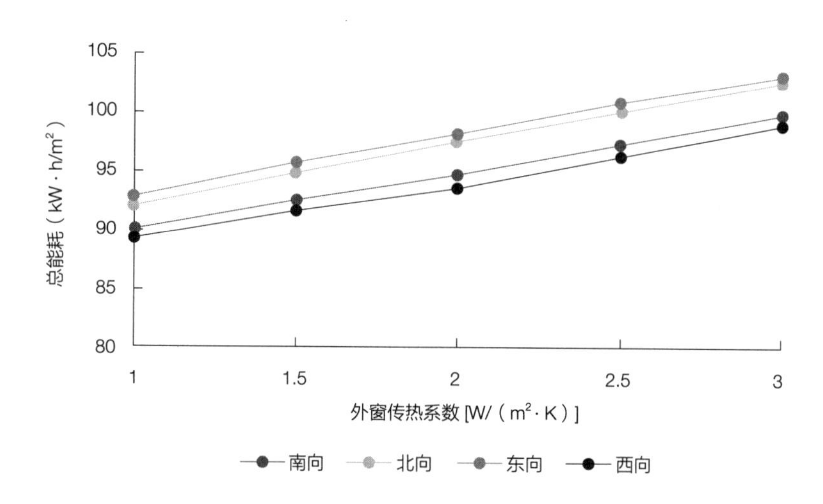

图4-48　各朝向窗户传热系数与总能耗的关系图

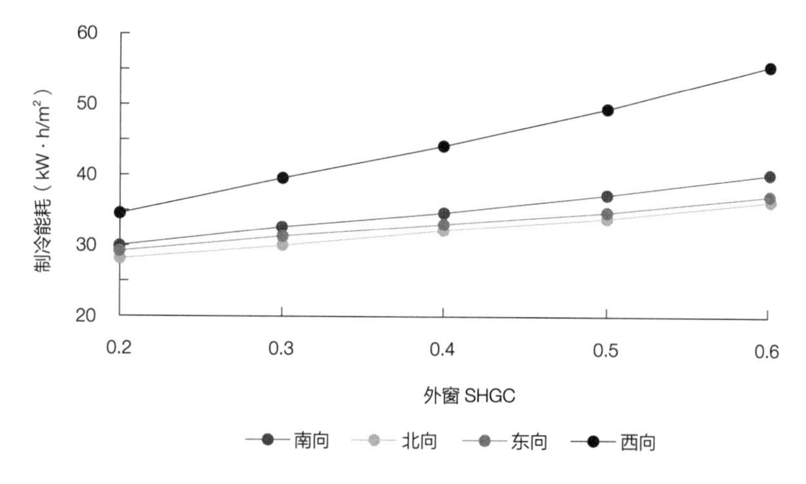

图4-49　各朝向外窗太阳得热系数与制冷能耗的关系图

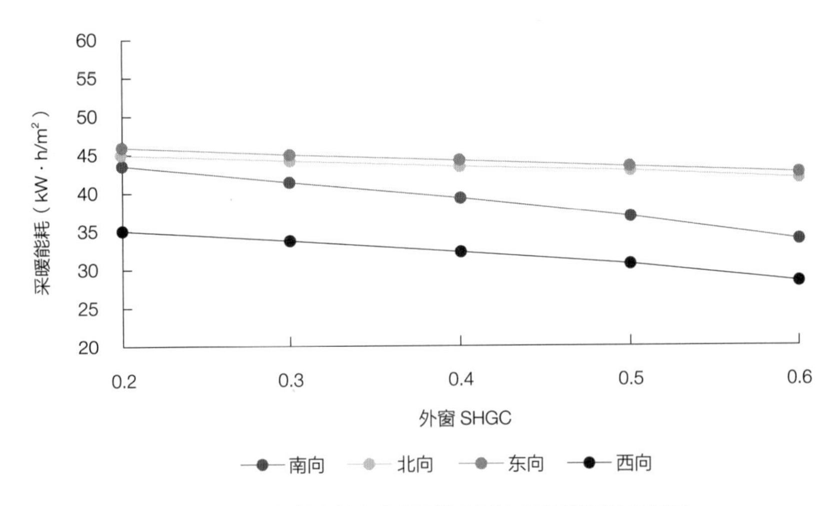

图4-50 各朝向外窗太阳得热系数与采暖能耗的关系图

暖能耗的降幅最大（24%），其次是西向（降幅21%），最后是东向和北向（降幅分别是8%和7%）。

外窗SHGC对制冷能耗的增幅（24%~53%）大于对采暖能耗的降幅（7%~24%），因此外窗SHGC与总能耗呈正比（图4-51）。随外窗SHGC的增加，西向总能耗的增幅最大（11%），其次是北向和东向能耗（增幅分别是4%和3%）。南向接收太阳辐射增益量最大，所以南向外窗SHGC对总能耗的影响较微弱（增幅不到1%）。西向外窗SHGC对能耗的影响较大。北立面接收的太阳辐射得热量和东立面相似（表4-7），北向窗SHGC对能耗的影响与东向窗SHGC相

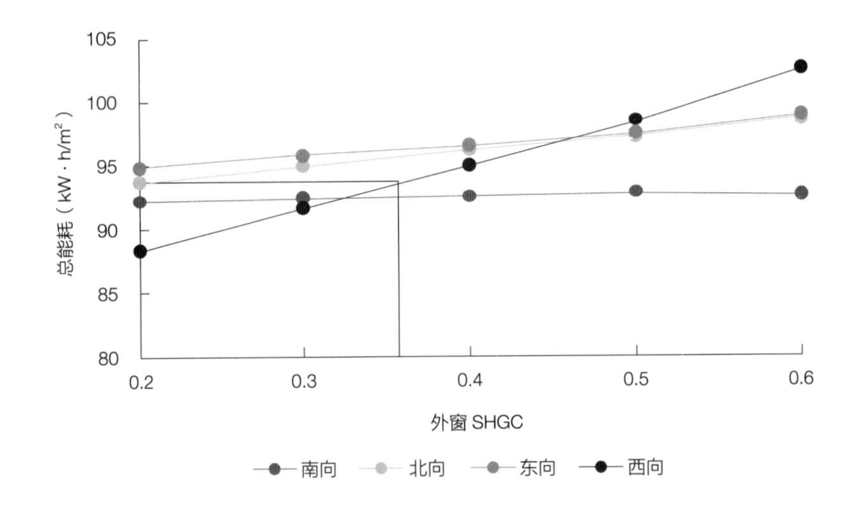

图4-51 各朝向外窗太阳得热系数与总能耗的关系图

似，因此建议不应忽视北向窗SHGC对能耗的影响，北向窗SHGC限值应与东向窗SHGC一致。假设以基准模型的能耗（93.7 kW · h/m^2）为引导值，建议西向外窗SHGC应小于0.36，北向和东向窗SHGC小于0.2，即东向和北向窗户SHGC越低越好（图4-51）。

4.4.4　对办公建筑节能设计标准的建议

1. 不同朝向立面接收日照时长和太阳辐射得热量存在差异，东向和北向接收日照辐射得热量相似，南向接收的日照时长和太阳辐射得热量最佳，西向接收的日照辐射得热量过大，应规避。因此，提出结合朝向设计界面热工性能和窗墙比。

1）寒冷地区各朝向外墙传热系数与采暖能耗、制冷能耗、总能耗均呈正比。寒冷地区办公建筑以采暖能耗为主，西向和南向的太阳辐射得热量充足，东向和北向的太阳辐射得热量较低。因此，建议北向和东向立面设计相对较低的外墙传热系数，西向和南向立面设计相对较高的外墙传热系数。

2）建议各朝向的窗墙比小于50%。伴随着办公建筑窗墙比的增大，制冷和采暖能耗的增幅大于照明能耗的降幅，所以建筑总能耗与窗墙比呈正比。西立面窗墙比对能耗影响最大（增幅55%），西立面窗墙比大于30%时，总能耗呈明显上升趋势。南向、东向、北向立面的窗墙比变化对总能耗的影响幅度相似（24%~28%）。各朝向窗墙比是20%时，建筑总能耗最低。南向、东向、北向立面的窗墙比小于50%时，总能耗增长缓慢。

3）外窗传热系数对采暖能耗的增幅大于制冷能耗的降幅，所以外窗传热系数与建筑总能耗呈正比。随外窗传热系数的变化，建筑总能耗呈10%~11%的增幅。以节能为目标，外窗传热系数越低越好。

4）外窗太阳得热系数（SHGC）对制冷能耗的增幅大于采暖能耗的降幅，所以外窗SHGC与建筑总能耗呈正比。南立面接收的太阳辐射得热量最佳，所以南向外窗SHGC对总能耗的影响不大。西向外窗SHGC增大对建筑能耗的影响最大（增幅11%），其次是北向和东向（增幅分别是4%和3%），最后是南向（增幅不到1%）。建议西向外窗SHGC小于0.36，北向和东向外窗SHGC越低越好。

2. 当前相关规范对办公建筑供暖空调区室内设定温度是夏季

26℃、冬季20℃。全局敏感度分析结果表明，采暖空调区温度设定与设计要素（如朝向、窗墙比、建筑面积）有交互效应，共同影响能耗和光热性能。建议结合朝向、界面热工性能及空间尺度等灵活设定制冷采暖温度。

3. 标准中形态要求多是定性指标，有进一步量化和明确的必要。本书以寒冷地区办公建筑的长宽比、层高、层数、标准层面积等为变量，结果表明，长宽比、朝向、进深也是影响建筑能耗的关键要素。

4. 标准提及寒冷地区宜设置外遮阳。本书以外遮阳百叶的宽度和倾角为变量，结果表明，百叶倾角对能耗和光性能影响较大。

4.5 本章小结

本章首先阐述实验设计原理，根据研究目标和优化对象特性，选用析因试验方法。以建筑形态、界面、空间和主动系统设计要素为自变量，以能耗和光热性能为优化目标。采用拉丁超立方抽样，改进穷尽试验的高时间成本，并保证样本的代表性和全局性。从办公建筑单体、标准层和办公室空间三个层面分析建筑设计要素和建筑性能的关系。

其次，运用相关性分析量化性能之间、设计要素与建筑性能的关联程度。寒冷地区办公建筑总能耗与采暖能耗相关性最大，其次是制冷能耗，最后是照明能耗。办公建筑总能耗与有效天然采光照度（UDI）是弱相关性，总能耗与热环境不满意者百分数（PPD）是强相关性。

进而，采用平滑样条方差做全局敏感度分析，包括设计要素与建筑性能的主效应和交互效应。根据敏感度主效应分析提取影响建筑性能的关键参量及取值区间，辅助建筑师制定相应的设计策略。建筑形态的关键参量是窗墙比、长宽比、层数、朝向。正方形办公建筑的关键外界面设计要素是窗户传热系数、窗户SHGC、东/西/北向窗墙比，长方形办公建筑的关键设计要素是窗户传热系数、东/北/南向窗墙比。L形办公建筑的关键外界面设计要素是窗户传热系数、窗户SHGC、四个朝向的窗墙比。影响办公室的关键空间设计要素是窗墙比、窗户传热系数、进深、百叶倾角。敏感度交互效应分析结果表明，主动系统设计要素与建筑形态、界面、空间设计要素共同影响建筑性能，因此提出主被动要素的组合策略。

最后，对我国办公建筑节能设计标准提出改进建议：结合朝向设定界面热工性能；结合朝向、界面热工性能及空间尺度等灵活设定制冷采暖温度；长宽比、朝向、进深也具备节能潜力；外遮阳百叶的倾角对能耗和光性能影响较大。

第5章

寒冷地区办公建筑多目标优化方法研究

绿色建筑评价标准和能耗标准是对单项性能、单项设计指标提出限值或建议，但建筑师需要综合考虑多项性能，且性能目标之间存在竞争关系。多目标优化方法用于权衡建筑能耗、有效天然采光照度和热舒适度，自动搜索最佳设计参量组合。针对寒冷地区办公建筑的多目标优化方法，从优化算法、优化过程和分析优化结果等方面展开研究。

5.1 多目标优化算法

第4章分析了正方形、长方形、L形办公建筑界面设计要素与建筑性能的关系，影响正方形建筑性能的关键要素最多。多目标优化方法是用于解决多变量多目标的优化，所以本章以正方形办公建筑标准层为例。办公建筑标准层是36m × 36m × 3.6m（长 × 宽 × 高），外区进深为9m，核心筒尺寸为18m × 18m × 3.6m（长 × 宽 × 高）。设计变量包括各朝向窗墙比、外墙传热系数、窗户SHGC、窗户传热系数、照明功率密度、制冷设定温度、采暖设定温度，值域的设定参见表4-2。

5.1.1 对比NSGA-Ⅱ算法与pilOPT算法

遗传算法是基于达尔文的生物进化原理（即适者生存、优胜劣汰），通过模拟自然生物进化过程和遗传机制，如突变、杂交以及随机选择等行为，寻求较优的适应度指标，并获得目标优化。既有性能优化设计中，遗传算法的使用频率最高，原因是它能处理连续或离散的变量；同时评估一个种群中的多个个体，允许计算机的多处理器并行模拟；处理不连续性、多模态、高约束问题时不会陷入局部最小值[69]。

多目标优化是在抽样和优化算法共同制定的规则下自动搜索优化解，然后根据优化目标对优化解进行排序和筛选。多目标优化算法运用非支配排序、保持多样性、精英保留等策略确定搜索方向，代表算法有NSGA-Ⅱ、SPEA-2、MOGA、pilOPT、MOGA等。

Zitzler对比NSGA-Ⅱ、SPEA-2、PESA，得出它们都具有较好的收敛性和稳定性，运行效率NSGA-Ⅱ最好，其次是SPEA-2，最后是PESA[211]。

NSGA-Ⅱ算法是一种快速非支配排序的遗传算法[211]。拥挤距离是评判个体与相邻个体远近的指标，用于估计目标空间中解的密度。NSGA-Ⅱ算法采用拥挤距离方法，并使用了一个拥挤的比较算子，将优化选择过程引向均匀分布的帕累托前沿，以保证解集的多样性和分布性。精英保留机制使得父代种群与子代种群共同竞争生成新种群，并关注帕累托前沿排名靠前的方案，保证已获得的最优解不丢失，有利于算法收敛。NSGA-Ⅱ算法的优点是运行效率高、解集有良好的多样性，擅长解决低维度优化问题；缺点是精英保留规模是一个固定值（10），不利于解集收敛[212]。pilOPT是由ESTECO[187]开发的一种多目标自适应算法，结合局部搜索和全局搜索的优势，使用响应面模型优化自动平衡帕累托前沿。

对比NSGA-Ⅱ算法和pilOPT算法，以寒冷地区正方形办公建筑的多目标优化为例。算法的参数设置均为默认模式，设计评估次数均设置为500次。对比两种算法搜寻的能耗（EUI）、热环境不满意者百分数（PPD）和有效天然采光照度（UDI）的最优解（表5-1）。NSGA-Ⅱ算法的优化耗时41h，pilOPT算法的优化耗时61h。pilOPT算法寻找的EUI最小解是61kW·h/m^2，PPD最小解是20%，UDI最大解是48.1%。利用NSGA-Ⅱ算法搜寻的EUI最小解是64.5kW·h/m^2、PPD最小解是21%，UDI最大解是47.9%。结果表明，NSGA-Ⅱ算法的时间成本较低，pilOPT算法的优化解质量更佳。由于pilOPT是modeFRONTIER独有的算法，而NSGA-Ⅱ算法应用范围更广泛且时间成本低，因此后续选用NSGA-Ⅱ算法进行深化研究。

5.1.2 NSGA-Ⅱ算法的参数设置

选用NSGA-Ⅱ算法做寒冷地区办公建筑多目标优化，对算法的参数设置做进一步研究。多目标优化算法有一些基本的特征参数，Kampf[213]提出合理优化算法的参数设置能提高优化效率。NSGA-Ⅱ算法的关键参数是种群规模、交叉率、突变概率、优化代数等。

pilOPT算法和NSGA-Ⅱ算法搜索的三个目标最优解　表5-1

优化算法	优化目标	设计要素（自变量）										性能目标（因变量）		
		东向窗墙比（%）	西向窗墙比（%）	南向窗墙比（%）	北向窗墙比（%）	墙传热系数[W/（m^2·K）]	窗传热系数[W/（m^2·K）]	窗太阳得热系数	采暖温度（℃）	制冷温度（℃）	照明功率密度（W/m^2）	总能耗（kW·h/m^2）	热不舒适度（%）	有效天然采光照度（%）
pilOPT	EUI最小	10	50	90	90	0.2	1	0.2	18	28	9	**61**	41	46.2
	PPD最小	10	20	70	20	0.2	1	0.5	20	25	11	90	**20**	35.9
	UDI最大	90	30	90	90	0.2	1	0.4	20	25	11	94.4	26.3	**48.1**
NSGA Ⅱ	EUI最小	20	10	80	80	0.2	1	0.2	18	27	9	**64.5**	36	45.4
	PPD最小	20	10	50	40	0.2	1	0.4	20	25	11	90.5	**21**	35.9
	UDI最大	80	40	80	80	0.3	1	0.3	20	25	11	112.3	24.4	**47.9**

1. 种群规模（Population Size）影响种群的多样性和计算效率。种群规模一般是根据设计变量的性质、数目和抽样方法确定。

2. 突变率（Mutation Rate）表示突变的可能性，影响运算收敛速度和解空间探索深度，对维持种群的多样性有重要影响。突变率的值越大表示变化越剧烈且运算时间长；突变率过小可能会造成某些重要要素过早被舍弃，运算过早收敛，局限于局部最优。突变率默认值是1。

3. 交叉概率（Crossover Probability）是指上下两代交换参数的可能。交叉率越高表示新种群引入原有种群的概率越大，交叉率越低越可能发生搜索受阻的现象。交叉率对程序运行速度影响很大，取值范围是0~1，默认值是0.9。

4. 优化代数（Max. Generations）是决定终止运算的迭代数。

适宜寒冷地区办公建筑优化的NSGA-Ⅱ算法参数，是采用算法默认设置，还是具体问题具体设置。调试NSGA-Ⅱ算法的种群规模、优化代数、交叉率与突变率的数值，获取优化算法的最佳参数设置。

汇总即有研究NSGA-Ⅱ算法的参数设置（表5-2），采用默认设置居多。算法参数主要是根据优化对象和目标性质设置。优化对象和性能目标越复杂、建筑规模越大，建筑性能模拟和优化时间越长。优化代数通常是根据优化规模进行设置，空间单元的优化代数一般为30~100代，标准层的优化代数一般为15~50代，整栋建筑的优化代数最少。

NSGA-Ⅱ算法的主要算法参数统计　　**表5-2**

优化目标	优化对象	优化代数	突变率	交叉概率	来源
能耗、成本	办公楼标准层	15	0.05	1/变量数	Caldas L, Gama L. An evolution-based generative design system: Using adaptation to shape architectural form[D]. London: University of London, 2001.
能耗、光性能	中庭	30	1	0.5	Wright J A, Loosemore H A, Farmani R. Optimization of building thermal design and control by multi-criterion genetic algorithm[J]. Energy & Buildings, 2002, 34（9）: 959-972.
	单层住宅	75	0.01	0.9	Wei Y. BPOpt: A framework for BIM-based optimization[J]. Energy and Builidngs. 2015, 108（9）: 401-412.

续表

优化目标	优化对象	优化代数	突变率	交叉概率	来源
能耗、光性能	办公楼	50	0.01	0.9	Eve S H L. Designing-in Performance：Energy simulation feedback for Early Stage Design Decision Making[D]. USA：University of Southern California, 2014.
能耗、光性能、热舒适	房间	20	1	0.2	Zhai Y G, Wang Y, Huang Y Q, et al. A multi-objective optimization methodology for window design considering energy consumption, thermal environment and visual performance[J]. Renewable Energy, 2018,（18）：1-17.
能耗、光性能、风环境	南向办公室	100	0.05	0.1	Agirbas A. Performance-based design optimization for minimal surface based form[J]. Architectural Science Review, 2018, 61（6）：384-399.

借鉴已有研究的算法参数设置，制定NSGA-Ⅱ算法的参数设置对比试验（表5-3）。设计评估次数控制在500~1000次。设计变量是10项，种群规模分别设置为变量的5或10倍，即50或100个。交叉率为0.9（默认值）、0.5、1，突变率为1（默认值）、0.05、0.1（变量数目的倒数）。

NSGA-Ⅱ算法参数实验组　　表5-3

算法参数	种群规模	突变率	交叉率	优化代数
参数1	50	0.1	0.5	10
参数2	50	0.05	1	15
参数3	50	1	0.9	20
参数4	100	0.1	0.5	5
参数5	100	0.05	1	10

对五种算法参数进行模拟试验，从优化结果中选取三个性能目标（能耗EUI、热环境不满意者百分数PPD、有效自然采光照度UDI）的极值，比较算法参数对寻优结果的影响（表5-4）。

优化算法参数组的性能目标极值解　　表5-4

优化算法	优化目标	设计变量										性能结果		
		东向窗墙比（%）	西向窗墙比（%）	南向窗墙比（%）	北向窗墙比（%）	墙传热系数[W/（m^2·K）]	窗传热系数[W/（m^2·K）]	窗太阳得热系数	采暖温度（℃）	制冷温度（℃）	照明功率密度（W/m^2）	总能耗（kW·h/m^2）	热环境不满意者百分数（%）	有效天然采光照度（%）
参数1	EUI最小	89	13	53	20	0.24	1.2	0.2	18	28	9	**62**	39.3	39.4
	PPD最小	22	13	70	62	0.24	1.2	0.4	20	25	11	93.1	**21.5**	41.4
	UDI最大	67	41	83	81	0.37	2.7	0.2	18	28	11	74.4	45.7	**47.6**
参数2	EUI最小	20	36	73	82	0.24	1.1	0.21	18	26	9	**64.9**	36.6	45.8
	PPD最小	19	12	11	10	0.24	1.2	0.2	20	25	11	93.4	**20.2**	25
	UDI最大	80	36	73	79	0.3	1.8	0.4	18	27	9	82.3	38.4	**47.8**
参数3	EUI最小	49	73	82	11	0.24	1.1	0.2	18	28	9	**61.3**	40.3	43.1
	PPD最小	17	14	15	14	0.23	1.1	0.35	20	25	11	93.8	**19.9**	25
	UDI最大	23	72	71	57	0.3	2.7	0.41	18	28	11	98.2	28.9	**48.1**
参数4	EUI最小	74	73	68	16	0.3	1.2	0.23	18	27	9	**66.2**	37.7	45.6
	PPD最小	14	34	59	19	0.24	1.1	0.48	20	25	11	90.6	**20.2**	**35.7**
	UDI最大	77	18	80	83	0.33	1.5	0.25	19	26	10	83	34	**48**
参数5	EUI最小	59	17	85	21	0.24	1.1	0.28	18	28	9	**62.7**	38.7	41.7
	PPD最小	24	13	86	27	0.2	1.1	0.41	20	25	11	92.8	**20.8**	38.4
	UDI最大	77	19	88	78	0.34	1.2	0.28	20	25	9	105.1	24.9	**48.1**

优化结果表明，种群规模一致时，不是优化代数越大，优化解的质量就越好。如参数1和参数2的种群规模均是50，优化代数分别是10和15。参数1和参数2的最低能耗解分别是62kW · h/m^{2}和64.9kW · h/m^2。即参数2的优化代数大于参数1，但参数2的最低能耗解高于参数1的。

参数5的种群规模是100，优化代数是10，参数3的种群规模是50，优化代数是20，它们的设计评估次数均是1000次。参数3和参数5的最低能耗解分别是61.3kW · h/m^{2}和62.7kW · h/m^2，热不舒适度分别是19.9%和20.8%，有效自然采光照度均是48.1%，即参数3的寻优效率高于参数5。结果表明优化代数对优化结果的影响大于种群规模，建议种群规模是变量数目的5倍。

分析众参数的最低能耗解，参数3的能耗解最小（61.3kW · h/m^2），参数4的能耗解最大（66.2kW · h/m^2）。虽然算法参数有差异，但是能耗最优解的设计变量具有相似性，如照明功率密度均是9W/m^2，冬季采暖温度是18℃，窗户传热系数是1.1~1.2W/（m^2 · K），外墙传热系数是0.24~0.3W/（m^2 · K），窗户太阳得热系数是0.2~0.28。

分析众参数的PPD最低解，参数3的PPD最小（19.9%），参数1的PPD最大（21.5%）。各参数算法搜寻PPD最优解的设计变量同样具有相似性。照明功率密度均为11W/m^2，制冷和采暖温度设定分别是25℃和20℃，窗户太阳得热系数为0.2~0.41，窗户传热系数是1.1~1.2W/（m^2 · K），墙体传热系数是0.2~0.24W/（m^2 · K）。东向窗墙比是14%~24%，西向窗墙比是12%~34%，南向窗墙比是11%~86%，北向窗墙比是10%~62%，即PPD的最优解是东西向窗户面积较小，南北向窗户较大。

分析众参数的UDI最大解，参数3和参数5的UDI最大（48.1%），参数1的UDI最小（47.6%）。各参数算法搜寻UDI最优解的设计变量同样具有相似性，南北向适宜大面积开窗，南向窗墙比适宜范围是71%~88%，北向窗墙比是57%~81%。照明功率密度各有不同，没有明显的趋势。

参数3的寻优结果最佳，即能耗和PPD最低、UDI最高。其次是参数1和参数5，能耗最优解分别是61.3kW · h/m^{2}和62kW · h/m^2，PPD最优解分别是21.5%和20.8%，UDI最优解分别是47.6%和

48.1%。然后是参数2，能耗最优解是64.9kW · h/m^2，PPD最优解是20.2%，UDI最优解是47.8%。参数4的寻优效率最低，能耗最优解是66.2kW · h/m^2，PPD最优解是20.2%，UDI最优解是48%。因此，建议NSGA-Ⅱ算法的种群规模设置为变量数目的5倍，交叉率和突变概率采用默认设置，优化代数根据建筑规模和优化目标设置。

5.2 优化过程

优化过程有四种，分别是根据优化目标和对象的一步式优化或分步式优化，从优化解的聚类结果（簇）中选择最优方案或基于聚类再优化。对比分析四种优化过程的适用范围和优劣势。

5.2.1 一步式优化与分步式优化过程

优化过程中设计变量的筛选和组合对优化效果有重要影响。将所有设计变量一起优化，此过程是一步式优化。敏感度分析有助于识别影响设计目标的关键参量，因此建筑师也可以根据设计变量和优化目标关系执行分步式优化。分步式优化过程按照建筑师偏好、先被动后主动或先形态后界面等逻辑制定，首轮优化明确关键要素，然后将非关键要素设置为常量，对关键要素进行再优化。

对比一步式和分步式优化过程，以正方形办公建筑标准层为例。一步优化是一次考虑所有变量（10个）的优化过程，种群规模是50个，优化20代，设计评估数是1000次。先被动后主动的分步式优化是先对空间、形态及朝向等设计要素进行优化，后加入主动系统设计要素的整体优化。第一步优化变量是界面设计要素，共7个，种群规模是35个，优化20代，设计评估数是700。根据第一步优化结果将外墙和窗户传热系数分别设置为0.2W/（m^2 · K）和1.1W/（m^2 · K）。第二步优化在第一步优化变量的基础上，加入主动系统设计变量，即照明功率密度、制冷温度设定、采暖温度设定。第二步优化变量是界面关键要素和主动系统设计要素，共8个，种群规模是40个，优化20代，设计评估次数是800次（表5-5）。

分步优化设置　　　　表5-5

设计变量	单位	第一步优化	第二步优化
南向窗墙比	—	0.1~0.9	0.1~0.9
西向窗墙比	—	0.1~0.9	0.1~0.9
北向窗墙比	—	0.1~0.9	0.1~0.9
东向窗墙比	—	0.1~0.9	0.1~0.9
墙体传热系数	W/（m^2·K）	0.2~0.5	0.2（常量）
窗户太阳得热系数	—	0.2~0.5	0.2~0.5
窗户传热系数	W/（m^2·K）	1~3	1.1（常量）
照明功率密度	W/m^2	9（常量）	9~12
制冷温度设定	℃	20（常量）	18~20
采暖温度设定	℃	26（常量）	25~28

对比一步式和分步式优化结果，三个性能目标的极值解和综合性能最优解（假设能耗、光、热性能同等重要）如表5-6所示。一步式优化的能耗最优解是61.3kW·h/m^2，分步式优化的能耗最优解是63kW·h/m^2，即一步式优化的能耗最优解小于分步式。一步式优化的热环境不满意者百分数（PPD）最优解是19.9%，分步式优化的最优解是19.6%，即一步式优化的PPD最优解大于分步式。一步式和分步式优化的有效自然采光照度（UDI）最优解均是48.1%。一步式优化的综合性能最优解的能耗、PPD和UDI分别是74.4kW·h/m^2、29.6%、46%，分步式优化的综合性能最优解的能耗、PPD和UDI分别是81.9kW·h/m^2、25.5%、46.1%。一步式优化的最优解的能耗低于分步式，PPD高于分步式，UDI基本一致，即一步式优化解质量高于分步式。一步式优化适用于变量数目适中的优化，优势是计算时间较短。分步式适用于建筑规模较大、设计变量数目众多的情况。建筑师可以根据项目需求或设计意图，选择适宜的优化过程。

一步式和分步式优化的性能目标极值解和最优解　　表5-6

优化过程		优化目标	自变量										因变量		
			东向窗墙比（%）	西向窗墙比（%）	南向窗墙比（%）	北向窗墙比（%）	墙传热系数[W/（m^2·K）]	窗传热系数[W/（m^2·K）]	窗太阳得热系数	采暖温度（℃）	制冷温度（℃）	照明功率密度（W/m^2）	总能耗（kW·h/m^2）	热不舒适度(%)	有效天然采光照度（%）
一步式优化		EUI最小	49	73	82	11	0.24	1.1	0.2	18	28	9	**61.3**	40.3	43.1
		PPD最小	17	14	15	14	0.23	1.1	0.35	20	25	11	93.8	**19.9**	25
		UDI最大	23	72	71	57	0.3	2.7	0.41	18	28	11	98.2	28.9	**48.1**
		最优解	17	21	84	90	0.24	1.1	0.22	18	25	10	**74.4**	**29.6**	**46**
分步式优化	第一步优化	EUI最小	13	18	73	20	0.2	1.1	0.2	20	26	9	**80.1**	25.9	35.9
		PPD最小	12	17	13	20	0.2	1.1	0.45	20	26	9	83.1	**23.9**	27.2
		UDI最大	86	17	82	83	0.2	1.1	0.2	20	26	9	99.5	27.5	**48.1**
		最优解	13	18	77	35	0.2	1.1	0.45	20	26	9	**82.9**	**24.8**	**40.1**
	第二步优化	EUI最小	21	12	65	78	0.2	1.1	0.44	18	28	9	**63**	39	43
		PPD最小	24	12	14	18	0.2	1.1	0.46	20	25	12	98	**19.6**	27.1
		UDI最大	88	24	89	78	0.2	1.1	0.49	20	25	12	120.4	22.8	**48.1**
		最优解	21	21	83	79	0.2	1.1	0.45	19	25	10	**81.9**	**25.5**	**46.1**

5.2.2 基于聚类的优化过程

正方形办公建筑的Pareto优化结果表明，簇2的优化解能较好地平衡建筑能耗和光热性能，因此从簇2中选择最优方案或基于簇2的设计要素值域重构优化。簇2的解是20个，优化变量是10个，根据簇2的因变量设定值域（表5-7）。种群规模采用拉丁超立方抽样50个，优化10代，设计评估数是500。

基于聚类重构优化的设计变量参数设置　　表5-7

设计变量	单位	簇2
南向窗墙比	—	0.43~0.85
西向窗墙比	—	0.1~0.73
北向窗墙比	—	0.1~0.9
东向窗墙比	—	0.11~0.77
墙体传热系数	W/（m^2·K）	0.23~0.43
窗户太阳得热系数	—	0.2~0.35
窗户传热系数	W/（m^2·K）	1~1.7
照明功率密度	W/m^2	9.1~10.5
制冷温度设定	℃	25~26
采暖温度设定	℃	18~19

优化结果如表5-8所示。簇6的能耗最小解是71.7kW·h/m^2，热环境不满意者百分数（PPD）最小解是24.3%，有效自然采光照度（UDI）最大解是48%。基于簇2重构的优化结果：能耗最小解是71.4kW·h/m^2，PPD最小解是25.2%，UDI最大解是47.8%。对比簇2和基于簇2再优化的性能极值解，重构的优化缩小寻优范围，将能耗最优解降低了0.3kW·h/m^2。簇2的PPD最优解较小，且UDI最优解较大。假定能耗和光热性能同等重要，对比簇2和基于簇2再优化的综合性能最优解，簇2最优解的能耗和PPD较低，基于簇2再优化的综合性能最优解的UDI较大。综上所述，基于聚类的寻优效率优于基于聚类的再优化。

对比分步式和聚类优化的最优解。分步式的能耗最优解是

聚类优化的性能目标极值解和最优解

表5-8

优化过程	优化目标	自变量										因变量		
		东向窗墙比（%）	西向窗墙比（%）	南向窗墙比（%）	北向窗墙比（%）	墙传热系数 [W/（m^2·K）]	窗传热系数 [W/（m^2·K）]	窗太阳得热系数	采暖温度（℃）	制冷温度（℃）	照明功率密度（W/m^2）	总能耗（kW·h/m^2）	热不舒适度（%）	有效天然采光照度（%）
簇6	EUI最小	19	16	82	11	0.24	1.2	0.21	18	25	9	**71.7**	27.9	36.3
	PPD最小	19	11	80	12	0.25	1.2	0.3	19	25	9	75.9	**24.3**	34.5
	UDI最大	77	17	81	89	0.24	1.7	0.31	19	25	10	88.9	29.9	**48**
	最优解	47	10	82	58	0.23	1.2	0.3	18	25	9	**73.6**	**28.5**	**43.9**
基于簇6重构优化	EUI最小	16	24	67	73	0.25	1	0.22	18	25	9	**71.4**	30.2	44.4
	PPD最小	17	18	55	15	0.26	1	0.29	19	25	9	77.6	**25.2**	33.6
	UDI最大	67	29	82	89	0.35	1	0.34	18	25.9	10	79.9	31.3	**47.8**
	最优解	22	29	77	73	0.25	1	0.22	19	25	9	**75.5**	**28.6**	**45.9**

63kW · h/m^2，PPD最优解是19.6%，UDI最优解是48.1%。聚类优化（簇2）的能耗最优解是71.7kW · h/m^2，PPD最优解是24.3%，UDI最优解是48%。分步式的能耗和PPD最优解低于簇2、UDI的最优解相似，所以分步式的寻优效率高于聚类优化。综上所述，对比正方形办公建筑的四种寻优过程，一步式的寻优效率最佳，其次是分步式，然后是聚类优化，最后是基于聚类再优化。

5.3 分析优化结果

NSGA-Ⅱ算法适用于寒冷地区办公建筑多目标优化，最佳算法参数设置是参数3。本节首先对比全局优化解和帕累托最优解，然后对优化结果做聚类分析，总结最优解的分布特征，最后利用多标准决策对优化解排序。

5.3.1 优化结果

5.3.1.1 全局优化解

1. 全局优化解

历史记录图表示优化进程和趋势，X轴是优化设计的ID编号，Y轴是对应ID的性能目标值，点表示优化解，线段连接各解表示优化路径。图5-1是能耗的历史记录图，能耗最大值是142kW · h/m^2（相应的ID号是889），最小值是61kW · h/m^2（相应的ID号是912）。图5-2是有效自然采光照度（UDI）的历史记录图，显示UDI的最大值是48%（ID号是645），最小值是23%（ID号是920）。图5-3是热环境不满意者百分数（PPD）的历史记录图，显示PPD的最大值是48%（ID号是915），最小值是20%（ID号是854）。历史记录图表明随着设计评估次数的增加，优化解的均匀度、广度和多样性保持良好。

2. 全局优化解质量

优化解的质量评价基于两个方面：一是有较快的收敛，即保证非支配解靠近Pareto前沿；二是获得分布均匀且范围宽广的Pareto前沿，即保证非支配解的均匀性和多样性。散点图是优化解在直

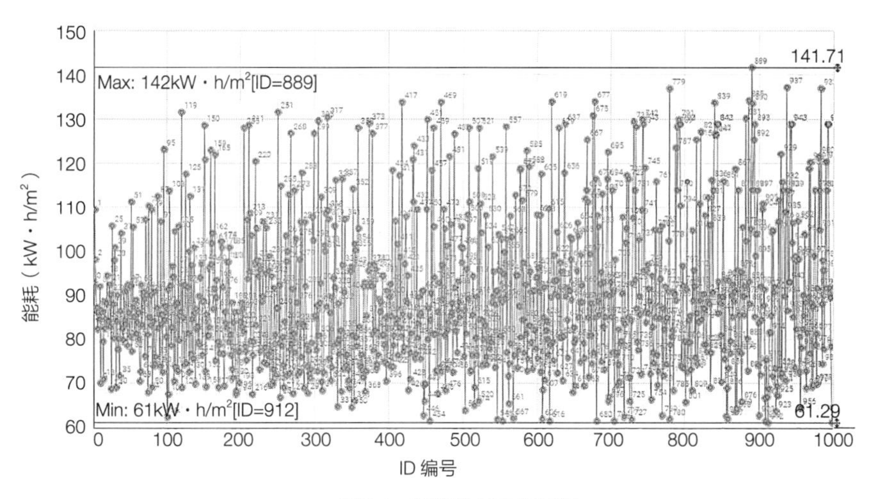

图5-1　能耗的历史记录图

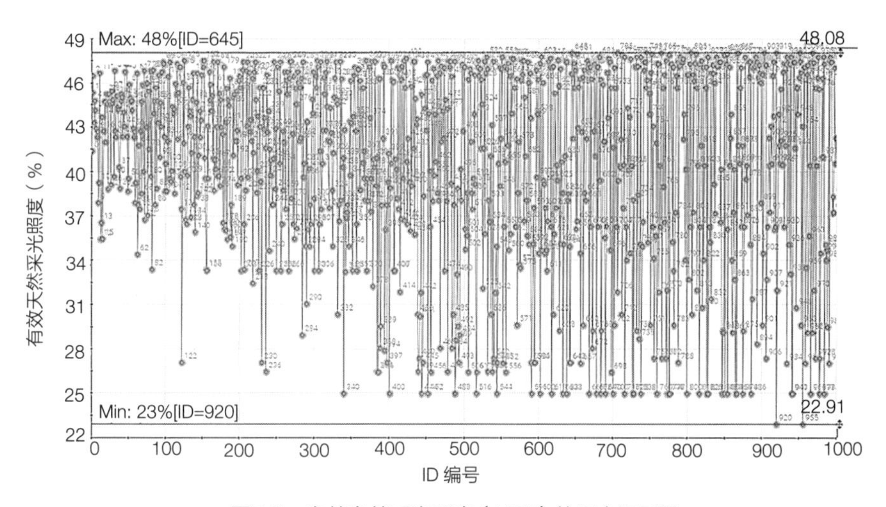

图5-2　有效自然采光照度（UDI）的历史记录图

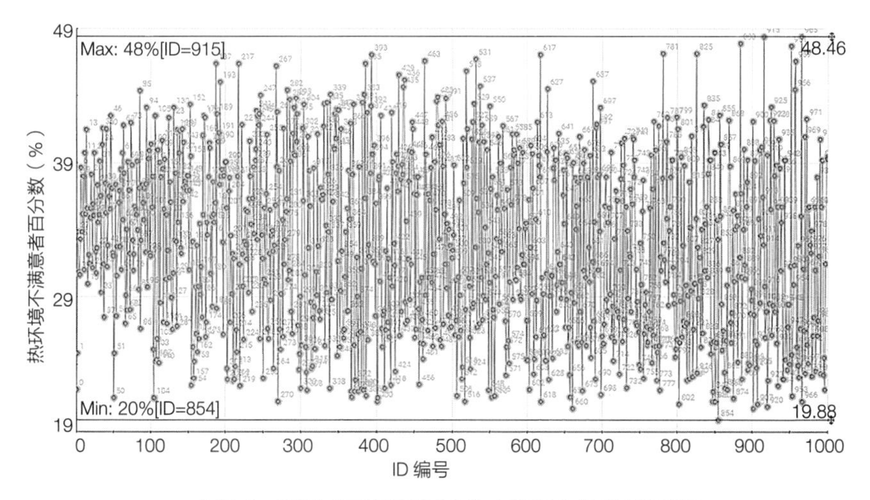

图5-3　热环境不满意者百分数（PPD）的历史记录图

角坐标系平面的分布，用于观察优化解的分布，从散点图中可以提取变量之间是否存在关联趋势，若存在，观察是线性还是曲线的。回归线表示X轴和Y轴变量之间的线性关系。回归线的方程式$y=a+bx$，其中b是直线的斜率，a是Y轴上直线的截距。回归线的斜率和截距用于估计变化的平均速度。斜率表示直线的陡峭程度，斜率越大表示变化速度越快。

图5-4是热环境不满意者百分数（PPD）和能耗全局优化解的二维散点图，外围红线是所有解的边界线，蓝线是回归线，绿线是置信区间（置信概率为95%）。全局优化解的能耗最小值是61kW · h/m^2，最大值是142kW · h/m^2；热环境不满意者百分数PPD的最小值是20%，最大值是48%；回归线的斜率是–0.1，截距是41.2。图5-5是全局优化解集的最后10个解，即ID编号是991~1000。最后10个

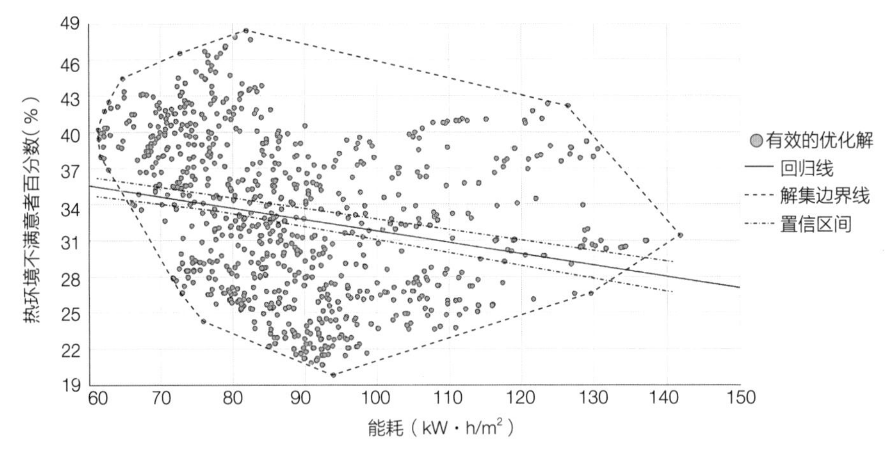

图5-4　热环境不满意百分数（PPD）和能耗全局优化解的二维散点图

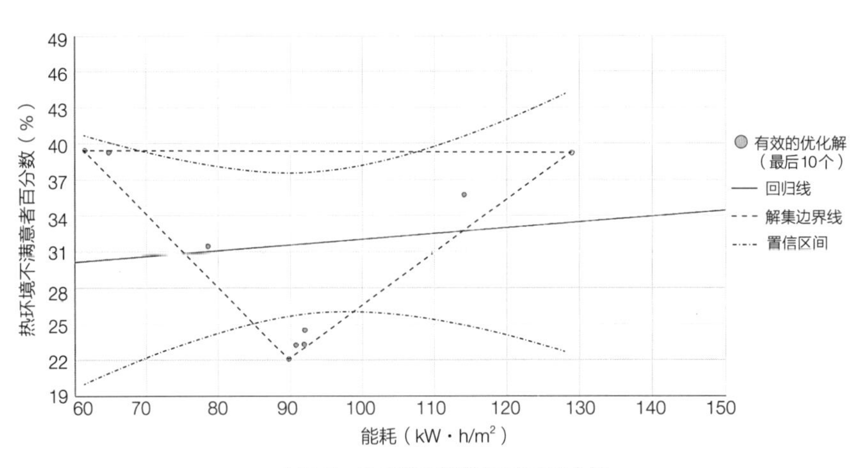

图5-5　全局优化解集的最后10个解

解的回归线的斜率是–0.05，截距是27.4。与全局优化解相比，最后10个解保留能耗和PPD的极值，表明优化解保持良好的分布性。

分析有效自然采光照度（UDI）和热环境不满意者百分数（PPD）优化解集（表5-9）。UDI最大值是49%，最小值是22%。PPD最大值是49%，最小值是19%。最后10个优化解的UDI和PPD的极值与全局优化解一致，表明优化解保持良好的收敛性。UDI和PPD全局优化解的回归线斜率是0.44，最后10个解的回归线斜率是0.84，表明NSGA-Ⅱ算法求得的优化解保持良好的分布性和多样性。有效自然采光照度（UDI）和能耗的全局优化解和最后10个优化解的结果也表明了优化解具有良好的收敛性、分布性和多样性，在此就不赘述。

全局优化解和最后10个优化解的散点图数据对比表　　表5-9

	*X*轴极值	*Y*轴极值	回归线斜率	截距
能耗- PPD（全局）	能耗最大：60kW·h/m^2 能耗最小：150 kW·h/m^2	PPD最大：49% PPD最小：19%	–0.1	41.2
能耗- PPD（最后10个解）	同上	同上	–0.05	27.4
能耗- UDI（全局）	能耗最大：54kW·h/m^2 能耗最小：152 kW·h/m^2	UDI最大：50% UDI最小：20%	0.14	27.7
能耗- UDI（最后10个解）	同上	同上	0.11	31.3
UDI-PPD（全局）	UDI最大：49% UDI最小：22%	PPD最大：49% PPD最小：19%	0.44	14.9
UDI-PPD（最后10个解）	同上	同上	0.84	–2.8

注：回归线斜率越大表示变化速度越快。

分布拟合用于观察优化结果中设计要素取值的分布情况。本书采用概率密度函数图和累积分布函数图表示设计要素分布情况。概率密度函数图（Probability Density Function，简称PDF）通过分割数据范围为等大小的类，统计落入每个类别的样本数目，以正态分布叠加在直方图上来呈现变量的分布情况。PDF图表明设计变量在给定范围内的分布情况，优化解的设计要素位于哪个值域范围内的频率最高，设计要素分布情况是对称的，还是倾斜的。图5-6是南向窗墙比的概率密度函数图，全局优化解中南向窗墙比是80%~90%时的频率最高，全局优化解的南向窗墙比平均值是57%。

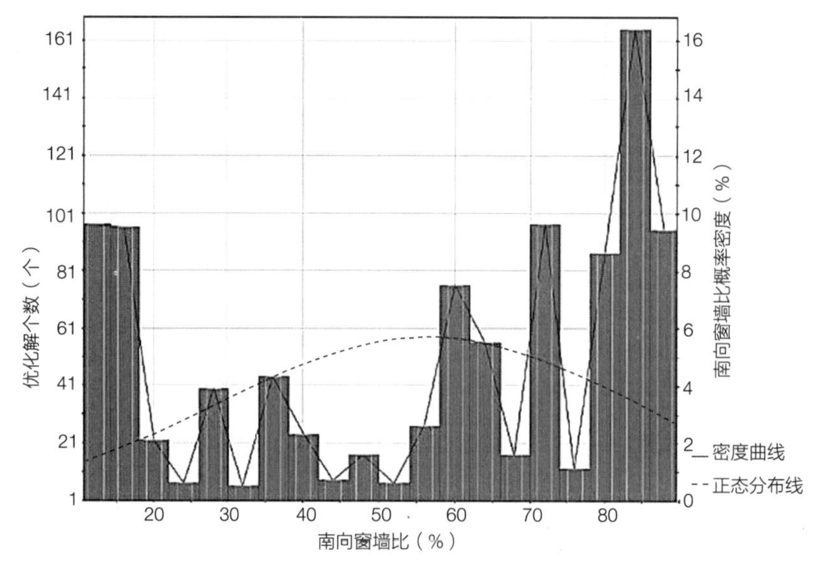

图5-6　全局优化解集的南向窗墙比的概率密度函数图

累积分布函数（Cumulative Distribution Function，简称CDF）用于表示设计要素的概率累积分布情况（图5-7）。窗墙比的第三四分位是82%。

用概率密度和累积分布函数分析优化结果，全局优化解是1000个，共分为20类。设计变量的最小值、最大值、均值和四分位数如表5-10所示。优化解集的窗户SHGC均值是0.33，外墙传热系数均值是0.35W/（$m^2 \cdot K$），窗户传热系数均值是1.9W/（$m^2 \cdot K$），制冷温度设定均值是26.3℃，采暖温度设定均值是19℃，照明功率密度均值是10W/m^2。优化解集的南向开窗面积最大，东向窗墙比均值是

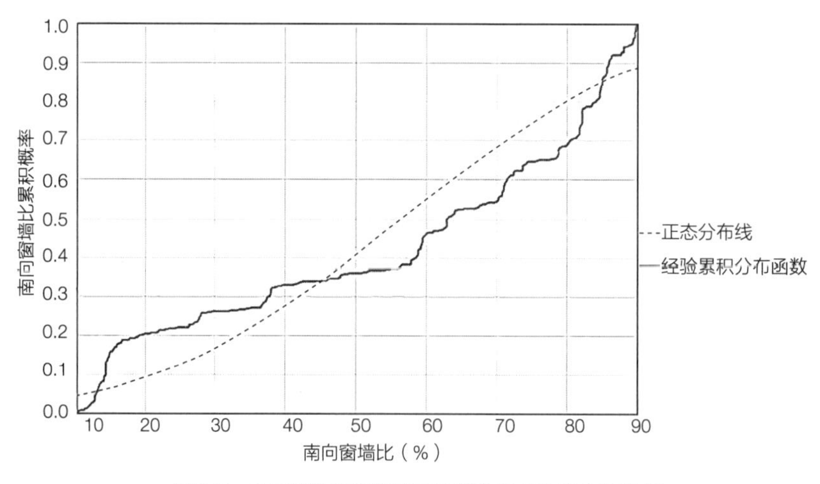

图5-7　全局优化解集的南向窗墙比的累积分布函数图

46%，西向窗墙比均值是44%，北向窗墙比均值是45%，南向窗墙比均值是56%。全局优化解的能耗最小值是61.3kW · h/m^2，能耗最大值是141.7kW · h/m^2，均值是89.6kW · h/m^2。热不舒适度最小值19.9%，最大值是48.5%，均值是32.8%。有效自然采光照度最小值22.9%，最大值是48.1%，均值是40.5%。

全局优化解的概率密度分析　　表5-10

	最小值	最大值	均值	第一四分位数	第三四分位数	四分位距
窗户SHGC	0.2	0.5	0.33	0.26	0.39	0.13
外墙传热系数[W/（m^2 · K）]	0.2	0.5	0.35	0.25	0.45	0.2
窗户传热系数[W/（m^2 · K）]	1	3	1.9	1.2	2.6	1.4
东向窗墙比（%）	11	90	46	19	71	52
西向窗墙比（%）	10	90	44	14	72	58
北向窗墙比（%）	10	90	45	14	80	66
南向窗墙比（%）	10	90	56	28	82	54
制冷温度设定（℃）	24	28	26.3	25.3	27.4	2.2
采暖温度设定（℃）	18	20	19	18.4	19.7	1.3
照明功率密度（W/m^2）	9	12	10	10	11.2	1.2
能耗（kW · h/m^2）	61.3	141.7	89.6	77.1	98	20.8
热不舒适度（%）	19.9	48.5	32.8	27.2	38.2	11
有效自然采光照度（%）	22.9	48.1	40.5	36.5	46.5	10

5.3.1.2　Pareto最优解

由于多目标之间存在矛盾和无法简单比较的现象，不一定有在所有目标上都是最优的解。因此，多目标优化的最优解通常是一系列无法简单相互比较的解，此种解称为非支配解或Pareto解[215]。帕累托前沿（Pareto Front）是Pareto解的集合。

1. Pareto最优解

正方形办公建筑的全局优化解是1000个，Pareto前沿由121个最优解构成。Pareto前沿缩小全局优化解的范围。Pareto前沿的能耗范围是61.3~115.9kW · h/m²，热环境不满意者百分数（PPD）范围是19.9%~44.5%，有效自然采光照度（UDI）的范围是22.9%~48.1%（图5-8~图5-10）。对比全局优化解和Pareto解的性能指标范围（表5-11），Pareto解保证能耗和PPD的最小值、UDI的最大值。

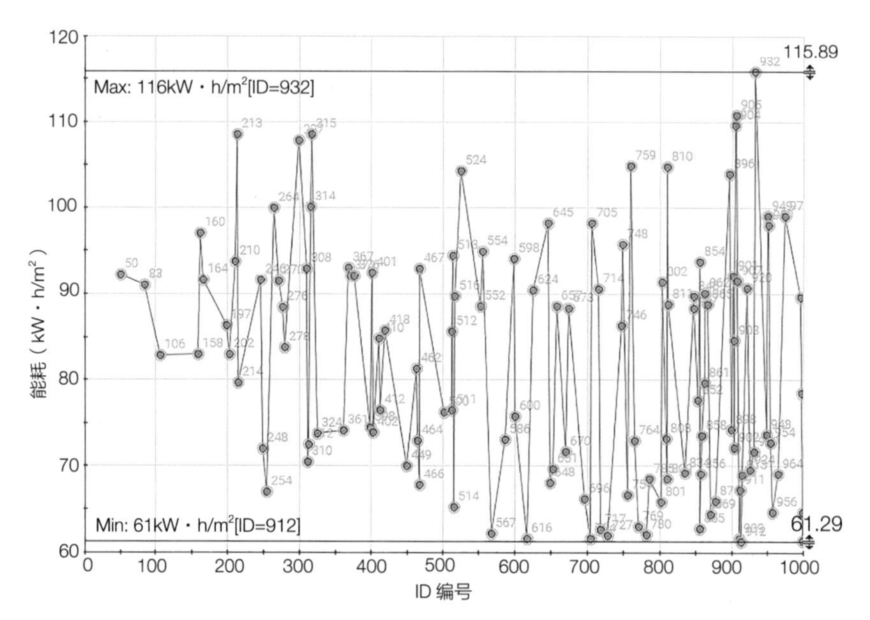

图5-8　Pareto最优解的能耗历史记录图

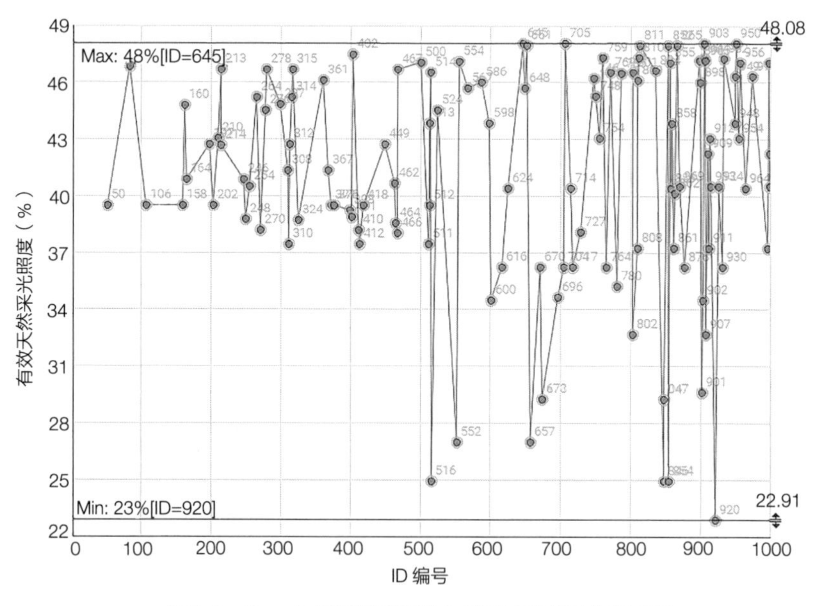

图5-9　Pareto最优解的有效自然采光照度历史记录图

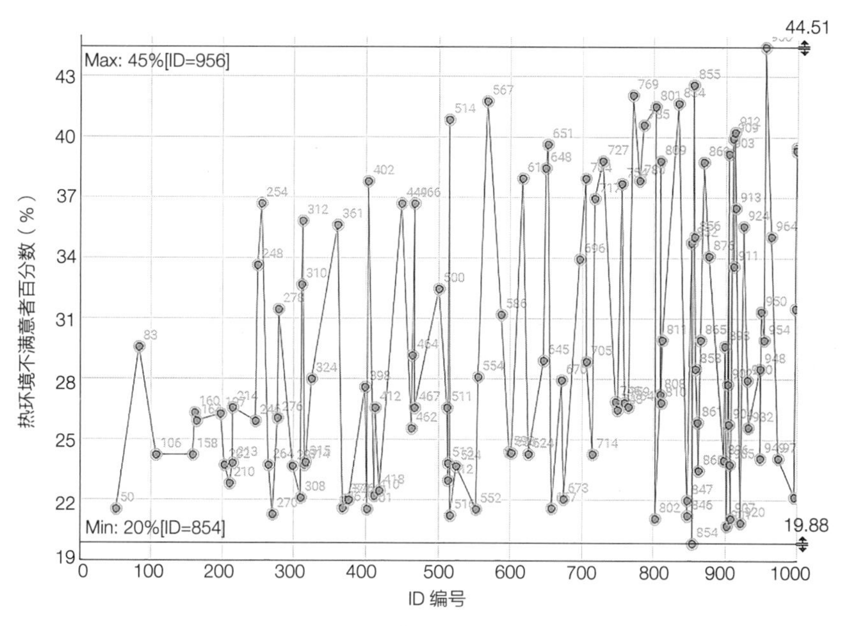

图5-10 Pareto最优解的热环境不满意者百分数历史记录图

对比全局优化解和Pareto解的性能指标范围 表5-11

	能耗（kW·h/m²）		热环境不满意者百分数（%）		有效天然采光照度（%）	
	最大	最小	最大	最小	最大	最小
全局优化解	141.7	61.3	48.5	19.9	48.1	22.9
Pareto解	115.9	同上	44.5	同上	同上	同上

2. Pareto最优解质量

图5-11是热环境不满意者百分数（PPD）和能耗的Pareto最优解二维散点图。Pareto最优解的能耗最小值是61kW·h/m^2，最大值是116kW·h/m^2；PPD的最小值是19.9%，最大值是44.5%；回归线的斜率是–0.38，截距是60.15。图5-12是Pareto优化解的最后10个设计解，能耗和PPD限值与Pareto优化解一致。最后10个设计解的回归线斜率是–0.41、截距是64.7，均大于Pareto优化解的斜率和截距，表明最后10个解的变化速度增大。优化结果表明，算法优化执行精英策略，搜寻靠近Pareto前沿的最优解，同时保持良好的多样性。

同理分析Pareto优化解的有效自然采光照度（UDI），其最大值是49%，最小值是22%。Pareto优化解的UDI和能耗的回归线斜率是

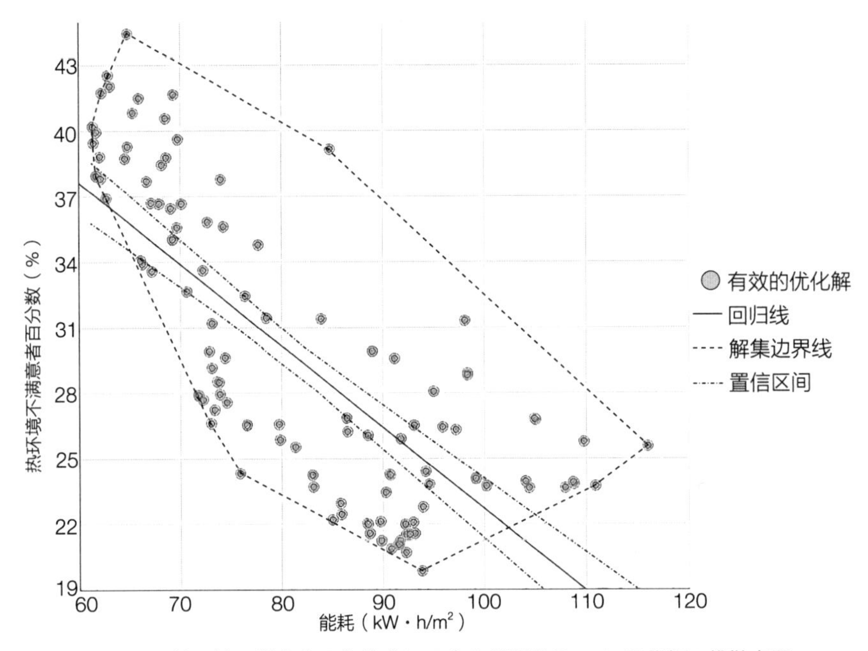

图5-11　热环境不满意者百分数（PPD）和能耗的Pareto最优解二维散点图

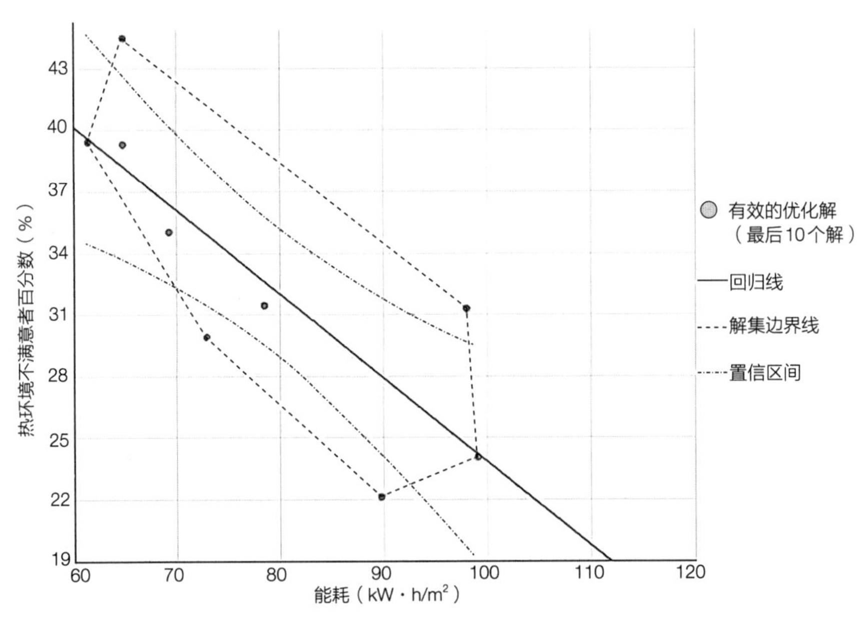

图5 12　Parcto优化解最后10个解的PPD和能耗二维散点图

0.05，截距是37.1，Pareto最后10个优化解的UDI和能耗的回归线斜率是0.09，截距是37.1。Pareto优化解的UDI和热不舒适度（PPD）的回归线斜率是0.43，截距是11.8，Pareto最后10个优化解的UDI和PPD的回归线斜率是0.13，截距是26.3。结果表明，NSGA-Ⅱ算法搜寻优化解的过程保持良好的收敛性、多样性和分布性。

Pareto最优解的南向窗墙比概率密度函数图如图5-14所示，得出Pareto最优解的南向窗墙比主要位于80%~90%，其次是位于60%~70%。Pareto最优解的南向窗墙比累积分布函数图见图5-16，得出窗墙比大于60%的累积概率呈显著增长，即Pareto最优解的南向窗适宜开大窗。

与全局优化解比较，Pareto最优解缩小寻优范围，最优解的设计要素特征更显著。以南向窗墙比的全局优化解和Pareto最优解为例，如图5-13~图5-16所示。全局优化解的南向窗墙比概率密度分布更均匀，而Pareto最优解的南向窗墙比以大面积开窗为主。全局优化解的南向窗墙比累积概率呈平缓增长，而Pareto最优解的南向窗墙比累积概率以大于60%为主。

对比Pareto最优解和全局优化解（表5-12），Pareto最优解共121个，全局优化解是1000个。Pareto优化解的设计要素均值小于全局优化解的，如窗户太阳得热系数均值是0.3（全局优化解的均值是0.33），外墙传热系数均值是0.29W/（$m^2 \cdot K$）[全局优化解的均

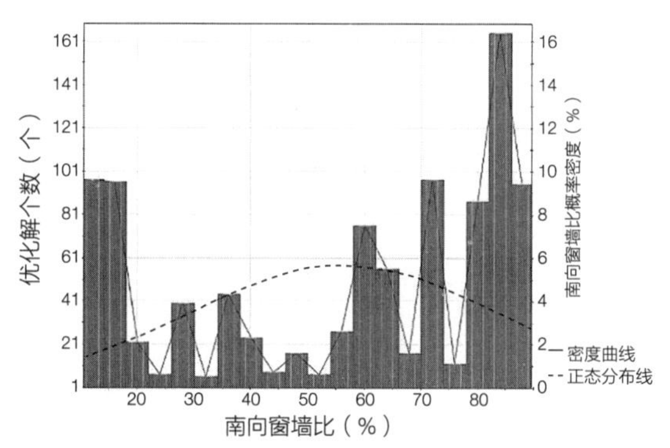

图5-13 全局优化解的南向窗墙比概率密度函数图

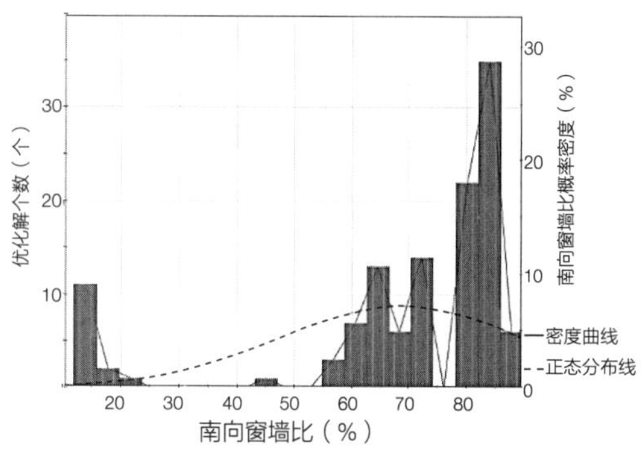

图5-14 Pareto最优解的南向窗墙比概率密度函数图

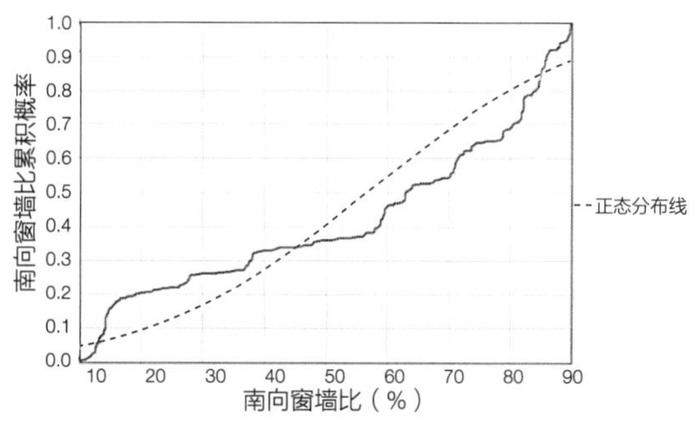

图5-15 全局优化解的南向窗墙比累积分布函数图

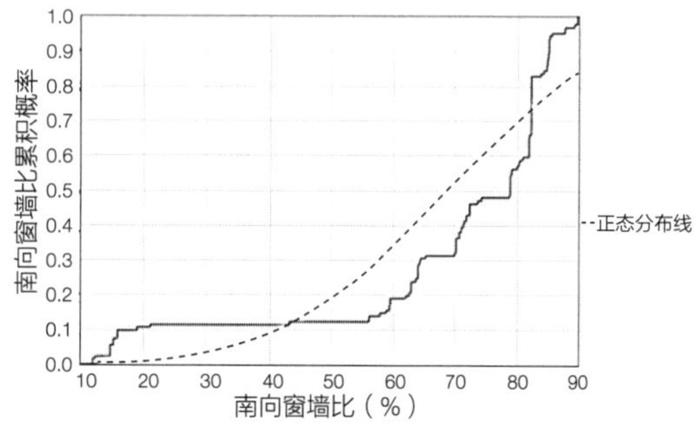

图5-16 Pareto最优解的南向窗墙比累积分布函数图

Pareto最优解和全局优化解的设计要素概率分析　　表5-12

	最小值	最大值	均值	第一四分位数	第三四分位数	四分位距
Pareto-窗户SHGC	0.2	0.44	0.3	0.21	0.35	0.14
全局-窗户SHGC	0.2	0.5	0.33	0.26	0.39	0.13
Pareto-外墙传热系数[W/（m^2·K）]	0.22	0.45	0.29	0.24	0.32	0.08
全局-外墙传热系数[W/（m^2·K）]	0.2	0.5	0.35	0.25	0.45	0.2
Pareto-窗户传热系数[W/（m^2·K）]	1	2.3	1.3	1.1	1.2	0.1
全局-窗户传热系数[W/（m^2·K）]	1	3	1.9	1.2	2.6	1.4
Pareto-东向窗墙比	11	89	39	19	49	30
全局-东向窗墙比	11	90	46	19	71	52
Pareto-西向窗墙比	10	90	36	13	69	56
全局-西向窗墙比	10	90	44	14	72	58
Pareto-北向窗墙比	10	90	46	13	69	55
全局-北向窗墙比	10	90	45	14	80	66
Pareto-南向窗墙比	12	90	69	64	82	18
全局-南向窗墙比	10	90	56	28	82	54
Pareto-制冷温度设定（℃）	24	28	26	25.1	27.1	2
全局-制冷温度设定（℃）	24	28	26.3	25.3	27.4	2.2
Pareto-采暖温度设定（℃）	18	20	19	18.5	19.7	1.3
全局-采暖温度设定（℃）	18	20	19	18.4	19.7	1.3
Pareto-照明功率密度（W/m^2）	9	12	10	9.2	10.5	1.3
全局-照明功率密度（W/m^2）	9	12	10	10	11.2	1.2

注：Pareto表示Pareto最优解，全局表示全局优化解。

值是0.35W/（m^2·K）]，窗户传热系数均值是1.3W/（m^2·K）[全局优化解的均值是1.9W/（m^2·K）]，制冷温度设定均值是26℃（全局优化解的均值是26.3℃）。

从Pareto最优解提取的设计要素特征更显著。全局优化解的各朝向窗墙比均值是44%~56%。Pareto最优解的东向窗墙比均值是39%，西向窗墙比均值是36%，北向窗墙比均值是46%，南向窗墙比均值是69%，即Pareto最优解的窗墙比特征是南向开窗面积最大，其次是北向，然后是东向，最后是西向。

Pareto最优解的设计要素均值：窗户SHGC是0.3，外墙传热系数是0.3W/（$m^2 \cdot K$），外窗传热系数是1.3W/（$m^2 \cdot K$），东向窗墙比均值是39%，西向窗墙比均值是36%，北向窗墙比均值是46%，南向窗墙比均值是69%，制冷温度是26℃，采暖温度是19℃，照明功率密度是10W/m^2。

5.3.2　帕累托最优解的聚类分析

5.3.2.1　划分聚类和层次聚类

优化结果表明，与全局优化解相比，Pareto最优解有效平衡各项性能目标，且设计要素特征更显著。因此，本节对Pareto最优解做聚类分析。聚类分析是根据性能目标的相似性和差异性进行分类，以形成多个不相交或重叠的类别，达到聚类内自变量同质、聚类间因变量异质[216][217]。每个类别成为一个簇（Cluster）。聚类方法主要包括层次聚类和划分聚类两种。层次聚类（Hierarchical Clustering）是基于欧几里得距离对优化解进行分组，通过计算不同簇间的相似度创建一棵分层的嵌套聚类树（图5-17）。聚类树中原始数据点是树的最底层，树的顶层是一个聚类的根节点，集群以颜色区分，聚类越多，欧几里得距离越小。聚类分析图表示各聚类的特征平均值，表明变量以何种倾向发生变化，并能确认同一聚类中变量之间的相关程度。层次聚类的优势是不需要指定聚类的数量，劣势是集群层次结构取决于之前所有迭代的总和，对数据集无法撤销或选择。

划分聚类（Partitive Clustering）是将优化结果分解为多组不相交的簇。划分聚类是给定N个数据集，划分算法建立K个簇（N≥K）。优化解集分簇原则是每个簇必须包含至少一个解，每个解只属于一个簇。划分聚类使用K-means算法，将数据分组到预定义数量的聚类中（假定聚类数目为10）。Davies-Bouldin指数图是聚类优劣的评价指标，DB值越低，聚类质量越高。通过Davies-Bouldin指数

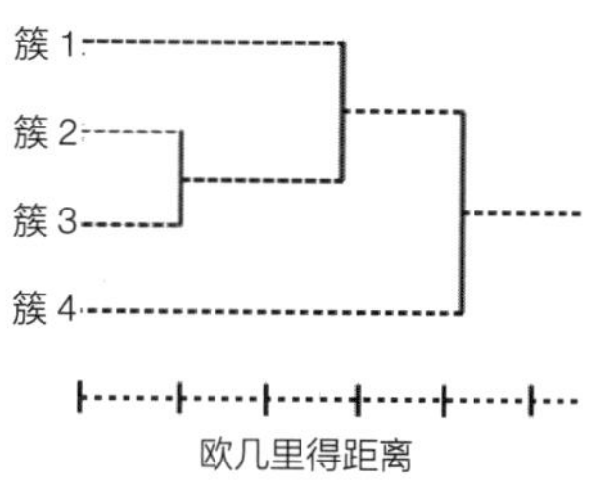

图5-17　层次聚类示意图[187]

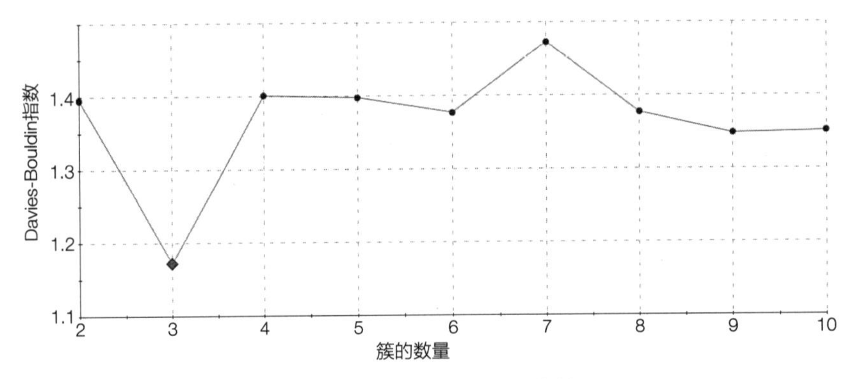

图5-18 Davies-Bouldin指数图

图可得最佳聚类数为3（图5-18）。评价层次聚类质量的指标是内部相似值（IS）和外部相似值（ES）。良好聚类的IS值应较高，ES值应较低。对比Pareto优化解1~11个簇的聚类，得出最佳聚类数量也是3。Pareto优化解集的划分聚类和层次聚类最佳簇数目一致，且簇类型相似。由于划分聚类利用Davies-Bouldin指数图自动筛选最优聚类数目，层次聚类需要人为对比聚类的IS值和ES值，所以无特殊要求时建议采用划分聚类。

5.3.2.2 Pareto最优解的划分聚类分析

对Pareto最优解（共121个解）做划分聚类分析，得出最适宜的簇群数目为3。簇0、簇1、簇2的方案解数目分别是50、11、60个。能耗、热环境不满意者百分数（PPD）和有效自然采光照度（UDI）的聚类图如图5-19~图5-21所示。

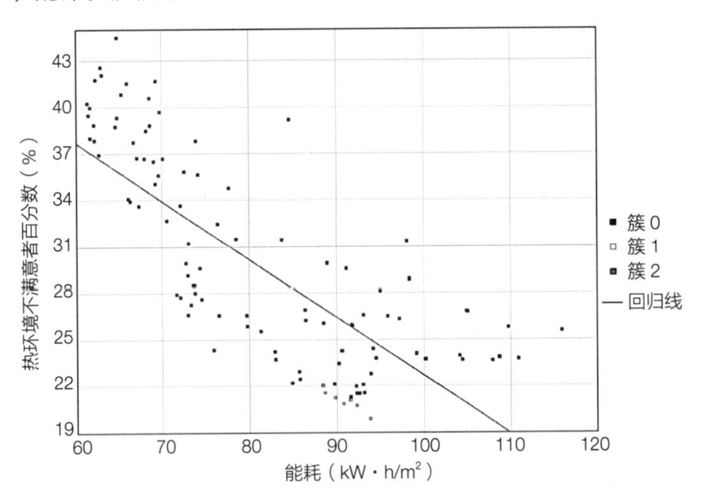

图5-19 Pareto最优解能耗和PPD的聚类散点图

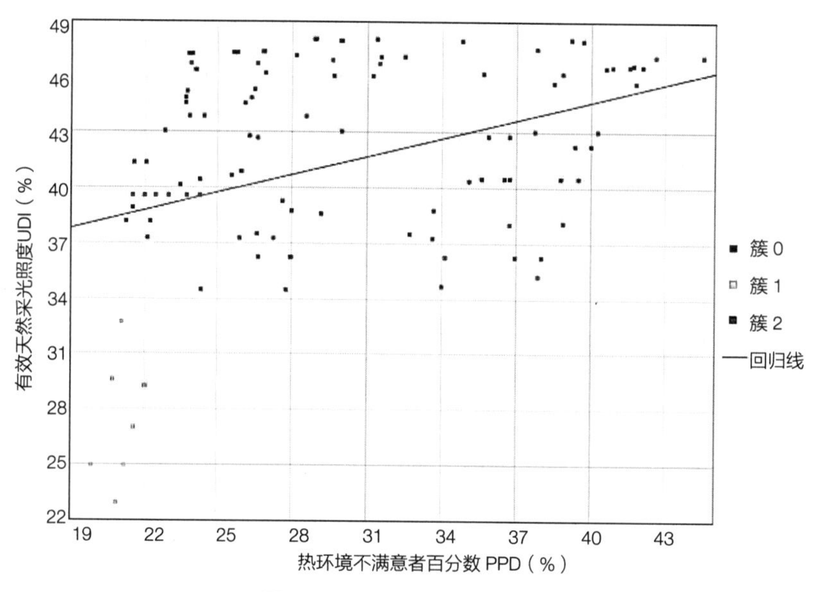

图5-20 UDI和PPD聚类散点图

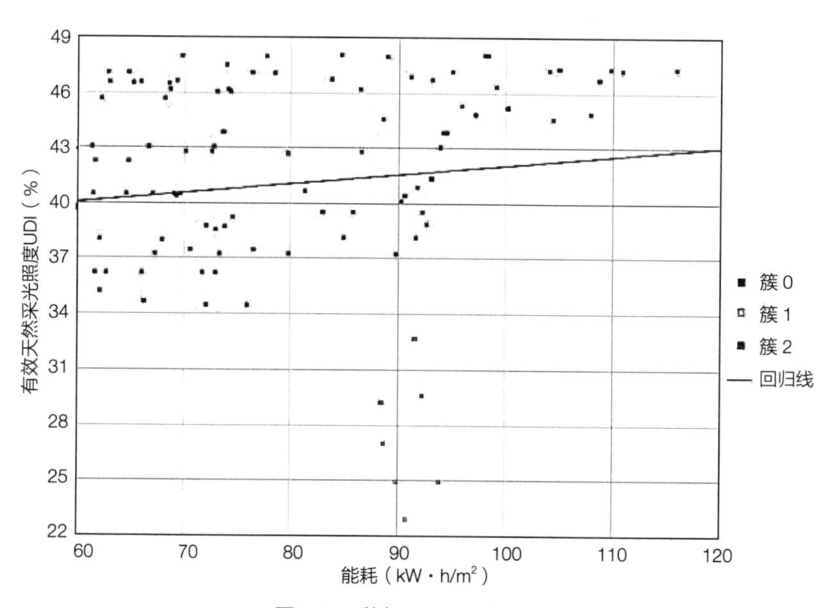

图5-21 能耗和UDI聚类散点图

根据能耗从低至高对簇排序，依次是簇2、簇1、簇0。簇2的能耗范围是68.8~71kW·h/m^2（图5-22），对应的形态要素值域：南向窗墙比是74%~80%，西向、北向和东向的窗墙比是29%~53%。界面热工性能参量值域：窗户传热系数是1.1~1.2W/（m^2·K），外墙传热系数是0.26~0.3W/（m^2·K），窗户SHGC是0.24~0.27。主动系统设置参数值域：制冷温度是26.4~27℃，采暖温度是18℃，

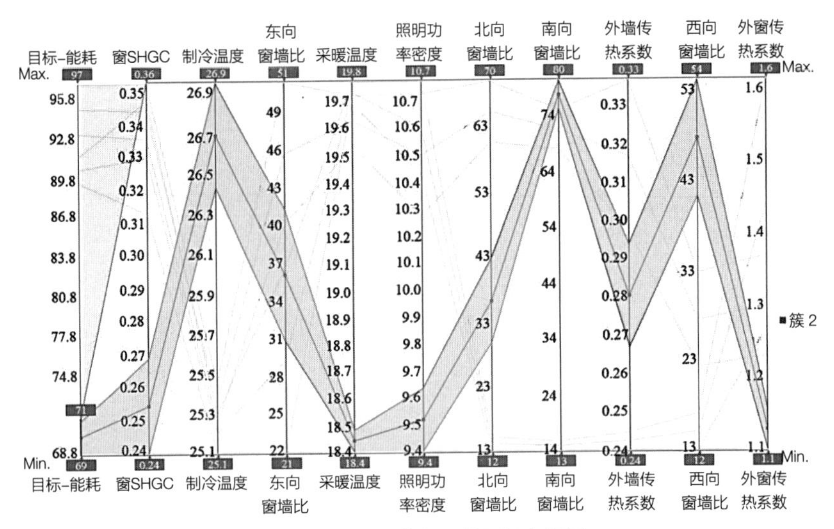

图5-22　簇2的能耗聚类平行坐标图

照明功率密度是9.4~9.6W/m^2。聚类分析结果表明，Pareto最优解的节能设计特征是南向开大窗、界面的传热系数较低、制冷温度较高、采暖温度和照明功率密度较低。

根据热环境不满意者百分数从低至高对簇排序，依次是簇1、簇0、簇2。簇1的PPD范围是20.8%~21.8%（图5-23），对应的形态要素值域：东向窗墙比为21%~36%，西向、北向和南向的窗面积较小。界面热工性能参量值域：窗传热系数是1.3~1.5W/（m^2 · K），外墙传热系数是0.23~0.24W/（m^2 · K），窗SHGC是0.32~0.35。主

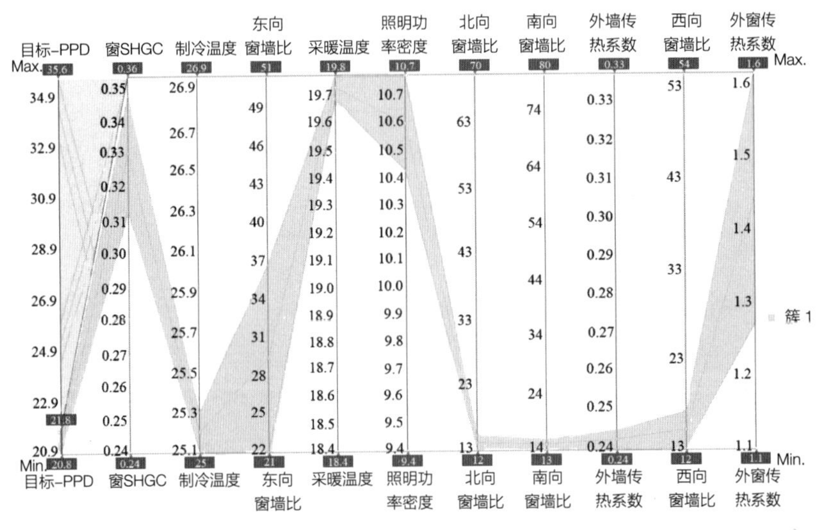

图5-23　热环境不满意者百分数（PPD）的聚类平行坐标图

动系统设置参数值域：制冷温度是25℃，采暖温度是20℃，照明功率密度是10.4~10.7W/m²。聚类分析结果表明Pareto最优解的PPD优化设计特征：小面积开窗、外墙传热系数较低、采暖温度较高、制冷温度较低。

根据有效天然采光照度从高至低对簇排序，依次是簇0、簇2、簇1。簇0的UDI范围是43%~44.7%（图5-24），对应的形态要素值域：南向和北向窗墙比是60%~74%，东向窗墙比是39%~51%，西向窗墙比是22%~32%。照明功率密度是10.2~10.7W/m²。聚类分析结果表明Pareto最优解的UDI优化设计特征：南向和北向的光环境最佳，所以南向和北向窗面积最大，其次是东向，最后是西向。

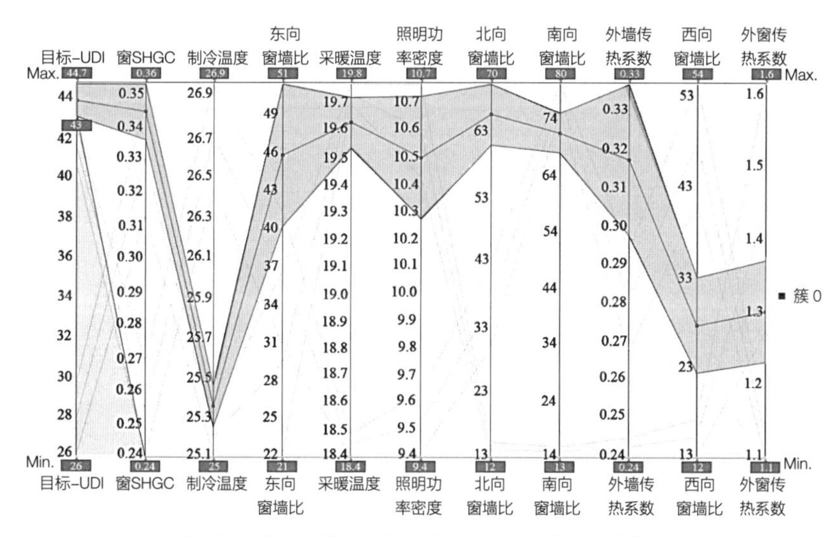

图5-24　有效天然采光照度（UDI）的聚类平行坐标图

5.3.3　多标准决策

多标准决策（Multi-Criteria Decision Making，简称MCDM）是对多个相互矛盾且相互影响的目标进行优选，然后根据相关标准或目标做出最优方案决策[218]。多标准决策是执行结构化分析，对可用备选方案进行排序，方便建筑师从一组可用的解决方案中做合理选择。排名值（Ranking Value）是多标准决策的评价指标，值域是0~1，值越大表明解的质量越高。

多目标优化问题的解不是唯一的，而是一组均衡解，即Pareto最优解。这些解之间没有绝对优劣之分，因此从Pareto优化解集

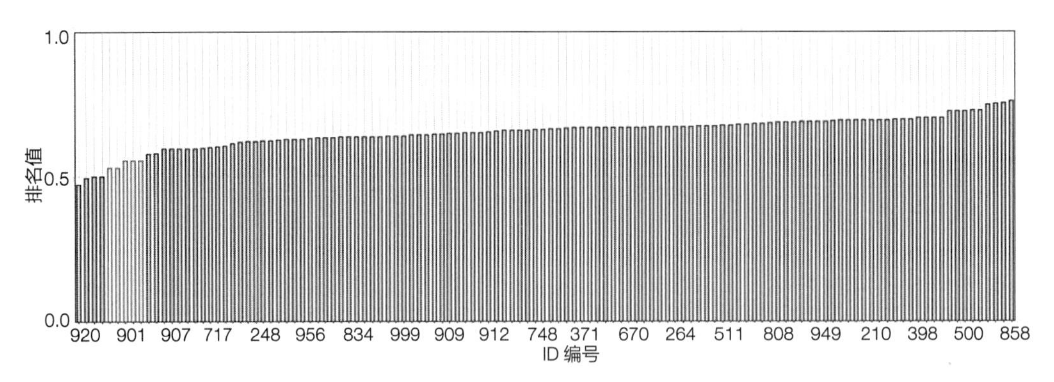

图5-25 Pareto最优解的排名图

中挑选一个最优解，需要参照相关评价标准或根据建筑师的个人偏好[187]。假定三个性能目标同等重要，即有效自然采光照度、能耗和热环境不满意者百分数的权重相当，对Pareto优化解进行排序（图5-25）。最优解的ID编号是898，能耗是74.4kW · h/m^2，PPD是29.6%，UDI是46%。对比全局优化解和帕累托最优解的最优解和最差解（表5-13），它们的最优解是一致的。

优化解的多标准决策排名 表5-13

	ID编号	类型（排名值）	能耗（kW · h/m^2）	热不舒适度（%）	有效自然采光照度（%）
全局优化解	394	最差解（0.446）	74.9	39.7	27.9
	898	最优解（0.805）	74.4	29.6	46
Pareto最优解	920	最差解（0.473）	90.8	20.9	22.9
	898	最优解（0.761）	74.4	29.6	46

5.4 本章小结

本章研究了优化算法的选择、算法参数设置、优化过程和优化结果质量，总结了适合寒冷地区办公建筑性能优化的多目标优化方法。首先，在设计评估次数一致的条件下，对比NSGA-Ⅱ算法和pilOPT算法的优化解质量和时间成本。时间成本较低的是NSGA-Ⅱ算法，pilOPT算法的优化解质量更佳。由于pilOPT是modeFRONTIER独有的算法，而NSGA-Ⅱ算法应用范围更广泛，且时间成本低，因此选用NSGA-Ⅱ算法。算法参数的设置影响寻优效率，对比五种算法参数求得的最优解，参数3的寻优效率最佳。建议NSGA-Ⅱ算法的种群规模设置为变量数目的5倍，交叉率和突变概率采用默认设置，优化代数根据建筑规模和优化目标设置。

其次，对比四种优化过程。一步式优化适用于变量数目适中，优化耗时较短且寻优结果较好。分步式优化适用于建筑规模较大，设计变量数目众多。基于聚类的寻优适用于建筑师有明确的设计偏好或性能目标。基于聚类的再优化是缩小设计变量范围继续寻优。以正方形办公建筑性能优化为例，一步式的寻优效率最佳，其次是分步式，然后是聚类优化，最后是基于聚类再优化。

最后，对Pareto最优解做聚类分析，并利用多标准决策对优化解排序。从收敛性、分布性和多样性等方面评价优化结果质量。历史记录图和散点图表示NSGA-Ⅱ算法搜寻优化解过程，直接观察优化算法的精英保留策略、均匀分布性和多样性的搜索特征。采用概率密度函数图和累积分布函数图总结自变量和因变量的分布情况。相较于全局优化解，Pareto优化解缩小寻优范围，具有良好的代表性和多样性。对Pareto最优解做划分聚类分析，解释Pareto最优解的设计特征，节能优化设计特征是南向开大窗、界面的传热系数较低、制冷温度较高、采暖温度和照明功率密度较低。PPD优化设计特征是小面积开窗、外墙传热系数较低、采暖温度较高、制冷温度较低。UDI优化设计特征是：南向和北向窗面积最大，其次是东向，最后是西向。利用多标准决策对优化解集排序，辅助设计师制定设计决策。

第6章

搭建基于modeFRONTIER的性能优化设计平台

本章搭建基于modeFRONTIER的办公建筑性能优化设计平台，实现办公建筑参数化设计、性能模拟、多目标优化、分析优化结果的一体化设计。首先，提出基于modeFRONTIER的性能优化设计平台框架。其次，搭建基于Grasshopper/L+H的性能模拟及评价模块；然后，建立基于modeFRONTIER的试验设计、多目标优化和后处理模块；最后，结合案例验证性能优化设计平台的应用效果。

6.1 办公建筑性能优化设计平台框架

基于modeFRONTIER的性能优化设计平台，包括四个功能模块：办公建筑性能模拟及评价模块、试验设计模块、多目标优化模块、后处理模块（图6-1）。

1. 办公建筑性能模拟及评价模块

首先，根据设计任务和项目条件设定性能目标，并建立办公建筑几何模型。然后，基于几何模型建立办公建筑能耗和光热性能模型，利用光性能模拟引擎Radiance和能耗模拟引擎OpenStudio做性能模拟。具体办公建筑性能模拟是依据第3章提出的方法，利用

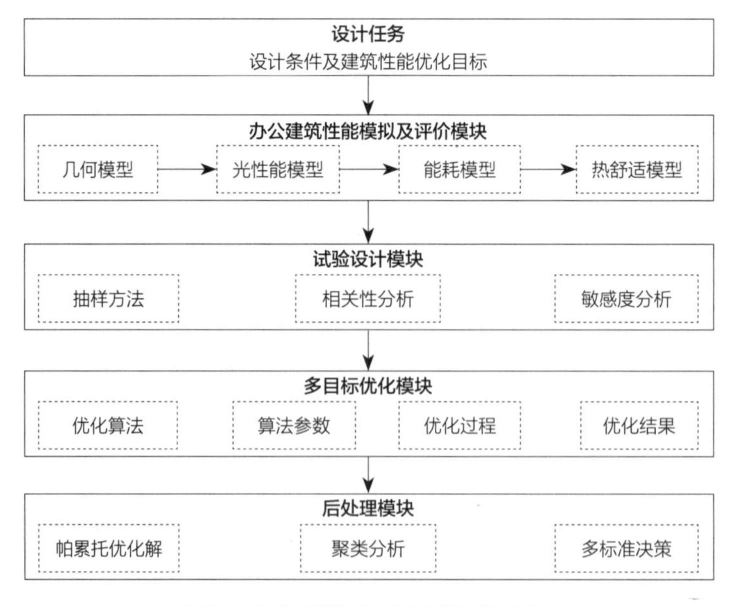

图6-1 办公建筑性能优化设计平台框架

Rhino/Grasshopper/L+H的可视化编程技术实现。

2. 试验设计模块

针对多变量多目标优化问题，采用析因试验方法。选择适宜的抽样方法，并生成初始样本。采用相关性和敏感度分析量化设计要素和性能目标的映射关系。试验设计方法依据第4章提出的方法，采用modeFRONTIER的模块化编程技术实现。

3. 多目标优化模块

多目标优化方法扩展方案搜索范围，综合权衡多项性能，计算优化结果。多目标优化算法是对众多方案的性能结果进行权衡评价和排序，采用保留多样性、精英筛选等策略，自动搜索最优方案解。影响多目标优化效率的因素包括算法类型、算法参数设置、优化过程等。多目标优化方法依据第5章提出的方法，采用modeFRONTIER的模块化编程技术实现。

4. 后处理模块

后处理模块的主要功能是分析优化结果。对优化结果做聚类分析，总结最优解的设计要素分布特征。采用多标准决策对优化解排序，辅助建筑师做设计决策。数据后处理依据第5章提出的方法，采用modeFRONTIER的模块化编程技术实现。

基于modeFRONTIER整合Grasshopper/L+H的性能优化设计平台，采用模块化编程技术具有较强的灵活性和扩展性。办公建筑几何模型是基于参数化设计平台Grasshopper，记录设计规则并组织逻辑关系，具备满足不同方案建模需求的普适性。方案性能模拟及评价模块由若干子模块构成，可以结合具体设计目标进行定制和扩展，如增加风环境模拟。试验设计方法是根据设计变量和性能目标制定的，抽样方法有随机抽样、拉丁超立方抽样、Sobol抽样等。设计要素和性能的关系提取方法包括相关性分析、敏感度分析、因子分析法等。多目标优化算法类型包括遗传算法、多策略算法、基于梯度优化等。数据后处理方式包括聚类分析、自组织映射、主成分分析等。

图6-2是办公建筑性能优化设计平台的数据传输过程分析图。第一，在参数化平台Grasshopper建立办公建筑几何模型；第二，基于L+H建立能耗和光热性能模型，并计算建筑能耗密度、热环境不满意者百分数、有效天然采光照度等评价指标；第三，基于

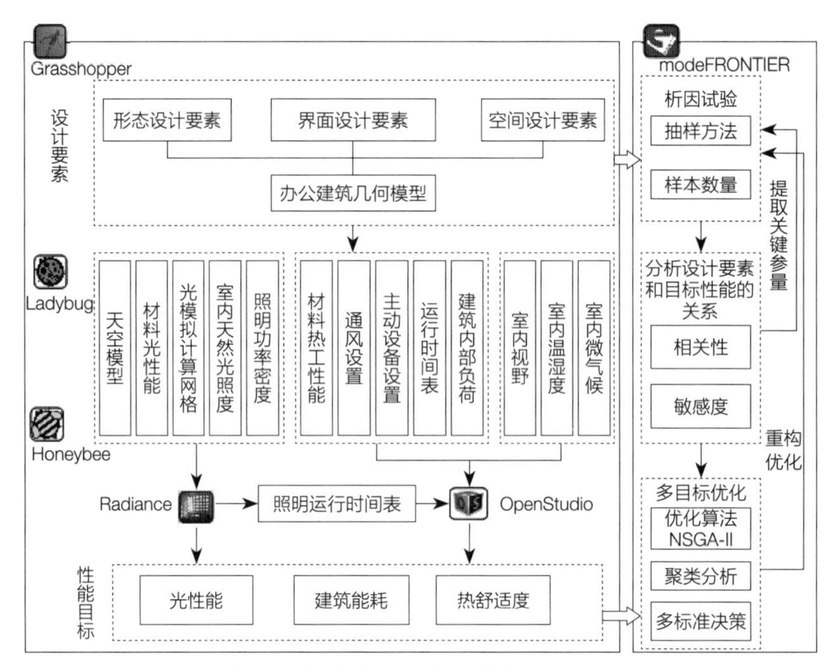

图6-2　办公建筑性能优化设计平台的数据传输过程分析图

modeFRONTIER建立办公建筑多变量、多目标的试验设计模块，设定抽样方法和样本数量，采用相关性和敏感度分析量化设计变量和性能目标的映射关系，进而提取影响建筑性能的关键变量；第四，选取适宜办公建筑性能优化的多目标优化算法和算法设置，并对优化结果做聚类分析，根据多标准决策对优化解排序。

6.2　办公建筑性能模拟及评价模块

性能模拟评价模块是在Rhino/Grasshopper可视化编程环境下，在L+H插件编写性能模型，调用Radiance、OpenStudio引擎做光热性能模拟和能耗模拟。Grasshopper的参数化几何模型是通过调整设计参数改变建筑形态，其优势是一个参数化模型对应一系列方案，提高建筑师建模、修改模型、性能计算的效率。基于L+H建立的性能模型能建立设计要素和建筑性能的映射关系。

6.2.1 模块构成

办公建筑性能模拟及评价模块由几何建模子模块、光环境模拟及评价子模块、能耗模拟及评价子模块三部分构成。办公建筑性能模拟子模块是基于几何模型，由设计要素（自变量）、性能设置、性能模拟、评价指标（因变量）组成（图6-3）。

1. 建筑设计变量

办公建筑设计变量包括四种，分别是形态、界面、空间和主动系统设计要素，它们共同影响建筑能耗和光热性能。办公建筑形态设计要素包括朝向、长宽比、标准层面积、层高、层数等。界面设计要素包括窗墙比、屋面传热系数、外墙传热系数、窗户传热系数、窗户太阳得热系数等。空间设计要素包括面宽、进深、层高等。主动系统设计要素包括照明功率密度、采暖和制冷温度。

图6-3 性能模拟及评价模块

2. 性能设置

影响办公建筑光热性能的设置包括周边环境、建筑几何形态、材料光热性能属性、采暖制冷设备。周边建筑影响室内物理环境和能耗。利用Honeybee的透明/不透明材料处理器、遮阳构件生成器、天空模型生成器、照明网格生成器等，设置窗户透光率、窗户可见光透射比、不透明表面反射率、天空模型、照明计算区域网格、工作面高度等，将建筑几何模型转换为光性能模型。利用Honeybee的热工分区处理器、构造处理器、遮阳构件生成器、运行方式生成器、主动设备负荷阈值处理器、自然通风处理器等，设置热工分区、人员在室率、人均建筑面积、围护结构构造和材料热工属性、主动设备运行参数，以及由光性能模型获取的人工照明时间运行表，将建筑几何模型转换为耦合自然采光和自然通风的能耗模型。

3. 性能模拟

性能模拟主要包括光环境模拟、能耗模拟、热舒适模拟。光环境模拟是调用Radiance模拟引擎，采用天然采光运算器和空间分布运算器，计算光性能评价指标，并生成利用自然采光的人工照明运行时间表。能耗模拟是调用OpenStudio模拟引擎，采用能耗运算器和空间分布运算器等计算冷热负荷和温湿度。热舒适模拟是调用伯克利建筑环境中心研发的热舒适模型，利用能耗模拟结果提供的温湿度和气象文件提供的室外温湿度，计算热舒适度和PMV-PPD等指标。

4. 性能评价指标

输出的性能结果包括办公建筑光性能、能耗和热性能评价指标。光性能评价指标包括照度、全天然采光时间百分比、有效天然采光照度和天然采光眩光指数等。办公建筑能耗评价指标包括采暖、制冷和照明能耗等分项能耗。热舒适评价指标包括热舒适时间百分比、热环境不满意者百分比、热不舒适时间百分比等。

6.2.2 光环境模拟评价子模块

1. 光性能模拟过程

办公建筑光性能模型模拟过程如图6-4所示，包括：1）根据气象数据生成天空模型，如CIE、gensky天空模型。2）将几何模型转换为性能模型。首先根据核心区和周边区划分空间，根据功能布局

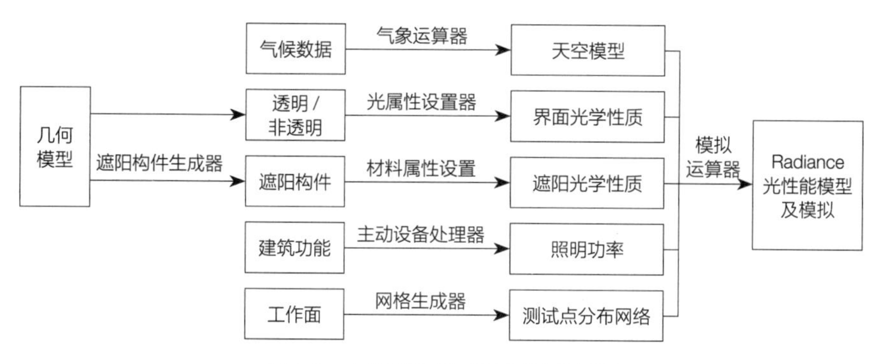

图6-4　办公建筑光性能模型模拟过程

设置人工照明功率密度。然后设置建筑界面的光学属性，如反射比、可见光透射率。最后设置遮阳构件，可手动设置，也可自动生成。自动生成的遮阳构件包括遮阳百叶、遮阳板、穿孔金属网板、电致变色玻璃、织物卷帘等。3）工作面设置为距离地面0.75m的水平面，测试点分布网格根据研究对象设定。

2. 光性能模拟及评价子模块

办公建筑光性能模拟及评价的程序编制如图6-5所示。首先，利用Honeybee_create HB zones或Honeybee_create HB surfaces将几何模型转换为性能模型，利用Honeybee_split floor to thermal zone和Honeybee_bldg program运算器，区分建筑的核心区和周边区，进而设定空间的功能类型。其次，利用Honeybee_add HBGlz或Honeybee_Glazing based on ratio设置外窗，利用遮阳构件生成器Honeybee_EnergyPlus window shade generator设置遮阳构件和相应属性。利用Honeybee_set Radiance materials设置界面的光学属性，利用Honeybee_set EnergyPlus zone thresholds设置照度阈值，Honeybee_set EP zone loads设置照明功率密度。然后，利用Ladybug_open EPW weather file、Honeybee_annual daylight simulation加入气候文件和生成天空模型。最后，利用Honeybee_generate zone test points生成工作面和照明计算区域网格。将所有设置串联至Honeybee_run Radiance simulation模拟运算器，进行光性能模拟，计算求得光环境评价指标、基于自然采光的人工照明运行时间表。将人工照明运行时间表作为能耗模型运行时间表的输入数据，用于能耗模拟计算。

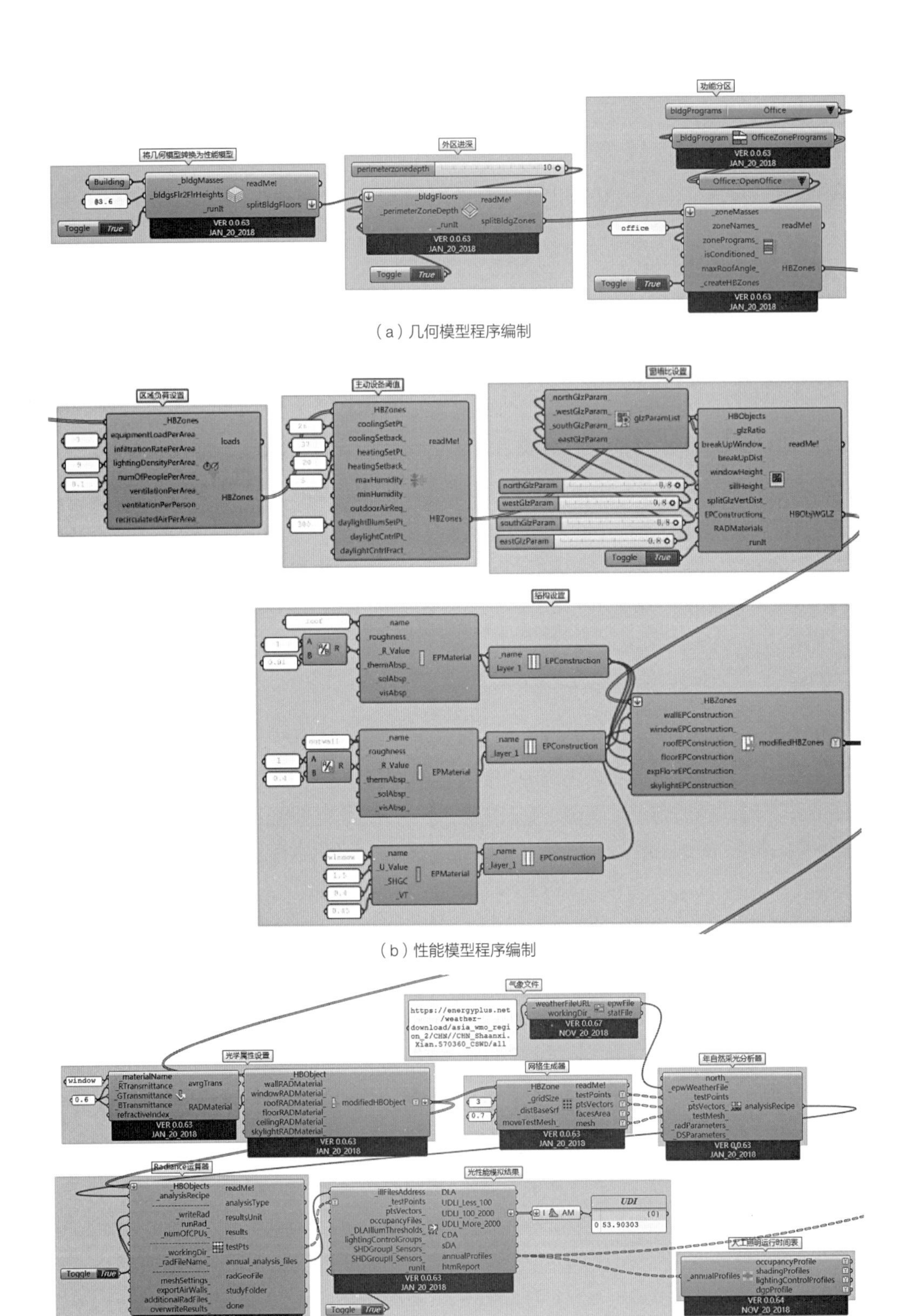

（a）几何模型程序编制

（b）性能模型程序编制

（c）光性能模拟及模拟结果

图6-5　光环境模拟及评价的程序编制

办公建筑光性能评价利用照度分布、天然采光时间百分比的空间分布、眩光指数运算器，计算光性能评价指标，如有效天然采光照度（UDI）、全年光暴露量（ASE）、全天然采光时间百分比（DA）等。参数化设计平台的光性能模拟结果以可视化的方式呈现，人工照明运行时间表如图6-6所示，光性能评价指标与几何模型相结合（图6-7）。

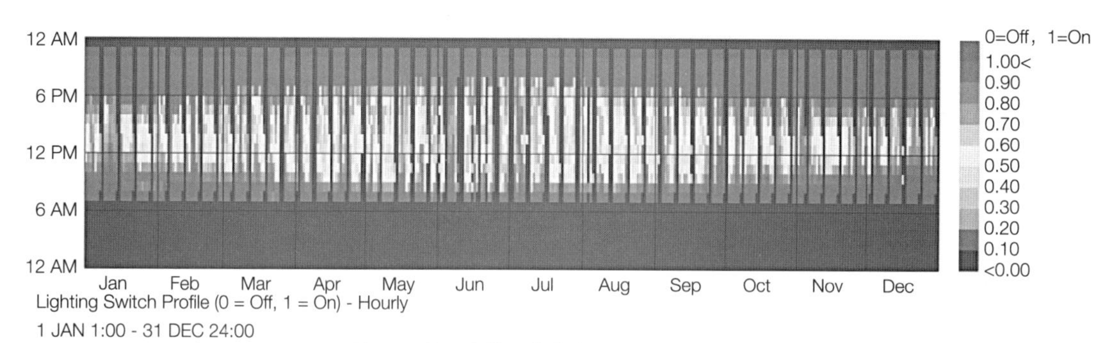

图6-6 基于自然采光的人工照明运行时间表

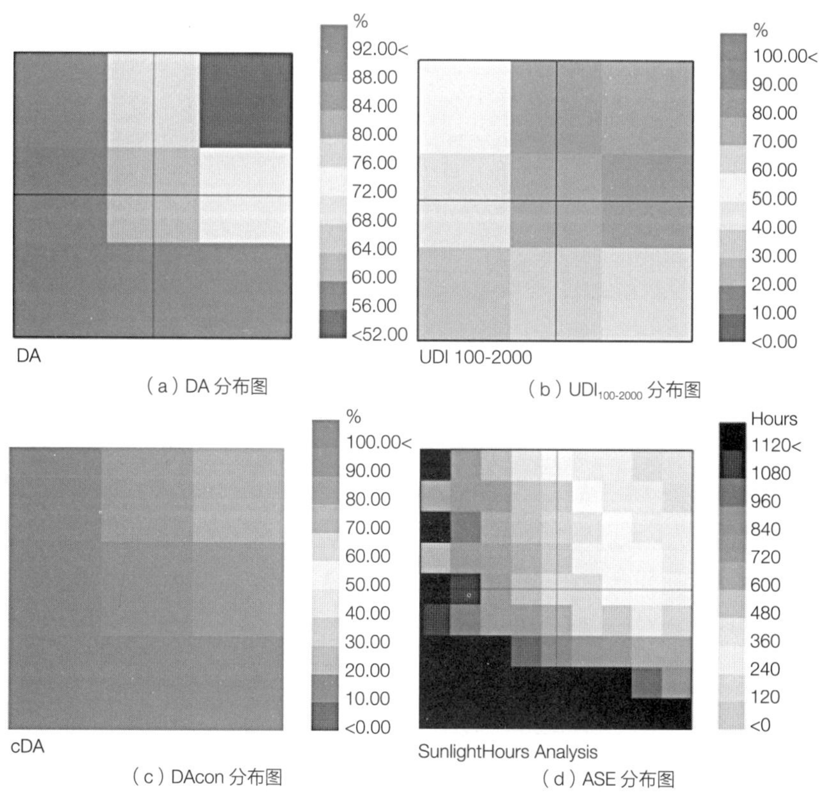

（a）DA 分布图

（b）$UDI_{100\text{-}2000}$ 分布图

（c）DAcon 分布图

（d）ASE 分布图

图6-7 光性能评价指标平面分析图

6.2.3 能耗模拟评价子模块

1. 能耗模拟过程

办公建筑能耗模型模拟过程如图6-8所示，包括：1）气象数据和周边环境。2）将几何模型转换为性能模型。首先将空间划分为核心区和周边区，其次结合功能布局划分热工分区，然后设置建筑界面的构造和材料热工属性，可从资料库中直接提取，也可手动设置。最后设置运行数据，如人员密度、设备功率密度、人员在室率、自然通风方式、设备运行时刻表、主动设备运行参数。3）调用光性能模拟子模块产生的人工照明运行时间表，即根据自然采光充足与否启闭人工照明的时间表。

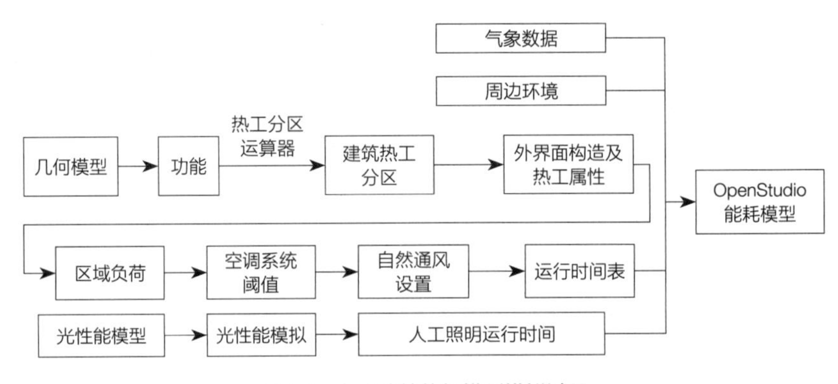

图6-8 办公建筑能耗模型模拟过程

2. 能耗模拟评价子模块

办公建筑能耗模拟及评价子模块的程序编制如图6-9所示。光性能模拟已将几何模型转换为性能模型（图6-5a、b）。能耗模型继续在Honeybee_set EP zone construction运算器设置界面的构造及热工属性（图6-9a）。然后，利用Honeybee_set EP zone loads设置区域负荷和设备阈值，利用Honeybee_set EP air flow设置自然通风条件，利用Honeybee_set EnergyPlus zone schedules设置建筑运行时刻表，利用Honeybee_set EnergyPlus zone thresholds设置主动设备运行参数，如采暖、制冷温度等，利用Ladybug_open EPW weather file、Honeybee_ EP context surface加入气候文件和周边环境。最后，将所有设置串联至Honeybee_ export to OpenStudio模拟运算器，进行能耗模拟，获取能耗数据（图6-9b）。能耗模型不但可以计算各项运行能耗的评价指标，还能计算外界面的表面温度、区域空气/平均温度、通风量、室内获取的总传热量等（图6-9c）。

热舒适度运算器利用能耗模拟结果的室内干球温度、相对湿度，根据PMV-PPD能量平衡模型，计算使用者的平均热感觉指数（PMV）和不满意者百分数（PPD）（图6-10）。热舒适度可通过焓湿图表示（图6-11），也可利用室内视野系数运算器Honeybee_Indoor View Factor Cauculator和微气候分析图Honeybee_Microclimate Map

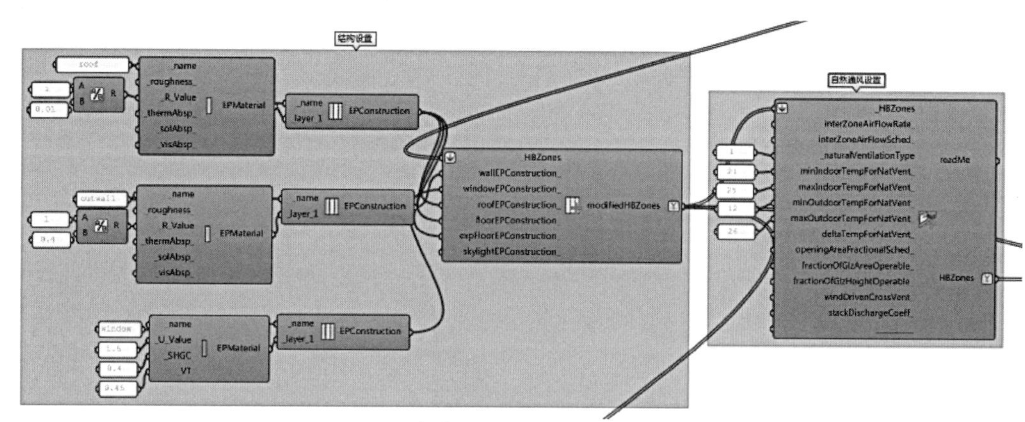

（a）性能模型的程序编制

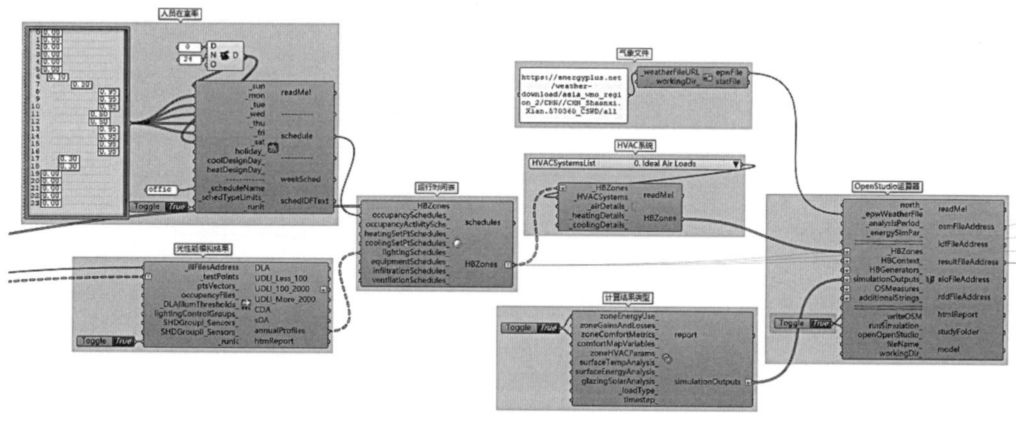

（b）能耗模拟的程序编制

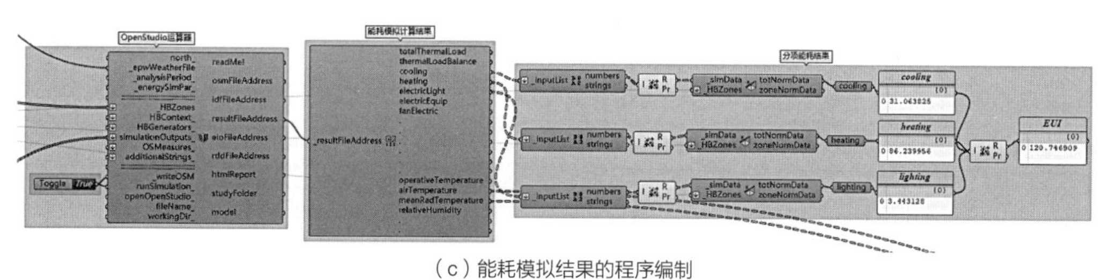

（c）能耗模拟结果的程序编制

图6-9　办公建筑能耗模拟及评价子模块的程序编制

Analysis，通过空间分布运算器Honeybee_visualize microclimate map将热舒适评价指标与几何模型相结合（图6-12）。

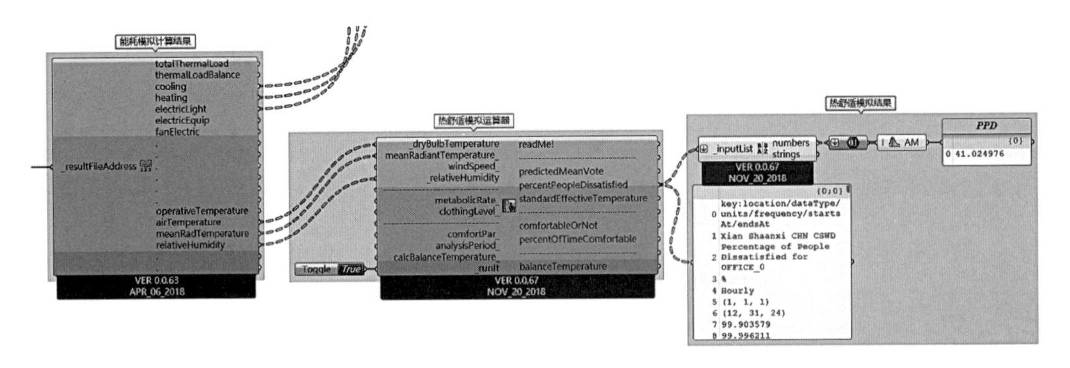

图6-10　热舒适模拟评价的程序编制

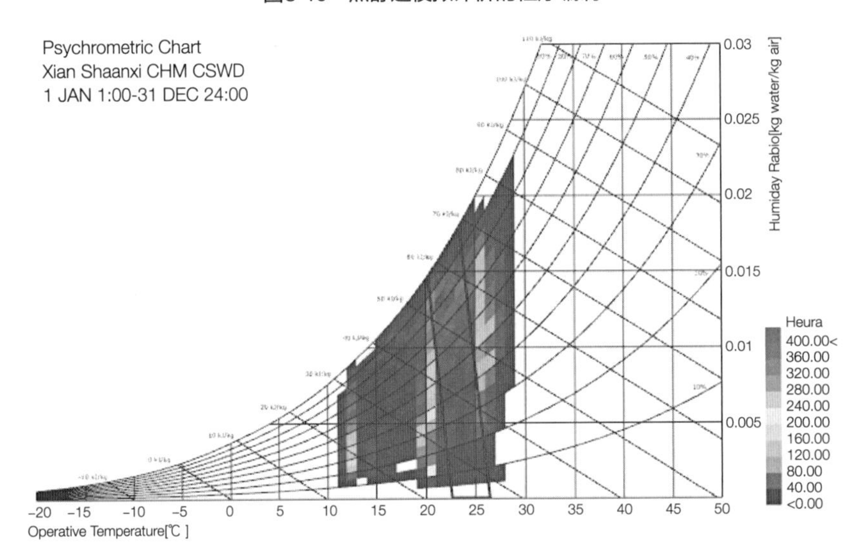

图6-11　焓湿图

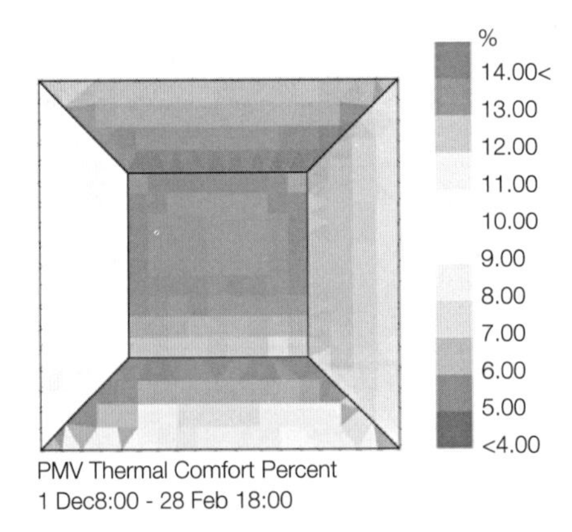

图6-12　热舒适评价指标平面分析图

6.3　试验设计、多目标优化和后处理模块

6.3.1　模块构成

modeFRONTIER的优化流程界面如图6-13所示。优化流程由设计要素（自变量）、试验设计、Grasshopper接口、性能目标（因变量）构成。Grasshopper接口可以调用Rhino5/6的Grasshopper设计平台。Grasshopper界面包括编辑Grasshopper模型、提取变量、编辑Grasshopper等首选项（图6-14），可自动提取自变量和因变量。

基于modeFRONTIER的试验设计、多目标优化、后处理三个模

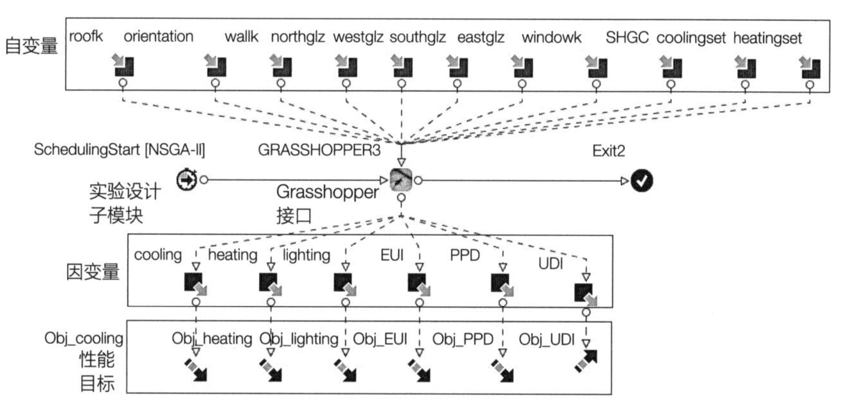

图6-13　modeFRONTIER的优化流程图

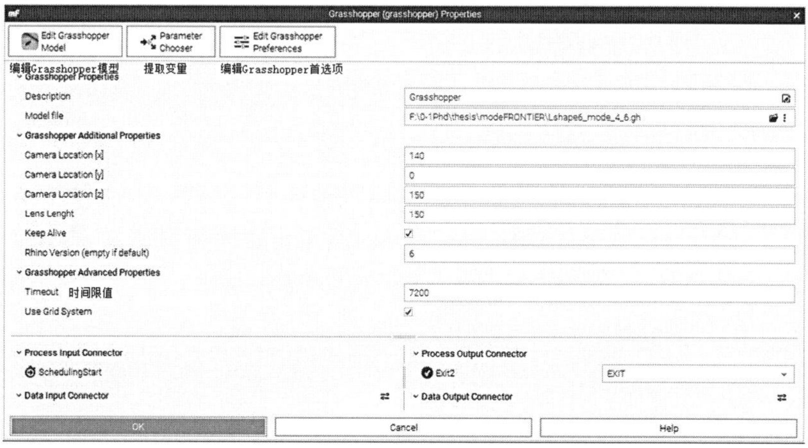

Grasshopper (grasshopper) Properties

Edit Grasshopper Model　Parameter Chooser　Edit Grasshopper Preferences

编辑Grasshopper模型　提取变量　编辑Grasshopper首选项

Grasshopper Properties

Description　Grasshopper

Model file　F:\0-1Phd\thesis\modeFRONTIER\Lshape6_mode_4_6.gh

Grasshopper Additional Properties

Camera Location [x]　140

Camera Location [y]　0

Camera Location [z]　150

Lens Lenght　150

Keep Alive

Rhino Version (empty if default)　6

Grasshopper Advanced Properties

Timeout 时间限值　7200

Use Grid System

Process Input Connector　SchedulingStart

Process Output Connector　Exit2　EXIT

Data Input Connector

Data Output Connector

OK　Cancel　Help

图6-14　Grasshopper接口的设置界面

块关系见图6-15。优化数据包括输入数据、输出变量和性能目标。输入数据包括设计变量和约束条件。设计变量可设置变量格式、变量类型、上下限值、分段数和离散幅度等。办公建筑设计变量包括形态、界面、空间和主动系统设计要素。约束条件类型多样，约束值可以是性能指标或设计要素限值，由设计师根据项目具体要求制定。输出数据是因变量，如光性能、能耗和热舒适度等性能指标。设计目标对输出数据指定极值类型，即最大值或最小值。

1. 试验设计模块

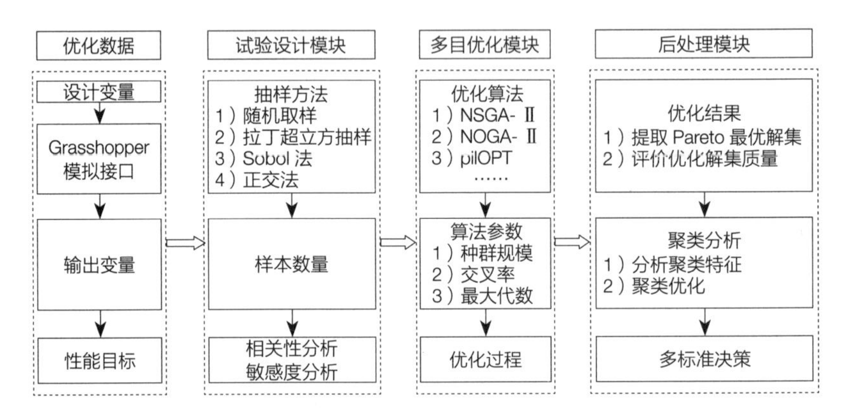

图6-15 基于modeFRONTIER的实验设计、优化和后处理模块

试验设计包括抽样方法、样本数量、相关性和敏感度分析。抽样方法涵盖种类较多，如拉丁超立方抽样、sobol抽样、随机抽样等。根据设计变量和优化目标的特性，选择适宜的抽样方法。样本数量越多，试验质量越准确，但时间成本越高，通常样本数量多为设计变量的5~10倍。

2. 多目标优化模块

多目标优化模块包括算法类型和算法参数设置。优化算法包括NSGA-Ⅱ算法、pilOPT算法、MOGA-Ⅱ算法等20种。优化算法包括自动设置和手动设置2种模式。自动算法仅需设置设计评估次数。手动设置需设置优化代数、算法具体策略（如精英策略）、算法参数（如交叉率、突变概率）等。优化过程（如一步式、分步式、聚类优化）影响寻优效率和质量。

3. 后处理模块

后处理模块包括记录和分析优化结果。优化结果以表格形式呈现，包括试验编号（ID）、类型、输入数据和输出数据。能查询优化模拟试验成功与否，也可以筛除重复、违反约束或模拟失败的数据。优化结果的可视化方法包括统计图表、分布分析图表、平行坐标轴、散点图和气泡图等。优化结果的分析方法包括聚类分析、多维尺度分析、多标准决策等。

6.3.2　试验设计（DOE）模块

试验设计（DOE）是利用尽可能少的模拟次数，获得最理想的试验数据，并从中最大化获取信息。析因试验设计适用于多变量、多目标的研究，利用少量试验获取全面规律。抽样方法和样本数量是根据设计变量、优化目标的数量和性质设置。试验设计模块如图6-16所示，提供的抽样方法涵盖随机抽样、正交数组、拉丁超立方体法、sobol法。抽样方法的关键设置是样本数量，但由于抽样原理不同，抽样方法对应的参数设置有差异。以拉丁超立方抽样为例，抽样原理是均匀分布的随机抽样，适用于遗传算法优化。拉丁超立方抽样的参数设置涵盖样本之间的相关性和设计距离，以保证样本

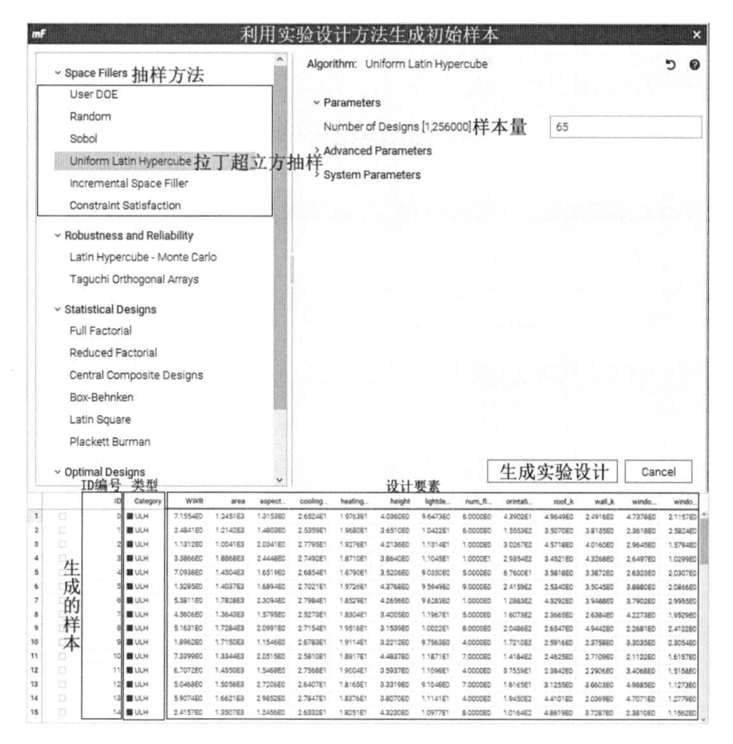

图6-16　试验设计模块

的均匀分布，并可设置无重复模拟的可能性。

6.3.3 多目标优化模块

多目标优化模块是对办公建筑设计方案的迭代优化，包括算法类型、算法参数设置、运行模块和输出结果。首先，根据设计自变量和因变量的特征选择适宜的优化算法。然后结合所选算法设定算法参数，算法参数包括自动设置和手动设置两种。根据使用者对算法的熟悉程度，选定算法类型，并设置具体算法参数。优化算法设置完成之后，运行模拟优化。优化结果包括优化进程的记录和优化模拟数据。

1. 算法及算法参数

算法类型众多，算法选择及参数设置方法见第5章。本书对比NSGA-Ⅱ算法和pilOPT算法，由于NSGA-Ⅱ算法的普适性和时间成本的优势，选用NSGA-Ⅱ算法。NSGA-Ⅱ算法的具体类型包括基础NSGA-Ⅱ算法（Original NSGA-Ⅱ algorithm）、精英控制策略（Controlled Elitism）、变量群体规模（Variable Population Size）、增强遗传算法前沿（Magnifying Front Genetic Algorithm），本研究选用精英控制变量的NSGA-Ⅱ算法（图6-17）。算法参数的设置影响优化效率，决定终止条件。算法参数设置包括：种群数量（即样本

图6-17 多目标优化设置界面

量）、交叉率、突变率和优化代数。

2. 运行优化和模拟故障率

算法类型和算法参数设置完之后运行优化。传统优化的第一代样本是随机抽取的。本研究采用拉丁超抽样方法，所以优化的初始种群是通过拉丁超立方抽样获取的样本。拉丁超立方抽样的全局性和代表性良好，保证优化算法搜索的优化结果质量良好。

监测优化运行过程。优化模拟试验成功与否的结果如图6-18（a）所示，数字表示优化设计的ID号，灰色表示成功，黑色表示失败，并对其进行统计（图6-18b）。模拟优化的成功率主要受模拟影响，建筑形态较规整，模拟量较小，成功率较高。统计办公建筑界面优化的故障率，设计评估次数是1000次，运算时长4天，运行失败数是8个，成功数是992个，即错误率是0.8%，正确率是99.2%。

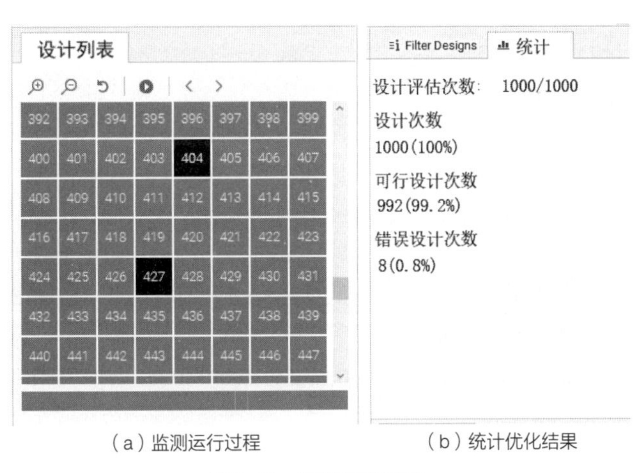

（a）监测运行过程　　（b）统计优化结果

图6-18　监测优化过程

6.3.4　数据后处理模块

优化数据是以表格记录，包括所有优化方案的设计变量和相应的性能模拟结果。从全局优化解中提取Pareto最优解。后处理模块包括评价优化结果质量和分析优化结果（图6-19）。优化解质量评价是从解集的收敛性、均匀性和多样性等方面进行评价。优化结果分析包括相关性、敏感度和聚类分析等，辅助建筑师制定设计决策。

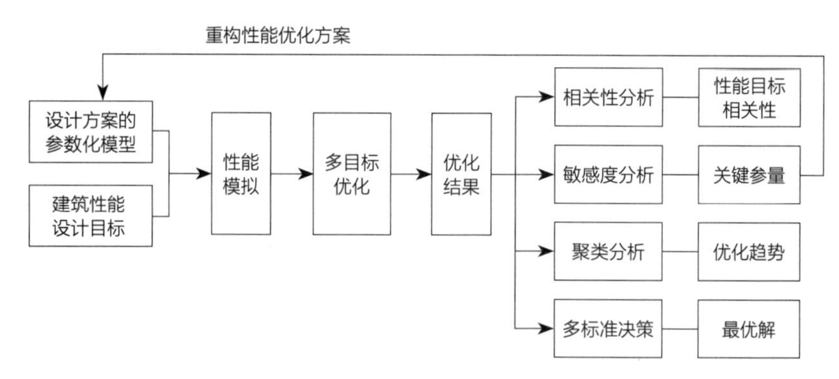

图6-19 后处理模块

聚类划分的分析结果如图6-20所示，根据聚类分析结果对数据进行分类（图6-20a）。聚类分布图的簇群用颜色区分（图6-20b），中心点是簇的质心（由小圆圈表示）和置信区间（由椭圆表示）。

编号			类型	自变量(设计要素)										因变量(性能目标)		
		ID	Category	SHGC	coolingset	eastglz	heatingset	lightdensity	northglz	southglz	wall_k	westglz	window_k	EUI	PPD	UDI
33	☐	410	簇1	6.3463E-1	1.4160E-2	1.0158E-1	9.4883E-1	1.3631E-1	5.2075E-1	6.0227E-1	5.5048E-2	1.9225E-2	5.2981E-2	4.3274E-1	9.4814E-2	6.0748E-1
34	☐	412	簇0	1.1543E-3	1.0426E-1	4.5295E-2	2.2934E-1	4.3091E-2	3.3932E-1	6.6762E-1	4.7686E-1	1.3616E-1	8.8332E-3	2.7930E-1	2.7196E-1	5.7989E-1
35	☐	418	簇1	6.3463E-1	3.0618E-2	1.0931E-1	9.4883E-1	7.6944E-2	5.9865E-1	6.5364E-1	1.0337E-1	3.2276E-2	1.2046E-1	4.4936E-1	1.0505E-1	6.6168E-1
36	☐	449	簇0	1.5150E-1	5.5971E-1	7.3175E-2	1.9158E-1	3.6739E-1	2.3736E-1	7.5479E-1	9.9199E-1	9.1401E-1	8.6640E-2	.6152E-1	6.8295E-1	7.8958E-1
37	☐	462	簇1	7.3480E-1	1.1399E-1	2.7004E-1	5.9834E-1	5.4217E-2	5.5840E-2	6.0889E-1	2.8213E-1	9.3361E-1	1.0800E-2	3.6686E-1	2.3030E-1	7.0705E-1
38	☐	464	簇0	8.3821E-4	8.5861E-2	6.7868E-2	4.1376E-2	4.3091E-2	3.3932E-1	6.6762E-1	2.6901E-1	1.8493E-1	3.3178E-3	2.1499E-1	3.7693E-1	6.2293E-1
39	☐	466	簇0	7.7644E-1	1.0000E0	1.1219E-1	2.0741E-1	3.8979E-2	4.1734E-2	6.1057E-1	1.6633E-1	6.6025E-1	6.2588E-2	.2111E-1	6.8279E-1	6.0196E-1
40	☐	467	簇1	8.3011E-1	8.3244E-2	3.0375E-1	7.4778E-1	5.4401E-1	9.7186E-1	9.3367E-1	1.0000E0	7.9027E-1	6.1704E-2	5.8154E-1	2.7104E-1	9.4580E-1
41	☐	500	簇0	7.6731E-2	8.6960E-2	4.5123E-1	1.3190E-1	2.2356E-2	9.9887E-1	9.0152E-1	9.9389E-1	1.0000E0	1.0210E-1	2.7608E-1	5.1158E-1	9.6113E-1
42	☐	511	簇0	1.1543E-3	1.0426E-1	4.5295E-2	2.2934E-1	4.3091E-2	3.3932E-1	6.6762E-1	4.8032E-1	1.8453E-1	8.8332E-3	2.7942E-1	2.7119E-1	5.7989E-1
43	☐	512	簇1	5.7191E-1	3.0618E-2	1.1678E-1	9.4883E-1	7.6944E-2	5.9865E-1	6.4875E-1	9.7217E-2	3.2276E-2	1.2046E-1	4.4795E-1	1.2481E-1	6.6168E-1
44	☐	513	簇1	6.3695E-1	3.0618E-2	4.5097E-1	9.2376E-1	7.6944E-2	6.0288E-1	8.7579E-1	6.5055E-1	3.2276E-2	1.2046E-1	5.0795E-1	1.6020E-1	8.3372E-1
45	☐	514	簇0	7.7644E-1	1.0000E0	1.1349E-1	1.9304E-1	3.8946E-2	9.6081E-1	9.3468E-1	1.8329E-1	6.6222E-1	6.2588E-2	7.2353E-2	8.5171E-1	9.3955E-1
46	☑	516	簇2	4.5829E-1	4.9765E-3	1.1198E-1	8.6314E-1	4.5058E-1	4.2171E-2	5.8613E-3	9.7816E-2	2.6148E-2	5.4036E-1	5.2242E-1	5.4998E-2	8.2526E-2
47	☑	524	簇1	7.7002E-1	1.0312E-1	4.3637E-2	9.4848E-1	7.0911E-2	5.8436E-1	9.3255E-1	4.6863E-1	9.5486E-1	9.0295E-2	7.8856E-1	1.5401E-1	8.5996E-1
48	☑	552	簇2	4.5829E-1	2.7755E-2	1.1198E-1	8.6314E-1	4.5058E-1	6.7528E-3	4.9888E-2	9.7816E-2	2.6148E-2	5.4036E-1	5.0152E-1	6.8414E-2	1.6432E-1

（a）优化结果的聚类划分图表

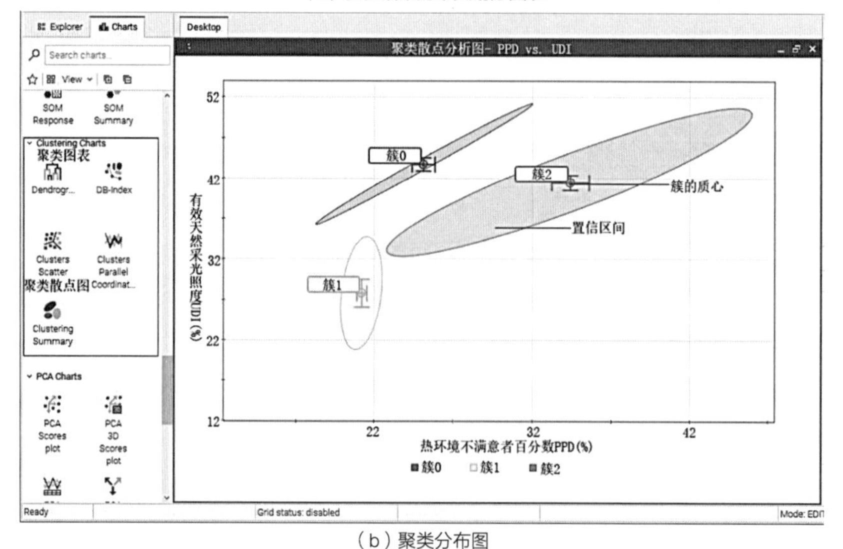

（b）聚类分布图

图6-20 优化结果的聚类分析可视化图表

多标准决策结果如图6-21所示。建筑师设置性能目标的权重，如设置能耗、PPD和UDI同等重要。运用多标准决策算法计算优化解的排名值，并对其进行排序。排名图表的绿色表示排名最高，红色表示排名最差。

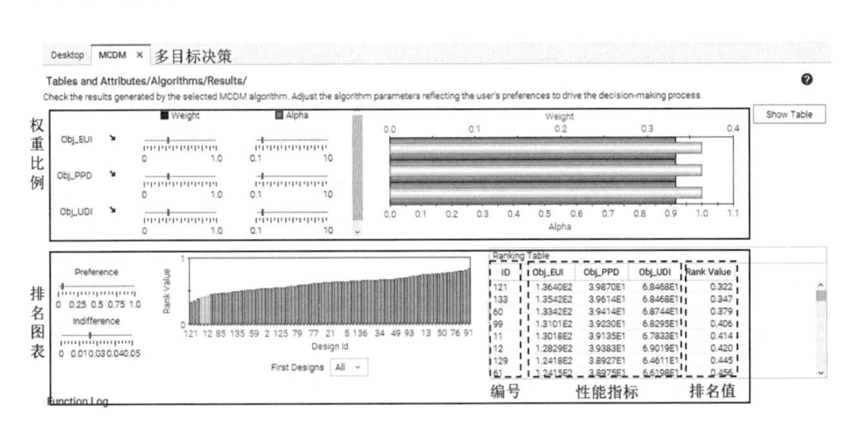

图6-21　多标准决策界面

6.4　性能优化平台应用示例

前文搭建基于modeFRONTIER的办公建筑性能优化设计平台。本节以陕西省西安市某办公楼为例，基于场地条件、任务书要求、建筑师和甲方偏好等，在方案设计阶段应用性能优化平台，辅助建筑师设计平衡多项性能的最优方案。

6.4.1　项目概况

6.4.1.1　项目概况

项目位于西安市高新区，场地是规整矩形，东西长64m，南北宽49m。场地西侧紧邻城市主干道，北侧和南侧为商业办公建筑，东侧为居住区（图6-22）。设计要求是新建一栋办公建筑，总建筑面积小于2万m^2，标准层面积约1300m^2。方案设计阶段利用建筑形态和界面等设计要素，提高办公建筑性能。建筑性能目标是能耗、有效天然采光照度$UDI_{100\text{-}2000lx}$、热环境不满意者百分数PPD，并假定三者同等重要。

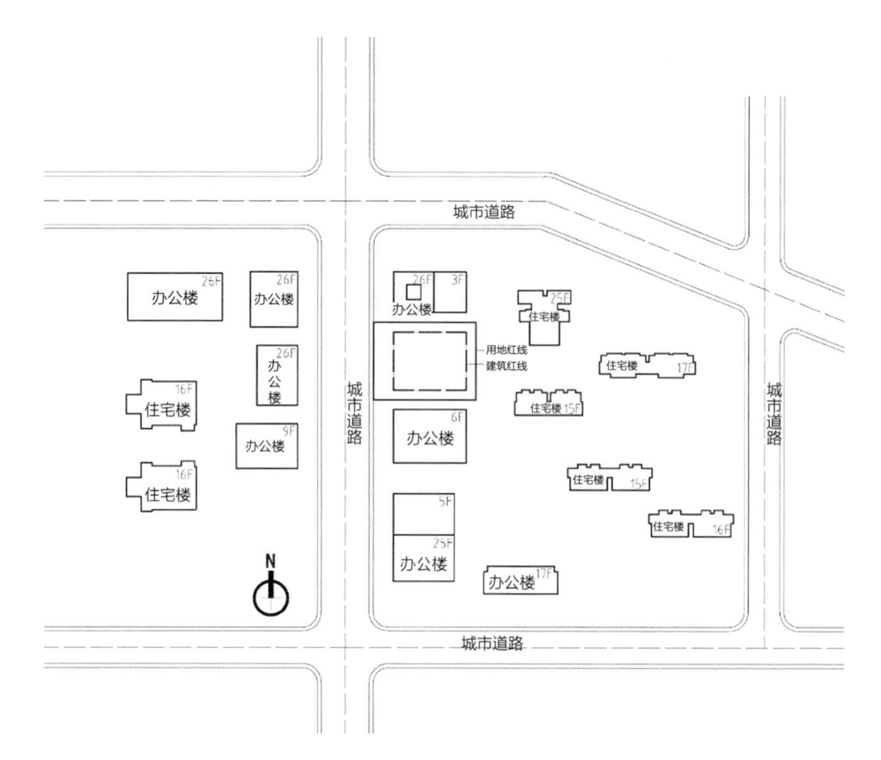

图6-22 场地平面图

6.4.1.2 场地分析

周边建筑对场地的光、热环境有显著影响，分析场地的年太阳辐射得热量和日照时长（图6-23、图6-24）。冬季周边建筑对场地遮挡较多，遮挡来源于南向周边建筑；春秋季的遮挡时段主要是早晚，遮挡来源于东、西向周边建筑；夏季遮挡来源于西向周边建筑。场地的最大日照时长为90小时，最小为7小时，平均日照时长是69小时。场地的最大太阳辐射量为825kW · h/m^2，最小为387kW · h/m^2，平均太阳辐射量是671kW · h/m^2。

根据太阳轨迹和周边建筑对场地的日照遮挡，以建筑的太阳辐射增益量最大为目标。假定办公建筑采用矩形，以朝向和面宽为变量对建筑形态寻优，朝向变化范围设定为0~360° ，进深设定为30~42m。建筑是南北向布置，进深是30m，面宽是43m时，建筑获取的太阳辐射增益量最大［108660kW · h/（m^2 · year）］（图6-25）。

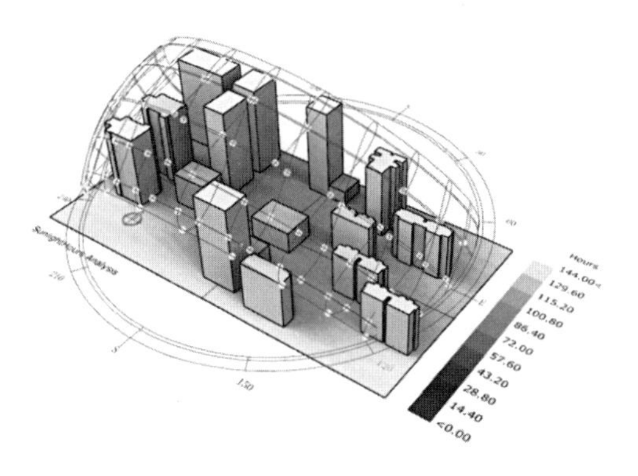

图6-23　周边建筑对场地的日照时长分析图

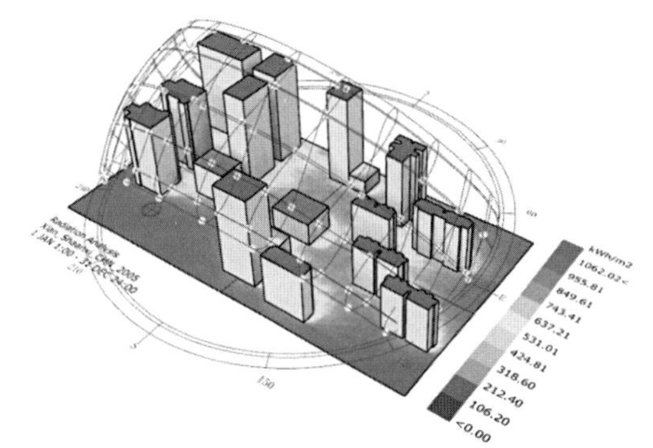

图6-24　周边建筑对场地的辐射强度分析图

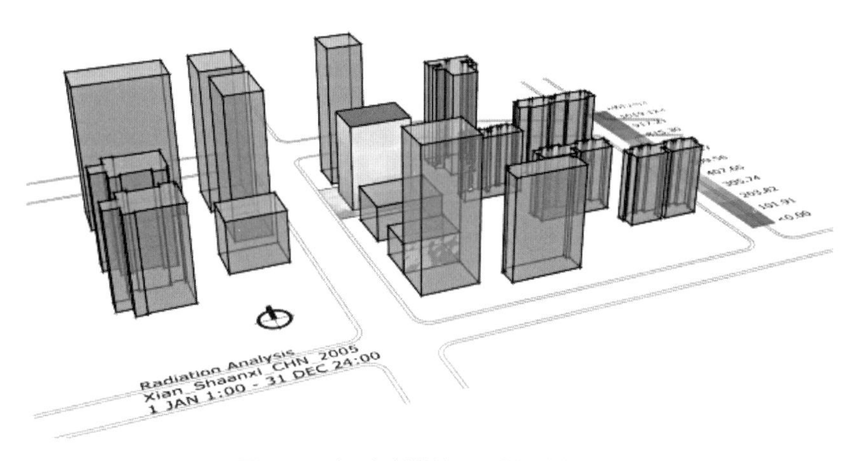

图6-25　太阳辐射增益量最大的建筑形态

6.4.2　性能优化平台应用

6.4.2.1　办公建筑性能优化试验方案

根据场地分析结果，办公楼平面设定为43m×30m（长×宽），长轴是南北向。光环境模型的建立方法参照3.2节。能耗模型的建立方法参照3.3节。设计变量包括形态、界面、遮阳百叶和主动系统设计要素四类共15项（表6-1）。由于建筑规模较大、变量众多、时间成本限制等，将优化分为两步，第一步是形态和界面设计要素为变量的单体优化，第二步是界面和遮阳百叶、主动系统设计要素为变量的标准层优化。

抽样方法采用拉丁超立方抽样，样本量为设计变量的5倍。优化算法采用NSGA-Ⅱ，算法的参数设置按照5.1.2节的结论，即

办公建筑设计变量　表6-1

类型	设计参量	简写	单位	第一步优化	第二步优化
形态设计要素	层高	height	m	3.5~4.5	3.9
	层数	num_floor	层	6~15	10
界面设计要素	南北向窗墙比	WWR	—	0.1~0.9	0.1~0.9
	东西向窗墙比	WWR	—	0.1~0.9	0.1~0.9
	屋面传热系数	roof_k	W/（m^2·K）	0.2~0.5	—
	墙体传热系数	wall_k	W/（m^2·K）	0.2~0.5	0.2~0.5
	窗户太阳得热系数	SHGC	—	0.2~0.5	0.2~0.5
	窗户传热系数	window_k	W/（m^2·K）	1~3	1~3
遮阳百叶设计要素	百叶宽度、间距	shd_depth	m	—	0.2~0.6
	百叶倾角	shd_angel	°	—	0~45
主动系统设计要素	照明功率密度	lightdensity	W/m^2	9	9~12
	制冷温度设定	cooling set	℃	20	18~20
	采暖温度设定	heating set	℃	26	25~28

交叉率是0.9，突变概率是1。单体优化代数是5，标准层优化代数是20。

6.4.2.2　优化结果和数据后处理

1. 单体优化结果

1）敏感度分析

利用敏感度主效应分析影响建筑性能的关键设计要素（图6-26）。影响建筑能耗的关键设计要素依次是窗墙比、楼层数、层高、窗户太阳得热系数（SHGC）和窗户传热系数，贡献指数分别是0.38、0.19、0.17、0.14、0.13。影响建筑热环境不满意者百分数PPD的关键设计要素依次是窗户传热系数、层数和窗墙比，贡献指数分别是0.62、0.17和0.16。影响建筑有效天然采光照度（UDI）的关键设计要素依次是窗墙比、层数和层高，贡献指数分别是0.68、0.19和0.08。根据相关性和敏感度分析结果，将界面优化关注于各朝向窗墙比、窗户传热系数和外窗SHGC。

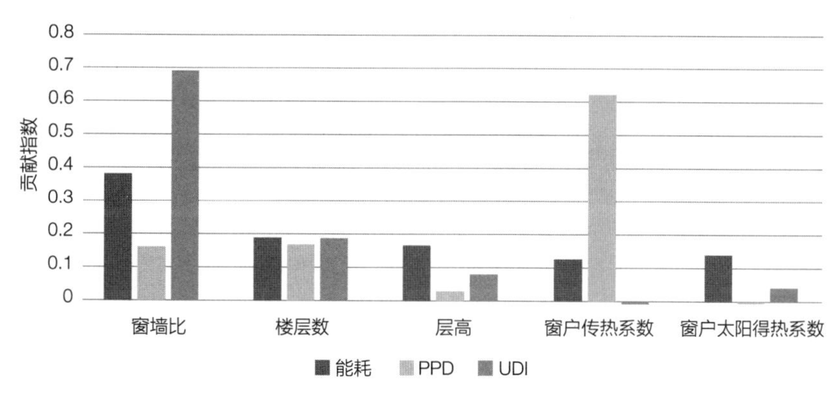

图6-26　办公建筑单体性能敏感度分析

2）单体优化结果

对比基准模型和办公建筑单体优化结果。图6-27是从全局优化解中提取Pareto最优解。Pareto最优解中的任何一个解都是对三项性能的平衡，且不存在优劣之分。建筑师根据偏好，挑选最适合的解。对比分析基准方案、综合性能最优解（能耗、光、热性能同等重要）、能耗、PPD和UDI的最优解（表6-2）。基准方案选用寒冷地区办公建筑典型模型，总能耗是119kW · h/m²，PPD是35.8%，UDI是33.9%。

通过优化办公建筑形态和界面设计要素，建筑能耗最低值是89.9kW · h/m²，相比基准方案下降24.5%；PPD降至35.5%；但UDI

编号			类型	设计要素(自变量)							性能指标(因变量)		
		ID	Category	SHGC	WWR	height	num_floor	roof_k	wall_k	window_k	Obj_EUI	Obj_PPD	Obj_UDI
1	☑	5	ULH	3.8375E0	2.5408E0	3.5381E0	7.0000E0	2.1845E0	3.7655E0	2.4933E0	9.1731E1	3.5798E1	3.2345E1
2	☑	13	ULH	2.3995E0	3.9384E0	4.1159E0	6.0000E0	2.4805E0	2.3158E0	1.7999E0	9.2813E1	3.5475E1	4.2917E1
3	☑	20	ULH	4.2433E0	7.1981E0	3.8646E0	1.0000E1	3.5058E0	2.1292E0	1.1166E0	1.0809E2	3.6356E1	6.4500E1
4	☑	22	ULH	3.6685E0	7.3913E0	4.5494E0	6.0000E0	3.4759E0	3.8408E0	1.2229E0	1.0856E2	3.5968E1	6.3556E1
5	☑	23	ULH	3.7144E0	8.1632E0	3.7050E0	1.4000E1	2.0595E0	4.7056E0	1.2100E0	1.1485E2	3.7148E1	6.7452E1
6	☑	50	NSGA2	3.6683E0	7.3873E0	4.5539E0	6.0000E0	3.4759E0	3.8408E0	1.2081E0	1.0960E2	3.6000E1	6.4069E1
7	☑	64	NSGA2	4.2433E0	6.7507E0	3.8701E0	7.0000E0	2.6879E0	2.1292E0	1.1166E0	1.0338E2	3.5676E1	6.1369E1
8	☑	65	NSGA2	4.2557E0	7.1958E0	4.2496E0	1.0000E1	4.1214E0	3.0126E0	1.7514E0	1.1475E2	3.7731E1	6.6983E1
9	☑	66	NSGA2	3.6685E0	7.3834E0	4.5494E0	1.4000E1	3.4759E0	3.8408E0	1.2229E0	1.1887E2	3.7196E1	6.9411E1
10	☑	74	NSGA2	4.2433E0	7.1981E0	3.9275E0	1.1000E1	2.7121E0	2.1245E0	1.1162E0	1.0822E2	3.6376E1	6.5424E1
11	☑	77	NSGA2	3.6696E0	8.1671E0	4.5553E0	1.4000E1	3.4867E0	4.5062E0	1.0240E0	1.2570E2	3.7039E1	6.8387E1
12	☑	84	NSGA2	3.6696E0	6.6773E0	4.5553E0	1.5000E1	3.4632E0	4.5062E0	1.0956E0	1.2050E2	3.7261E1	6.9839E1
13	☑	86	NSGA2	2.3995E0	3.9384E0	4.2024E0	7.0000E0	2.4805E0	2.3357E0	1.7999E0	9.5262E1	3.5807E1	4.6131E1
14	☑	90	NSGA2	2.6629E0	6.6692E0	3.7307E0	1.5000E1	2.6957E0	2.0435E0	2.1528E0	1.1367E2	3.8666E1	6.6422E1
15	☑	91	NSGA2	4.1874E0	6.7507E0	3.8815E0	6.0000E0	2.9975E0	3.3091E0	1.0291E0	1.0138E2	3.5299E1	5.9306E1
16	☑	96	NSGA2	4.7454E0	7.9497E0	3.8609E0	1.3000E1	4.2704E0	2.2209E0	1.0723E0	1.1758E2	3.6742E1	6.8013E1
17	☑	100	NSGA2	4.5967E0	6.7484E0	4.2166E0	1.2000E1	2.6765E0	2.9535E0	1.5730E0	1.1750E2	3.7336E1	6.7896E1
18	☑	112	NSGA2	4.1874E0	6.7507E0	3.7338E0	9.0000E0	2.6967E0	2.0623E0	1.0188E0	1.0361E2	3.5880E1	6.1685E1
19	☑	113	NSGA2	2.6629E0	6.6692E0	3.8785E0	1.5000E1	2.9965E0	3.2904E0	2.1528E0	1.1588E2	3.8838E1	6.7822E1
20	☑	114	NSGA2	4.1668E0	6.6773E0	4.5553E0	1.5000E1	3.4632E0	4.5062E0	1.0956E0	1.2050E2	3.7261E1	6.9839E1

图6-27　办公建筑形态优化的Pareto最优解

表6-2

建筑单体的性能最优解

		基准方案	综合性能最优解	能耗最优解	PPD最优解	UDI最优解
区域能耗图						
设计变量	层高（m）	3.6	3.9	3.5	3.9	4.6
	层数（层）	10	10	6	6	15
	窗墙比（%）	40	72	25	68	67
	屋面传热系数 [W/（m^2·K）]	0.35	0.36	0.22	0.3	0.35
	墙体传热系数 [W/（m^2·K）]	0.4	0.21	0.38	0.33	0.45
	窗户传热系数 [W/（m^2·K）]	1.5	1.1	2.5	1.0	1.1
	窗户太阳得热系数	0.4	0.42	0.38	0.42	0.37
性能目标	能耗（kW·h/m^2）	119	**108.1**	**89.9**	101.4	120.5
	PPD（%）	35.8	36.4	35.5	**35.3**	37.3
	UDI（%）	33.9	64.5	30.6	59.3	**69.8**

是30.6%，略低于基准方案的33.9%。能耗最优解的层高是3.5m，层数是6层，窗墙比是25%，屋面传热系数是0.22W/（$m^2 \cdot K$），墙体传热系数是0.38W/（$m^2 \cdot K$），窗户传热系数是2.5W/（$m^2 \cdot K$），窗户太阳得热系数是0.38。

热环境不满意者百分数（PPD）最低值是35.3%，相比基准方案有所下降，能耗降至101.4kW·h/m^2，UDI提升至59.3%，达到了各项性能的同步提升。PPD最优解的层高是3.9m，层数是6层，窗墙比是68%，屋面传热系数是0.3W/（$m^2 \cdot K$），墙体传热系数是0.33W/（$m^2 \cdot K$），窗户传热系数是1W/（$m^2 \cdot K$），窗户太阳得热系数是0.42。

有效天然采光照度（UDI）最大值是69.8%，远高于基准方案的光性能指标。建筑能耗是120.5kW·h/m^2、PPD是37.3%，略高于基准模型的能耗和PPD。UDI最优解的层高是4.6m，层数是15层，窗墙比是67%，屋面传热系数是0.35W/（$m^2 \cdot K$），墙体传热系数是0.45W/（$m^2 \cdot K$），窗户传热系数是1.1W/（$m^2 \cdot K$），窗户太阳得热系数是0.37。

综合性能最优解的能耗降至108.1kW·h/m^2，PPD是36.4%，UDI提升至64.5%。与基准模型相比，达到了各项性能的同步提升。综合性能最优解的层高是3.9m，层数是10层，窗墙比是72%，屋面传热系数是0.36W/（$m^2 \cdot K$），墙体传热系数是0.21W/（$m^2 \cdot K$），窗户传热系数是1.1W/（$m^2 \cdot K$），窗户太阳得热系数是0.42。

2. 标准层优化结果

基于单体的综合性能最优解，设定层高为3.9m，层数是10层，进而优化标准层的界面、遮阳百叶和主动系统等设计要素，设计变量值域如表6-1所示。

1）相关性和敏感度分析

利用相关性分析建筑能耗和光热性能的关系（图6-28）。建筑总能耗和采暖能耗、制冷能耗呈强相关性，相关系数分别是0.96、0.53。建筑总能耗和照明能耗呈弱相关性，相关系数是–0.24。总能耗和有效天然采光照度UDI、热环境不满意者百分数PPD呈中相关，相关系数分别是0.49、–0.33。

利用敏感度主效应分析影响建筑能耗和光热性能的关键设计要素（图6-29）。影响建筑能耗的关键设计要素是采暖温度、制冷温

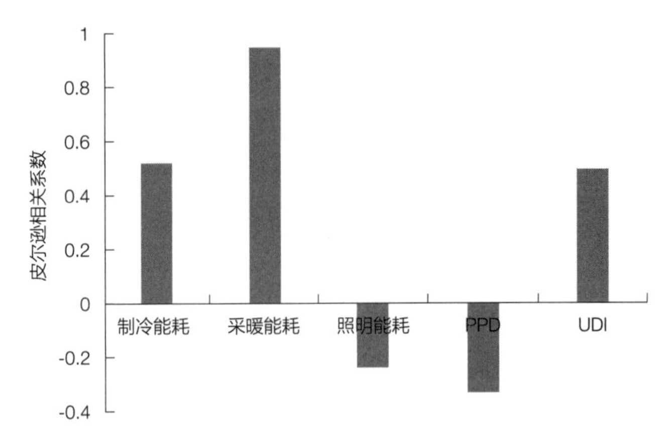

图6-28　建筑总能耗与其他性能的相关性分析

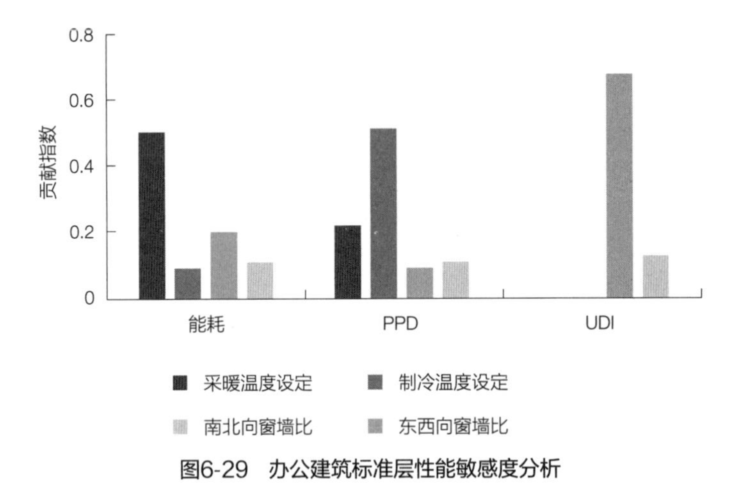

图6-29　办公建筑标准层性能敏感度分析

度、南北向和东西向窗墙比，贡献指数分别是0.5、0.09、0.19和0.12。影响PPD的关键设计参量是采暖温度、制冷温度、南北向和东西向窗墙比，贡献指数分别是0.23、0.53、0.1和0.12。影响UDI的关键设计要素是南北向窗墙比和东西向窗墙比，贡献指数分别是0.7和0.15。简而言之，影响建筑性能的关键设计要素是南北向窗墙比、东西向窗墙比、采暖温度和制冷温度。

利用敏感度交互效应分析建筑要素交互作用对建筑性能的影响（图6-30），结果表明主被动设计要素同时考虑的必要性。影响能耗的交互要素从大至小依次是南北向窗墙比和采暖温度、东西向窗墙比和采暖温度、南北向窗墙比和制冷温度，贡献指数分别是0.08、0.06、0.01。影响PPD的交互要素是窗户太阳得热系数和制冷温

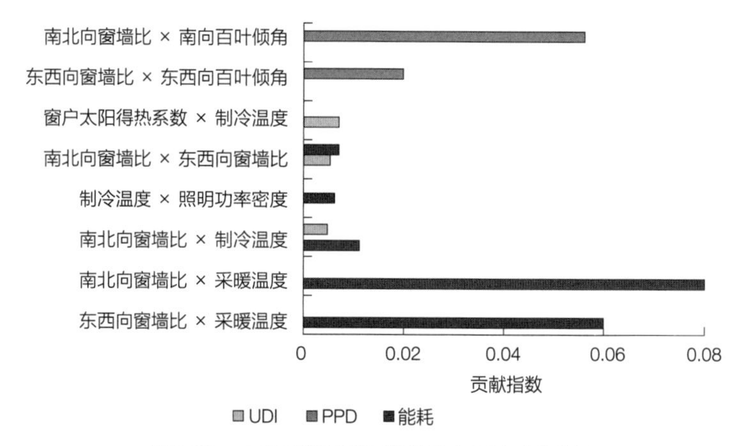

图6-30　办公建筑标准层性能的全局敏感度分析

度、制冷温度和照明功率密度、南北向窗墙比和东西向窗墙比，贡献指数分别是0.007、0.006和0.005。影响UDI的交互要素是南北向窗墙比和南向百叶倾角、东西向窗墙比和东西向百叶倾角、南北向窗墙比和东西向窗墙比，贡献指数分别是0.06、0.02、0.01。

2）标准层优化结果

对比基准模型和办公建筑标准层的性能最优解，即综合性能最优解、能耗、热环境不满意者百分数和有效天然采光照度的最优解（表6-3）。基准方案标准层的能耗是108.1kW · h/m^2，PPD是31%，UDI是35.1%。

通过优化办公建筑界面、遮阳百叶和主动系统设计要素，建筑能耗最低值是70kW · h/m^2，相比基准方案节能率是35.2%。但优化方案的UDI降至22.9%，PPD上升至41.2%。能耗最优解的南北向窗墙比是42%，东西向窗墙比是19%，南北向外墙传热系数是0.21W/（m^2 · K），东西向外墙传热系数是0.38W/（m^2 · K），窗户传热系数是2.8W/（m^2 · K），窗户太阳得热系数是0.25，百叶宽度是0.3m，南向百叶倾角是0°（即水平），东西向百叶倾角是5°，照明功率密度是9W/m^2，制冷温度是28℃，采暖温度是18℃。

热环境不满意者百分数（PPD）最低值是22.1%，相比基准方案下降8.9%。优化方案的能耗降至93.2kW · h/m^2，但UDI降至1%。PPD最优解的南北向窗墙比是10%，东西向窗墙比是12%，南北向外墙传热系数是0.25W/（m^2 · K），东西向外墙传热系数是0.21W/（m^2 · K），窗户传热系数是1W/（m^2 · K），窗户太阳得热系数是

第二步的综合性能优化解和三个性能目标非支配特征解 表6-3

		基准方案	综合性能最优解	能耗最优解	PPD最优解	UDI最优解
区域能耗图						
设计变量	南北向窗墙比（%）	40	74	42	10	80
	东西向窗墙比（%）	40	23	19	12	82
	南北向外墙传热系数 [W/（m^2·K）]	0.4	0.26	0.21	0.25	0.21
	东西向外墙传热系数 [W/（m^2·K）]	0.4	0.33	0.38	0.21	0.38
	窗户传热系数 [W/（m^2·K）]	1.5	1	2.8	1	2.8
	窗户太阳得热系数	0.4	0.26	0.25	0.22	0.25
	百叶宽度（m）	—	0.3	0.3	0.3	0.3
	南向百叶倾角（°）	—	0	0	0	0
	东西向百叶倾角（°）	—	0	5	0	0
	照明功率密度（W/m^2）	9	11	9	10	10
	制冷温度（℃）	26	25	28	25	28
	采暖温度（℃）	20	19	18	20	18
性能目标	能耗（kW·h/m^2）	108.1	**100.1**	**70**	93.2	80.8
	PPD（%）	31	**30.4**	41.2	**22.1**	46
	UDI（%）	35.1	**37.3**	22.9	1	**48.3**

0.22，百叶宽度是0.3m，南向和东西向百叶倾角是0°（即水平），照明功率密度是10W/m^2，制冷温度是25℃，采暖温度是20℃。

有效天然采光照度UDI最大值是48.3%，相比基准方案上升13.2%。此方案的能耗降至80.8kW·h/m^2，但PPD提升至46%。UDI最优解的南北向窗墙比是80%，东西向窗墙比是82%，南北向外墙传热系数是0.21W/（m^2·K），东西向外墙传热系数是0.38W/（m^2·K），窗户传热系数是2.8W/（m^2·K），窗户太阳得热系数是0.25，百叶宽度是0.3m，南向和东西向百叶倾角是0°（即水平），照明功率密度是10W/m^2，制冷温度设定是28℃，采暖温度设定是18℃。

与基准模型相比，综合性能最优解达到了各项性能的同步提升。综合性能最优解的能耗降至100.1kW·h/m^2，PPD降至30.4%，UDI提升至37.3%。综合性能最优解的南北向窗墙比是74%，东西向窗墙比是23%，南北向外墙传热系数是0.26W/（m^2·K），东西向外墙传热系数是0.33W/（m^2·K），窗户传热系数是1W/（m^2·K），窗户太阳得热系数是0.26，百叶宽度是0.3m，南向和东西向百叶倾角是0°（即水平），照明功率密度是11W/m^2，制冷温度设定是25℃，采暖温度设定是19℃。

整合办公建筑单体和标准层的优化结果，性能最优的方案是层高是3.9m，层数是10层，南北向窗墙比是74%，东西向窗墙比是23%，南北向外墙传热系数是0.26W/（m^2·K），东西向外墙传热系数是0.33W/（m^2·K），窗户传热系数是1W/（m^2·K），屋面传热系数是0.36W/（m^2·K），窗户太阳得热系数是0.26，南向和东西向外置水平遮阳百叶，百叶宽度是0.3m，照明功率密度是11W/m^2，制冷温度设定是25℃，采暖温度设定是19℃。

优化结果表明，西安市各朝向太阳辐射辐射得热量差异大，南向太阳辐射增益量最大，北向自然光环境最佳，因此办公建筑南北向适宜大面积开窗。东西向存在太阳得热量过大和眩光的问题，所以东西向适宜开小窗。冬季、夏季气候极端需兼顾，被动太阳能得热和内部得热等被动采暖策略较多，被动制冷策略较少，所以冬季采暖温度建议设定为19℃，夏季制冷温度建议设定为25℃。

此外，办公建筑性能最优方案的性能结果以结合几何模型的方式可视化，辅助建筑师直观建筑形态和性能的关联。图6-31、图6-32是办公建筑最优解的能耗和UDI的区域分布图。

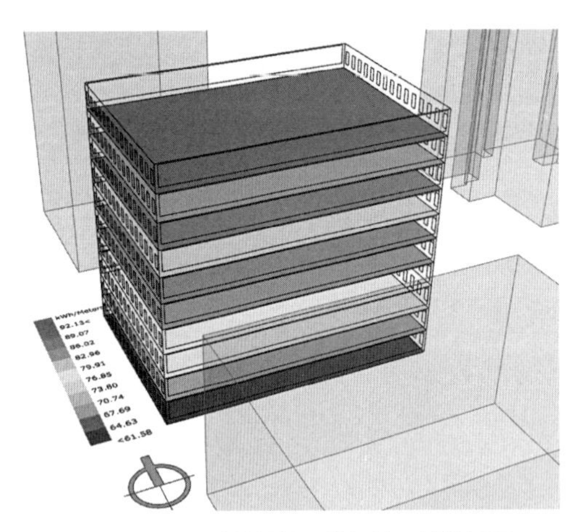

图6-31　办公建筑性能最优解的区域能耗图

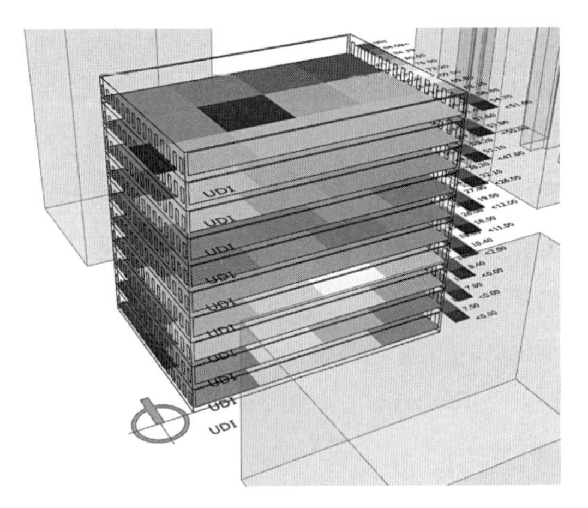

图6-32　办公建筑性能最优解的UDI分布图

6.5　本章小结

本章基于前述章节研究的性能模型和多目标优化方法，搭建基于多目标优化软件modeFRONTIER的办公建筑性能优化设计平台。

首先，采用模块化编程技术，搭建基于modeFRONTIER整合参数化性能模拟Grasshopper/L+H的办公建筑性能优化设计平台框架。性能优化设计平台包括四个主要功能模块，分别是性能模拟、试验设计、多目标优化及后处理模块。

其次，基于Grasshopper/L+H编写性能模拟模块。性能模拟模块包括几何建模、光性能模拟及评价、能耗模拟及评价子模块。性能模拟调用Radiance和Openstudio模拟引擎，进行耦合光热环境的性能模拟。性能模拟评价结果提供建筑能耗、热环境不满意者百分数、有效天然采光照度、人工照明运行时间表、区域空间温湿度等评价指标。

再次，基于modeFRONTIER编写试验设计、多目标优化和后处理模块。试验设计模块包括抽样方法和样本数量。多目标优化模块包括优化算法、算法参数设置和优化结果。不同算法具有不同的优劣势，根据设计变量和优化目标的特性选择适宜的算法，并设置算法参数。后处理子模块是对优化结果的分析，如聚类分析、多标准决策等。

最后，将本书搭建的性能优化设计平台应用于西安市某座办公建筑设计，验证该平台的实用性和寻优效率。利用相关性分析量化性能目标之间的关联程度，利用敏感度分析提取关键设计变量：窗墙比、窗户传热系数、制冷温度和采暖温度。通过优化建筑的主被动设计要素，方案的各项性能均得到了显著提升，即性能优化平台实现办公建筑多性能的并行提高，辅助建筑师做设计决策。

结语

办公建筑在公共建筑中占比较大，使用者在办公楼中度过约1/2的非睡眠时间，因此办公建筑的物理环境要求较高。办公建筑室内人员和设备密度较大，室内物理环境主要依赖设备营造，所以建筑能耗居高不下。当前办公建筑设计侧重于形态和功能布局，忽视建筑要素和自然环境对建筑性能的影响。本书研究如何响应寒冷地区气候特征，利用办公建筑设计要素优化建筑性能。性能模拟计算办公建筑设计要素对建筑性能的影响。多目标优化方法自动搜索协同多性能的最优方案。本研究提出基于多目标优化软件modeFRONTIER整合参数化性能模拟Grasshopper/L+H的寒冷地区办公建筑性能优化设计方法和平台。

本书主要研究工作和结论如下：

1. 分析寒冷地区气候特征，调研办公建筑性能现状，梳理既有性能优化设计方法。提出基于modeFRONTIER的性能优化设计方法，改进既有性能优化方法难操作、优化目标单一、优化算法有限、缺失优化结果分析功能、无法自动筛选最优解等问题。

首先，分析绿色建筑评价标准和节能标准，以建筑节能和光热性能为研究重点，以能耗密度（EUI）、热环境不满意者百分数（PPD）、有效天然采光照度（UDI）为评价指标。

其次，分析寒冷地区气候特征和办公建筑性能现状。寒冷地区气候特征是冬夏季极端性和光热同期，适宜的被动采暖策略较多，被动制冷策略较少。寒冷地区办公建筑采暖能耗占比最大，但制冷能耗也不容忽视。室内光热环境主要依赖主动设备，窗户对室内光热环境的影响较显著。使用者对空调系统末端的调控权力有限且不积极，但对外窗的操作积极且频繁。

最后，提出改进基于优化平台的性能优化设计方法。既有性能优化设计方法分为基于参数化设计平台和优化平台两类。基于参数化设计平台的性能优化方法优势是操作简便，劣势是算法有限、缺失对优化结果的分析功能、无法自动筛选最优解。基于优化平台的节能优化方法的劣势是集成操作复杂、优化目标局限于节能等。本书提出基于modeFRONTIER的性能优化设计方法，模块化编程技术操作简便，既具有参数化设计、性能模拟、多目标优化算法，还具有析因试验、分析优化结果、自动筛选最优解等功能，弥补既有性能优化方法的劣势。性能优化设计流程：a）明确性能目标；b）场地及环境分析；c）建立基于Grasshopper/L+H的办公建筑性能模型；d）制定析因试验方案；e）多目标优化；f）分析优化结果；g）对优化解排序辅助选择最优解。

2. 自然采光和自然通风有节能且不降低光热性能的潜力，建立能耗和光热性能相关联的性能模型。

响应寒冷地区气候特征，采用自然通风和自然采光策略，建立能耗和光热性能耦合的性能模型。将光性能模型求得的利用自然采光的人工照明运行时间表、根据室内外温度计算的自然通风时间表用于能耗模拟，改进惯用的统一照明开关时间表和根据季节划分的自然通风时间表。

办公建筑性能模型是量化建筑设计要素对建筑性能影响的基础。首先，基于寒冷地区办公建筑的调研，建立典型办公建筑几何模型。进而，建立光性能模型计算光性能评价指标。在天然采光不满足照度需求时，开启人工照明做补充，据此计算人工照明运行时间表。然后，建立耦合自然采光和自然通风的办公建筑性能模型。最后，校验寒冷地区办公建筑性能模型的合理性和有效性。

3. 针对多变量多目标优化，采用析因试验法提高试验效率。

首先，影响建筑性能的设计变量众多，主动设计要素有采暖温度、制冷温度和照明功率密度，被动设计要素包括形态、界面和空间设计要素。优化目标是能耗和光热性能。针对多变量多目标优化，采用析因试验方法。与常用的正交试验方法相比，析因试验以少量模拟次数反映全面试验规律，提高试验效率。拉丁超立方抽样代替完全随机抽样，保证样本的代表性和全局性。

其次，从办公建筑单体、标准层、办公室等层面，量化主被动设计要素对建筑性能的影响。相关性分析量化性能目标之间的关联程度。建筑形态和尺度不同，建筑能耗和光热性能之间的制约关系会有差异。相关性分析得出，建筑总能耗与采暖能耗、制冷能耗是强相关，与照明能耗是弱相关。建筑总能耗与热环境不满意者百分数（PPD）呈强相关，与有效自然采光照度（UDI）呈弱相关。

然后，采用平滑样条方差做敏感度分析，量化设计要素对建筑性能的主效应和交互效应。敏感度主效应分析得出，影响建筑性能的关键设计要素是窗墙比、长宽比、朝向、窗户热工性能、办公室进深和百叶倾角，并建议取值区间。敏感度交互效应分析得出，主动系统设计要素和窗墙比、窗户的热工性能、外墙传热系数、百叶倾角、办公室进深、朝向的交互作用，并提出主被动设计要素组合策略；朝向和窗墙比、窗户SHGC、窗传热系数，窗墙比和长宽比、窗传热系数、外墙传热系数、进深、层高，百叶倾角和办公室进深、面宽的交互作用，并提出被动要素组合策略。

最后，对公共建筑节能设计标准提出建议。不同朝向接受太阳辐射得热量和日照时长的差异显著，提出结合朝向设计窗墙比和围护结构热工性能。长宽比、进深、朝向、百叶倾角等也是影响节能设计的指标。建议结合朝向、界面及空间要素等灵活设定制冷和采暖温度。

4. 研究适合寒冷地区办公建筑的多目标优化方法，包括对比优化算法、NSGA-Ⅱ算法参数的建议、优化过程及适用范围、分析优化结果、选择最优解。

首先，对比NSGA-Ⅱ和pilOPT算法，pilOPT算法的寻优解更佳，但耗时长，遗传算法NSGA-Ⅱ的聚类效果和多样性良好，时间成本低且更普及，因此选用NSGA-Ⅱ算法。对比五组参数设置，建议NSGA-Ⅱ算法的种群规模是变量数目的5倍、交叉率和突变概率采用默认设置、优化代数根据建筑规模和优化目标设置。

其次，对比一步式、分步式、聚类优化、基于聚类再优化等四种优化过程。一步式优化适用于变量数目适中，优势是计算时间较短。分步式优化适用于建筑规模较大，设计变量数目众多。聚类优化是建筑师有明确偏好，从聚类结果的某簇中选择最优方案。基于聚类的再优化是缩小设计变量范围继续搜索优化解。以寒冷地区典型办公建筑性能优化为例，一步式的寻优效率最高，其次是分步式，然后是基于聚类的优化，最后是基于聚类的再优化。

最后，分析优化结果质量，对Pareto最优解做聚类分析。优化解的质量评价是从收敛性、分布性和多样性等方面。对比全局优化解和Pareto最优解，Pareto最优解缩小寻优范围，且最优解特征更显著。对Pareto最优解做划分聚类分析，总结最优解的设计要素值域分布特征。利用多标准决策对优化解自动排序，辅助建筑师选择最优解。

5. 搭建基于modeFRONTIER整合Grasshopper/L+H的办公建筑性能优化设计平台，不但具有参数化设计、性能模拟及评价、多目标优化等功能，还增加析因试验方法、分析优化结果等功能，解决了既有性能优化方法交互操作复杂、缺失对优化结果的分析、优化算法有限、最优解无法自动选择等问题。

首先，利用模块化编程技术，搭建基于多目标优化软件modeFRONTIER整合参数化性能模拟Grasshopper/L+H的办公建筑性能优化设计平台框架，主要包括试验设计、办公建筑性能模拟及评价、多目标优化和数据后处理等四个功能模块。

其次，基于Grasshopper/L+H的办公建筑性能模拟及评价模块，包括几何模型、光环境模拟评价、能耗模拟评价子模块。光环境模拟评价子模块可计算照度、全天然采光时间百分比等指标，以及结合自然采光的人工照明运行时间表。能耗模拟评价子模块可计算制冷能耗、采暖能耗、照明能耗、围护结构内外表面温度、区域温度等指标。基于能耗模拟结果建立的热性能模型，计算热环境平均热感觉指数和不满意者百分数。

然后，基于modeFRONTIER的试验设计、多目标优化和数据后处理模块。试验设计模块主要包括抽样方法和样本量。抽样方法根据设计变量和优化目标的特性选择。样本量通常为设计变量的5~10倍。多目标优化模块是由优化算法类型、算法参数、运行模块和优化结果组成。后处理模块是对优化结果的分析，包括敏感度分析、相关性分析和聚类分析等。

最后，利用基于modeFRONTIER的性能优化设计方法优化西安市某办公建筑。与基准方案相比，利用性能优化方法搜索的最优方案节能率是7.5%，PPD降低0.6%，UDI增加2.2%，即三项性能得到同步提升。验证基于modeFRONTIER的性能优化设计方法可以实现建筑能耗和光热性能的共赢，辅助设计师做性能导向的设计决策。

附录

附录A　办公室光热舒适度调研问卷

办公室光热舒适度调研问卷

1. 基本情况（请在对选项下打✓）

性别	□男 □女
年龄	□18-30 □31-50 □>50
在建筑中工作了多久	□<1年 □1-2年 □3-5年 □>5年
在此工作区的工作时长h/日	□<4小时 □8小时 □>10小时
工作类型	□后勤 □技术 □管理 □其他

2. 此时的着装情况（请在对选项下打✓，可多选）

上装	□短袖T恤 □长袖T恤 □衬衫 □秋衣 □保暖内衣	□毛背心 □薄毛衣 □厚毛衣	□薄外套 □厚外套 □羽绒服
下装	□秋裤 □保暖裤 □打底裤	□薄毛裤 □厚毛裤	□短裤 □休闲裤 □牛仔裤
鞋袜	□丝袜 □薄袜 □厚袜	□休闲鞋 □运动鞋 □棉鞋 □靴子	
配饰	□丝巾 □帽子 □其他______		

3. 个人工作区（请在对选项下打✓）

工作区位于哪层	____层
工作区靠近外墙吗	□是 □否
如果是，最接近您的外墙朝哪个方向?	□东 □南 □西 □北 □中间 □不清楚
工作区靠近外窗吗	□是 □否
如果是，最接近您的窗户朝哪个方向?	□东 □南 □西 □北 □中间 □不清楚
下列哪个最能描述你的个人工作区	
□封闭的办公室，私人 □高挡板分区（>1.5米） □没有分区的开放办公室（桌子划分）	□封闭的办公室，与他人共享 □低挡板分区（<1.5米） □其他

4. 办公室布局（请在对选项下打√）

办公室大小如何?（空间大小）	□过大 □稍大 □适中 □稍小 □过小
房间高度	□过高 □稍高 □适中 □稍矮 □矮
墙体与窗户的比例如何?	□封闭 □较封闭 □适中 □较通透 □通透
你满意个人的工作和存储空间吗?	□非常不满意 □较不满意 □一般 □较满意 □非常满意
是否满意隐私水平?	□非常不满意 □较不满意 □一般 □较满意 □非常满意
你满意与同事互动的便利性吗?	□非常不满意 □较不满意 □一般 □较满意 □非常满意
办公室的视野如何?	□非常好 □比较好 □适中 □比较差 □非常差

5. 此房间热环境给您的感觉是（请在对选项下打√）

工作区温度如何?	□炎热 □热 □稍热 □适中 □稍冷 □冷 □寒冷
空气湿度如何?	□非常潮湿 □稍微潮湿 □适中 □稍微干燥 □非常干燥
工作区吹风感	□很闷 □闷 □有点闷 □舒适无风 □舒适有风 □风稍大 □风太大
你个人工作区可调控制（请选中所有适用项）	□百叶窗/窗帘 □可开启窗户 □温度调节器 □空调 □移动式加热器 □固定式加热器 □可移式风机 □吊扇 □室内空间门 □在墙上/天花板上的可调的通风 □室外空间门 □无以上 □其他______
您在办公室的舒适度如何?	□非常舒适 □比较舒适 □适中 □不太舒适 □很不舒适
请从以下影响您舒适度的因素中选择5条您最看重的：	
□宽敞度（空间大小）□空间高度 □与同事互动的便利性 □温度 □干燥或潮湿 □阳光晃眼程度 □明暗 □视野 □遮阳 □通风情况	

6. 照明（请在对选项下打√）

明暗程度如何?	□昏暗 □较昏暗 □适中 □较明亮 □明亮
光环境满意度	□非常不满意 □较不满意 □一般 □较满意 □非常满意
眩光发生几率	□非常频繁 □不频繁 □一般 □很少出现 □无
若有眩光，来自于	□窗户 □灯具 □玻璃反射 □其他
你工作区可调控光线的设备（请选中所有适用项）	□电灯开关 □调光设备 □百叶窗或窗帘 □台灯 □无 □其他______

附录B 寒冷地区代表城市建筑朝向分析

寒冷地区代表城市建筑朝向分析

城市名称	角度	总热负荷（kW·h）	能耗差（kW·h）	百分比(%)
北京	最佳角度（0°）	329164	5930	1.8
	最差角度（60°）	335094		
天津	最佳角度（0°）	327222	5002	1.53
	最差角度(45°/60°)	332224		
西安	最佳角度（0°）	296486	4811	1.6
	最差角度（45°）	301297		
大连	最佳角度（165°）	328751	3094	0.94
	最差角度（60°）	33184		
济南	最佳角度（0°）	295423	4367	1.48
	最差角度（60°）	299790		
太原	最佳角度（0°）	307020	5302	1.7
	最差角度（45°）	312322		

参考文献

[1] 中国城市科学研究会. 中国绿色建筑2015[M]. 北京：中国建筑工业出版社，2015.

[2] Berardi U. Sustainability assessment in the construction sector: Rating systems and rated buildings[J]. Sustainable Development, 2012, 20 (6): 411-424.

[3] 叶青，李昕阳，宋昆，等. 荷兰绿色建筑评价体系发展简析[J]. 建筑节能，2018，5：25-34.

[4] U.S. Energy Information Administration Office of Integrated and International Energy Analysis. Annual Energy Outlook 2012 with Projections to 2035[R]. U.S. Department of Energy Washington DC 20585, 2012.

[5] 傅筱. 建筑形式与形体节能——南京紫东国际招商中心办公楼设计[J]. 建筑学报，2012（10）：38-39.

[6] 周潇儒，林波荣，朱颖心，等. 面向方案阶段的建筑节能模拟辅助设计优化程序开发研究[J]. 动感：生态城市与绿色建筑，2010（3）：50-54.

[7] 万丽，吴恩融. 可持续建筑评估体系中的被动式低能耗建筑设计评估[J]. 建筑学报，2012（10）：13-16.

[8] 中华人民共和国住房和城乡建设部. 民用建筑能耗标准GB 51161—2016[S]. 北京：中国计划出版社，2016.

[9] 清华大学建筑节能研究中心. 中国建筑节能年度发展研究报2018[M]. 北京：中国建筑工业出版社，2018.

[10] 林波荣，李紫薇. 面向设计初期的建筑节能优化方法[J]. 科学通报，2016（61）：113-121.

[11] 夏春海，朱颖心. 面向建筑方案的节能设计研究——设计流程和工具[J]. 建筑科学，2009，25（6）：6-9.

[12] 周潇儒. 基于整体能量需求的方案阶段建筑节能设计方法研究[D]. 北京：清华大学，2009.

[13] 王振，李保峰. 夏热冬冷地区大型建筑工程中双层皮玻璃幕墙的气候适应性设计策略研究[C]. 北京：第二届国际智能、绿色建筑与建筑节能大会，2006.

[14] 谢晓欢，贾倍思. 建筑性能模拟软件在绿色建筑设计不同阶段的应用效果比较[J]. 建筑师，2018（1）：124-130.

[15] 中华人民共和国住房和城乡建设部，中华人民共和国国家质量监督检验检疫总局. 民用建筑热工设计规范GB 50176—2016[S]. 北京：中国建筑工业出版社，2016.

[16] 中华人民共和国住房和城乡建设部. 建筑气候区划标准GB 50176—93[S]. 北京：中国计划出版社，1993.

[17] 李兆坚，江亿. 我国广义建筑能耗状况的分析与思考[J]. 建筑学报，2006（7）：30-33.

[18] 张颀，徐虹，黄琼. 人与建筑环境关系相关研究综述[J]. 建筑学报，2016（2）：118-124.

[19] 张昕，杜江涛. 天然光研究与设计的“非视觉”趋势和健康导向[J]. 建筑学报，2017，（5）：87-91.

[20] 费双，魏春雨. 建筑界面的绿色营造[J]. 中外建筑，2010（2）：54-56.

[21] 史洁. 上海高层住宅外界面太阳能系统整合设计研究[D]. 上海：同济大学，2008.

[22] 冯路. 表皮的历史视野[J]. 建筑师，2004（4）：6-15.

[23] 林波荣. 绿色建筑性能模拟优化方法[M]. 北京：中国建筑工业出版社，2016.

[24] 宋琪. 被动式建筑设计基础理论与方法研究[D]. 西安：西安建筑科技大学，2015.

[25] 清华大学建筑学院，清华大学建筑设计研究院. 建筑设计的生态策略[M]. 北京：中国计划出版社，2001.

[26] Dekay M, Brown G. Z. Sun, Wind & Light[M]. Wiley, 2014.

[27] Eddine M. H, Marks W. Optimization of shape and functional structure of buildings as well as heat source utilization[J]. Building and Environment, 2002, 37 (11): 1037-1043.

[28] Florides G A, Tassou S A, Kalogirou S A, et al. Measures used to lower building energy consumption and their cost effectiveness[J]. Applied Energy, 2002, 73 (3-4)：299-328.

[29] Susorova I, Tabibzadeh M, Rahman A, et al. The effect of geometry factors on fenestration energy performance and energy savings in office buildings[J]. Energy and Buildings, 2013, 57: 6-13.

[30] Delgarm N, Sajadi B, Delgarm S, et al. A novel approach for the simulation-based optimization of the buildings energy consumption using NSGA-Ⅱ: Case study in Iran[J]. Energy and Buildings, 2016, 127: 552-560.

[31] Goia F. Search for the optimal window-to-wall ratio in office buildings in different European climates and the implications on total energy saving potential[J]. Solar Energy, 2016, 132: 467-492.

[32] Caruso G, Kämpf J H. Building shape optimization to reduce air-conditioning needs using constrained evolutionary algorithms[J]. Solar Energy, 2015, 118: 186-196.

[33] Sadineni S B, Madala S, Boehm R F. Passive building energy

savings: A review of building envelope components[J]. Renewable & Sustainable Energy Reviews, 2011, 15 (8): 3617-3631.

[34] Baker N. Modelling and analysis of daylight, solar heat gains and thermal losses to inform the early stage of the architectural process[D]. Sweden: KTH Royal Institute of Technology School of Architecture and the Built Environment, 2017.

[35] Depecker P, Menezo C, Virgone J, Et al. Design of buildings shape and energetic consumption[J]. Building & Environment, 2001, 36 (5): 627-635.

[36] Helena B H. Energy efficient window systems. Effects on energy use and daylighting in buildings[D]. Lund: Lund University, 2001.

[37] Nielsen M V, Svendsen S, Jensen L B. Quantifying the potential of automated dynamic solar shading in office buildings through integrated simulations of energy and daylight[J]. Solar Energy, 2011, 85 (5): 757-768.

[38] Gagne J M, Andersen M. A daylighting knowledge base for performance-deriven façade design exploration[J]. Leukos, 2011, 8 (2): 93-110.

[39] Hoffmann S, Lee E S, Mcneil A. Balancing daylight, glare, and energy-efficiency goals: an evaluation of exterior coplanar shading systems using complex fenestration modeling tools[J]. Energy and buildings, 2016, 112 (12): 279 -298.

[40] Eltaweel A, Su Y. Controlling venetian blinds based on parametric design; via implementing Grasshopper`s plugins: A case study of an office building in Cairo[J]. Energy and buildings, 2017, 139 (1): 31-43.

[41] Chan Y C, Tzempelikos A. Efficient venetian blind control strategies considering daylight utilization and glare protection[J]. Solar Energy, 2013,98 (10): 241-254.

[42] Olsen B W, Brager G S. A better way to predict comfort: The new ASHRAE standard 55-2004[J]. Center for the Built Environment, 2004 (8): 20-26.

[43] Moujalled B, Cantin R, Guarracino G. Comparison of thermal comfort algorithms in naturally ventilated office buildings[J]. Energy and buildings, 2008, 40 (12): 2215-2223.

[44] Yang L, Yan H Y, Lam J C. Thermal comfort and building energy consumption implications—A review[J]. Applied Energy, 2014, 115: 164-173.

[45] Craig R A, Jesse S, Dear R. A preliminary evaluation of two strategies for raising indoor air temperature setpoints in office buildings[J]. Architectural Science Review, 2011, 54 (2): 148-156.

[46] Mui K W, Chan W T. Adaptive comfort temperature model of air-conditioned building in Hong Kong[J]. Build & Environment, 2003,

38 (6): 837-852.

[47] Chris M. Pan climatic humans-shaping thermal habits in an unconditioned society[J]. Massachusetts Institute of Technology Institutional Knowledge Base, 2010 (1): 144-147.

[48] Erickson J. Envelope as climate negotiator: Evaluating adaptive building envelope's capacity to moderate indoor climate and energy[D]. Arizona State University, 2013.

[49] Jakubiec J A, Reinhart C F. DIVA 2.0: Integrating daylight and thermal simulations using rhinoceros 3D, DAYSIM and energyplus[C]. Proceedings of Building Simulation 2011: 12th Conference of International Building Performance Simulation Association, Australia: Sydney, 2013: 1689-1699.

[50] Jon A S, Jeffrey N, Christoph F R. Shaderade: Combining rhinoceros and energyplus for the design of static exterior shading devices[C]. Proceedings of Building Simulation 2011: 12th Conference of International Building Performance Simulation Association, Australia: Sydney, 2011: 310-317.

[51] Goia F, Haase M, Perino M. Optimizing the configuration of a façade module for office buildings by means of integrated thermal and lighting simulations in a total energy perspective[J]. Applied Energy, 2013, 108 (1): 515-527.

[52] Huang Y, Niu J L. Optimal building envelope design based on simulated performance: History, current status and new potentials[J]. Energy & Buildings, 2016, 117: 387-398.

[53] Villamil A G. Environmentally responsive building: Multi-objective optimization workflow for daylight and thermal quality[D]. USA: University of South California, 2014.

[54] Pino A, Bustamante W, Escobar R, et al. Thermal and lighting behavior of office buildings in Santiago of Chile[J]. Energy & Buildings, 2012, 47 (4): 441-449.

[55] Dubois M C, Blomesterberg A. Energy saving potential and strategies for electric lighting in future North European, low energy office buildings: A literature review[J]. Energy & Buildings, 2011, 43 (10): 2572-2582.

[56] González J, Francesco F. Daylight design of office buildings: Optimisation of external solar shadings by using combined simulation methods[J]. Buildings, 2015, 5 (2): 560-580.

[57] Singh R, Lazarus I J, Kishore V V. Uncertainty and sensitivity analyses of energy and visual performances of office building with external venetian blind shading in hot-dry climate[J]. Applied Energy, 2016, 184: 155-170.

[58] Shen H, Tzempelikos A. Daylighting and energy analysis of private

offices with automated interior roller shades[J]. Solar Energy, 2012, 86 (2): 681-704.
[59] Tzempelikos A, Athienitis A K. The impact of shading design and control on building cooling and lighting demand[J]. Solar Energy, 2007, 81 (3): 369-382.
[60] Kim J H, Park Y J, Yeo M S, et al. An experimental study on the environmental performance of the automated blind in summer[J]. Building and Environment, 2009, 44 (7): 1517-1527.
[61] Steuer R E. Multiple criteria optimization: Theory, computation, and application[J]. Journal of the Operational Research Society, 1988, 39 (9): 879-879.
[62] Wright J A, Loosemore H A, Farmani R. Optimization of building thermal design and control by multi-criterion genetic algorithm[J]. Energy & Buildings, 2002, 34 (9): 959-972.
[63] Wetter M, Wright J. A comparison of deterministic and probabilistic optimization algorithms for nonsmooth simulation-based optimization[J]. Building & Environment, 2004, 39 (8): 989-999.
[64] Attia S, Herde A D, Gratia E, et al. Achieving informed decision-making for net zero energy buildings design using building performance simulation tools[J]. Build Simulation, 2013, 6 (1): 3-21.
[65] Caldas L, Norford L. Shape generation using pareto genetic algorithms: integrating conflicting design objectives in low-energy architecture[J]. International Journal of Architectural Computing, 2006, 1 (4): 503-515.
[66] Holland J H. Adaptation in natural and artificial system[M]. USA: MIT Press, 1975.
[67] 魏力恺，张颀，黄琼，等. 建筑的计算性综合[J]. 建筑学报，2013（10）：100-105.
[68] Wang W, Radu Z R, Rivard H. Applying multi-objective genetic algorithms in green building design optimization[J]. Building & Environment, 2005, 40 (11): 1512-1525.
[69] Nguyen A T, Reiter S, Rigo P. A review on simulation-based optimization methods applied to building performance analysis[J]. Applied Energy, 2014, 113: 1043-1058.
[70] Su Z Z. Improving design optimization and optimization-based design knowledge discovery[D]. Texas: Texas A&M University, 2015.
[71] Caldas L. Generation of energy-efficient architecture solutions applying GENE_ARCH:An evolution-based generative design system[J]. Advanced Engineering Informatics, 2008, 22 (1): 59-70.
[72] Wu H. A multi-objective optimization model for green building

design[D]. Hong Kong: The University of Hong Kong, 2012.
[73] Brownlee A E, Wright J. Solution analysis in multi-objective optimization[C]. Proceedings of the 1st Building simulation and optimization conference, UK: London, 2012: 317-324.
[74] Suga K, Kato S, Hiyama K. Structural analysis of pareto-optimal solution sets for multi-objective optimization[J]. Journal of Environmental Engineering (Transaction of AIJ), 2008, 73 (625): 283-289.
[75] Wright J A, Brownlee A E, Mourshed M M. Multi-objective optimization of cellular fenestration by an evolutionary algorithm[J]. Journal of Building Performance Simulation, 2014, 7 (1): 33-51.
[76] Stevanović S. Optimization of passive solar design strategies: A review[J]. Renewable and Sustainable Energy Reviews, 2013, 25: 177-196.
[77] Eve S H L. Designing-in Performance: Energy simulation feedback for Early Stage Design Decision Making[D]. USA: University of Southern California, 2014.
[78] Yang D, Ren S, Turrin M, et al. Multi-disciplinary and multi-objective optimization problem re-formulation in computational design exploration: A case of conceptual sports building design[J]. Automation in Construction, 2018 (92): 242-269.
[79] Attia S, Hamdy M, William O B, et al. Assessing gaps and needs for integrating building performance optimization tools in net zero energy building design[J]. Energy & Buildings, 2013, 60: 110-124.
[80] Sanja S. Optimization of passive solar design strategies: A review[J]. Renewable and Sustainable Energy Reviews, 2013, 25: 177-196.
[81] Touloupaki E, Theodosiou T. Performance simulation integrated in parametric 3D modeling as a method for early stage design optimization—A review[J]. Energies, 2017, 10 (5): 1-18.
[82] Wee C K, Patrick J, Arno S. Multi-objective optimization of building form, envelope and cooling system for improved building energy performance[J]. Automation in Construction, 2018 (94): 449-457.
[83] Wang W, Rivard H, Zmeureanu R. Floor shape optimization for green building design[J]. Advance Engineering Informatics, 2006, 20 (4): 363-378.
[84] Caldas L, Gama L. An evolution-based generative design system: Using adaptation to shape architectural form[D]. London: University of London, 2001.
[85] Agirbas A. Performance-based design optimization for minimal surface based form[J]. Architectural Science Review, 2018, 61 (6):

384-399.
[86] Maltais L G, Gosselin L. Daylighting ‘energy and comfort’ performance in office buildings: Sensitivity analysis, metamodel and pareto front[J]. Journal of Building Engineering, 2017, 14: 61-72.
[87] Mendez E, Tomas. C A, Cascone Y, et al. The early design stage of a building envelope: Multi-objective search through heating, cooling and lighting energy performance analysis[J]. Applied Energy, 2015, 154: 577-591.
[88] Yuan F. Optimization of daylighting and energy performance using parametric design, simulation modeling and genetic algorithms[D]. North Carolina State University. 2017.
[89] Lin S H, Gerber D J. Evolutionary energy performance feedback for design: Multidisciplinary design optimization and performance boundaries for design decision support[J]. Energy and Buildings, 2014, 84: 426-441.
[90] Trubiano F. Roudsari M S. Ozkan A. Building simulation and evolutionary optimization in the conceptual design of a high-performance office building [C]. 13th Conference of international building performance simulation association. France.2013 (8):1306-1314.
[91] Lu S, Tang X, Ji L, et al. Research on energy-saving optimization for the performance parameters of rural-building shape and envelope by TRNSYS-GenOpt in hot summer and cold winter zone of China[J]. Sustainability, 2017, 9 (2): 294-312.
[92] 清华大学建筑节能研究中心. 中国建筑节能年度发展研究报告[M]. 北京：中国建筑工业出版社，2019.
[93] 梁传志. 夏热冬暖地区办公建筑能耗特性研究[D]. 天津：天津大学，2011.
[94] 林波荣，李紫薇. 气候适应型绿色公共建筑环境性能优化设计策略研究[J]. 南方建筑，2013（3）：17-21.
[95] 夏冰. 低碳建筑设计策略的潜力分析与比较[J]. 新建筑，2018（1）：90-93.
[96] 沈忱. 基于日照辐射的严寒地区高层办公建筑形态节能研究[D]. 哈尔滨：哈尔滨工业大学，2017.
[97] 吴迪，刘立，侯珊珊. 整合光环境分析的外窗节能设计研究——以寒冷地区点式高层办公楼为例[J]. 建筑节能，2017（1）：78-83.
[98] 丁沃沃. 基于建筑外立面开口、采光及自然通风相互作用的节能模拟方法研究[D]. 南京大学，2013.
[99] 林波荣. 绿色建筑性能模拟优化方法[M]. 北京：中国建筑工业出版社，2016.
[100] 李函泽. 寒地低能耗高层办公建筑形态设计模拟研究[D]. 哈尔滨：哈尔滨工业大学，2015.

[101] 刘利刚，林波荣，彭渤．中国典型高层办公建筑平面布置与能耗关系模拟研究[J]．新建筑，2016（6）：104-108.

[102] 何成，朱丽，田玮．基于低能耗目标的建筑功能布局研究[J]．建筑学报（学术论文专刊），2016（s1）：155-158.

[103] 毕晓健，刘丛红．基于Ladybug+Honeybee的参数化节能设计研究——以寒冷地区办公综合体为例[J]．建筑学报，2018（2）：44-49.

[104] 任彬彬．寒冷地区多层办公建筑低能耗设计原型研究[D]．天津：天津大学，2015.

[105] 刘立．基于能耗模拟的寒冷地区高层办公建筑节能整合设计研究[D]．天津：天津大学，2017.

[106] 刘立，刘丛红，吴迪．天津办公建筑空间设计因素节能分析与优化[J]．哈尔滨工业大学学报，2018（4）：181-187.

[107] 孙澄，刘蕾．严寒地区办公建筑整体能耗预测模型建构研究[J]．建筑学报（学术论文专刊），2014（s2）：86-88.

[108] 尹凡，楚洪亮，张建高，等．正交实验法分析外窗系统对建筑能耗的影响[J]．科技通报，2009（4）：473-476.

[109] 段然．寒冷地区固定式外遮阳设计研究[J]．建筑节能，2017（6）：43-47.

[110] 李静．基于系统优化的高效体育馆自然采光和通风节能设计研究[D]．哈尔滨：哈尔滨工业大学，2010.

[111] 韩昀松，王钊，董琪．严寒地区办公建筑天然采光参数化模拟研究[J]．照明工程学报，2017，28（4）：39-46.

[112] 王少军．基于建筑采光性能的参数化设计研究[D]．绵阳：西南科技大学，2016.

[113] 刘蕾，梁静，孙澄．严寒地区办公建筑自然采光性能预测模型建构[J]．新建筑，2015（5）：46-51.

[114] 张立超．基于动态采光评价的办公空间侧向采光研究[D]．天津：天津大学，2014.

[115] 林涛，王蒙，刘馨遥．基于采光性能优化的可调节遮阳参数化设计研究[J]．建筑科学，2017（8）：111-116.

[116] 王欣，朱继宏，李德英．建筑遮阳对建筑室内照明能耗的影响分析[J]．建筑节能，2017，（05）：76-80.

[117] 朱颖心．热舒适的“度”，多少算合适[J]．世界建筑，2015（7）：35-37.

[118] 黄莉，欧阳沁，等．基于实际建筑环境的人体热适应研究[J]．暖通空调，2014（8）：74-79.

[119] 邱麟，孙澄，韩昀松．严寒地区开放式办公空间自然通风数值模拟与设计策略研究[J]．动感（生态城市与绿色建筑），2014（3）：74-81.

[120] 陶斯玉潇，张岩．严寒地区单元办公空间夏季自然通风设计策略研究[J]．城市建筑，2016（26）：107-108.

[121] 李彤．基于太阳热辐射的建筑形体生成研究[D]．南京：南京大学，2016.

[122] 韩昀松．严寒地区办公建筑形态数字化节能设计研究[D]．哈尔滨：

哈尔滨工业大学，2016.
[123] 曹彬，朱颖心，欧阳沁. 公共建筑室内环境质量与人体舒适性的关系研究[J]. 建筑科学，2010，26（10）：126-130.
[124] 张锐. 基于全生命周期的严寒地区外窗物理性能优化研究[D]. 哈尔滨：哈尔滨工业大学，2013.
[125] 张祎. 外遮阳百叶形式对能耗与舒适度的影响研究[D]. 天津大学，2016.
[126] 刘鹏，刘登伦，祝元杰. 昆明地区某全幕墙办公建筑外遮阳优化设计实例分析[J]. 建筑节能，2017（5）：102-104.
[127] 崔艳秋，李炳云，刘松. 寒冷地区窗口百叶外遮阳节能改造设计策略初探[J]. 建筑节能，2018，46（4）：127-129.
[128] Zhai Y G, Wang Y, Huang Y Q, et al. A multi-objective optimization methodology for window design considering energy consumption, thermal environment and visual performance[J]. Renewable Energy, 2018 (18): 1-17.
[129] 孙澄，韩昀松. 光热性能考虑下的严寒地区办公建筑形态节能设计研究[J]. 建筑学报，2016（2）：38-42.
[130] Yu W, Li B Z, Jia H Y, et al. Application of multi-objective genetic algorithm to optimize energy efficiency and thermal comfort in building design[J]. Energy and Buildings, 2015, 88 (2): 135-143.
[131] Ma Q, Fukuda H. Parametric office building for daylight and energy analysis in the early design stages[J]. Procedia-Social and Behavioral Sciences, 2016, 216 (6): 818-828.
[132] 苏艳娇. 基于遗传算法的建筑节能多目标优化[D]. 深圳：深圳大学，2017.
[133] 山如黛，刘冠男，夏晓东，等. 基于遗传算法的围护结构优化设计研究[J]. 建筑技术，2018（2）：145-148.
[134] 陈航. 基于多目标优化算法的寒冷地区办公建筑窗口设计研究[D]. 天津：天津大学，2017.
[135] 袁一美，韩昀松，梁静，等. 基于太阳辐射利用的寒地建筑组团形态优化设计研究[J]. 南方建筑，2018，184（2）：14-18.
[136] 袁栋，孙澄. 多目标优化在建筑表皮设计中的应用[J]. 城市建筑，2018（17）：16.
[137] Erhorn H, Szerman M. Documentation of the software package[M]. Stuttgart: ADELINE, 1994: 42-43.
[138] 谢晓欢，贾倍思. 建筑性能模拟软件在绿色建筑设计不同阶段的应用效果比较[J]. 建筑师，2018（1）：124-130.
[139] 云朋. 建筑光环境模拟[M]. 北京：中国建筑工业出版社，2010：59.
[140] 孙澄，韩昀松. 绿色性能导向下的建筑数字化节能设计理论研究[J]. 建筑学报，2016（11）：89-93.
[141] Nguyen A T, Reiter S, Rigo P. A review on simulation-based

optimization methods applied to building performance analysis[J]. Applied Energy, 2014, 113: 1043-1058.

[142] Wilde P D, Voorden M V. Computational support for the selection of energy saving building components[J]. Energy and Buildings, 2004, 36 (8): 749-758.

[143] Wu W. Integrating building information modeling and green building certification: The BIM-LEED application model development[D]. University of Florida, 2010.

[144] 陆帆. 建筑天然采光和风环境模拟方法标准化研究及应用[D]. 北京：清华大学，2015.

[145] Heschong L. Daylight metrics[M]. California Energy Commission, 2012.

[146] Nabil A, Mardaljevic J. Useful daylight illuminances: A replacement for daylight factors[J]. Energy and buildings, 2006, 38 (7): 905-913.

[147] Richard D D, Gail B, Donna C. Developing an adaptive model of thermal comfort and preference—Final report on RP-884[R]. ASHRAE Transactions, 1997.

[148] Dear D. Developing an adaptive model of thermal comfort and preference. ASHRAE Transactions 1998.Vol 104.final report on RP-884. Macquarie University, Sydney, 1998.1

[149] Oseland N A. Predicted and reported thermal sensation in climatic chamber, office and homes[J]. Energy and buildings, 1995, 23 (2): 105-115.

[150] 闫海燕. 基于地域气候的适应性热舒适研究[D]. 西安：西安建筑科技大学，2013.

[151] 中国建筑科学研究院. 民用建筑供暖通风与空气调节设计规范GB 50736—2012[S]. 2012.

[152] 王金奎. 日总辐射及逐时辐射模型的适用性分析[D]. 西安：西安建筑科技大学，2006：14.

[153] 郎四维. 建筑能耗分析逐时气象资料的开发研究[J]. 暖通空调，2002，32（4）：1-5.

[154] [丹麦]比亚克·英格斯. 热到冷　建筑适应之旅[M]. 张天翔，胡一可，译. 南京：江苏凤凰科学技术出版社，2017.

[155] 清华大学建筑节能研究中心. 中国建筑节能年度发展研究报告[M]. 北京：中国建筑工业出版社，2012.

[156] 清华大学建筑节能研究中心. 中国建筑节能年度发展研究报告[M]. 北京：中国建筑工业出版社，2018.

[157] 清华大学建筑节能研究中心. 中国建筑节能年度发展研究报告[M]. 北京：中国建筑工业出版社，2008.

[158] 李星魁，张宇祥. 天津市办公类建筑能耗特征及节能分析[J]. 建筑节能，2014，（12）：81-84.

[159] 高丽颖，全巍，秦波，等. 北京市办公建筑空调能耗的调查与分析[J].

建筑技术，2015，46（1）：79-82.
[160] 林波荣，刘彦辰，费祖峰. 我国绿色办公建筑运行能耗及室内环境品质实测研究[J]. 暖通空调，2015（3）：1-8.
[161] 住房和城乡建设部，国家质量监督检验检疫总局. 民用建筑能耗标准[S]. 北京：中国建筑工业出版社，2016.
[162] 住建部. 公共建筑节能设计标准 GB 50189—2015[S]. 北京：中国建筑工业出版社，2015.
[163] 成辉，朱新荣，刘加平，等. 高层办公建筑节能设计常见问题及对策[J]. 建筑科学，2011，27（4）：13-18.
[164] 江亿. 中国建筑节能理念思辨[M]. 北京：中国建筑工业出版社，2016.
[165] 林波荣，刘彦辰，费祖峰. 我国绿色办公建筑运行能耗及室内环境品质实测研究[J]. 暖通空调，2015（3）：1-8.
[166] 张崎. 办公建筑运行使用模式调研与模拟方法研究[D]. 北京：清华大学，2014.
[167] 宋冰，白鲁建，杨柳. 办公建筑中落地窗对人体热舒适及建筑能耗产生的影响[J]. 建筑技术，2015，46（6）：508-511.
[168] 周白冰. 基于自然采光的寒地多层办公建筑空间多目标优化研究[D]. 哈尔滨：哈尔滨工业大学，2017.
[169] 喻伟，王迪，李百战. 居住建筑室内热环境低能耗营造的多目标设计方法[J]. 土木建筑与环境工程，2016，38（8）：13-19.
[170] 余镇雨. 基于模拟的多目标优化方法在近零能耗建筑性能优化设计中的应用[J]. 建筑科学，2019，35（10）：8-14.
[171] 张安晓. 基于能耗和舒适度的寒冷地区中小学校多目标优化设计研究[D]. 天津：天津大学，2019.
[172] 田志超，陈文强，石邢. 集成EnergyPlus和Dakota优化建筑能耗的方法及案例分析[J]. 建筑技术开发，2016，43（6）：73-76.
[173] 陈煜琛，蓝艇，史旭华. 基于多目标优化的节能建筑方案设计[J]. 工程技术研究，2017，（6）：193-194.
[174] Bernal W, Behl M, Nghiem T, et al. Demo Abstract：MLE+：Design and Deloyment Integration for Energy-Efficient Building Controls[C]. BuildSys 12 Proceedings of the Fourth ACM Workshop on Embedded Sensing Systems for Energy-Efficiency in Buildings. NY, USA：ACM New York, 2012, 15-216.
[175] 丁迎春，田志超，胡星星，等. 集成EnergyPlus实现建筑节能优化设计的研究动态[C]. 2013年全国建筑院系建筑数字技术教学研讨会论文集，2013（8）：205-209.
[176] Fernandes M. S, Gaspar A. R, Costa V.A.F, et al. Optimization of a thermal energy storage system provided with an adsorption module — A GenOpt application in a TRNSYS/MATLAB mode[J]. Energy Conversion and Management, 2018, 162 (2): 90-97.
[177] Gou S, Nik V M, Zhao Q. Passive design optimization of newly-built

residential buildings in Shanghai for improving indoor thermal comfort while reducing building energy demand[J]. Energy and Buildings, 2018, 169 (6): 484-506.
[178] 黄大鹏，张晨，刘超. 基于C++的建筑能耗优化软件开发[J].西部论丛，2019,（6）：7-10.
[179] Harkouss F, Fardoun F, Biwole P H. Multi-objective optimization methodology for net zero energy buildings[J]. Journal of Building Engineering, 2018, 16 (12): 57-71.
[180] 杨小山. 室外微气候对建筑空调能耗影响的模拟方法研究[D].华南理工大学，2012：81.
[181] Riederer P, Keilholz W, Ducreux V. Coupling of TRNSYS with Simulink-a method to automatically export and us TRNSYS models within Simulink and vice versa[C]. Proceedings for the 11th International IBPSA Conference held in Scotland: Glassgow, 2009, 11 (7): 1628-289.
[182] Yi Z. Use jEPlus as an efficient building design optimization tool[C]. Proceedings of the CIBSE ASHRAE Technical Symposium. UK: London, 2012: 18-19.
[183] 丁磊. 天津地区高层住宅自然通风与建筑节能设计参数优化研究[D].天津：天津大学，2017.
[184] D'Agostino D, Parker D.Data on cost-optimal Nearly Zero Energy Buildings (NZEBs) across Europe[J]. Data in Brief, 2018, 17 (2): 1168-1174.
[185] Kanters J, Horvat M, Dubois M C. Tools and methods used by architects for solar design[J]. Energy and Buildings, 2014, 68 (1): 721-731.
[186] Roudsari M S, Pak M. Ladybug: A parametric environment plugin for grasshopper to help designers create an environmentally-conscious design[C]. Proceedings for the 13th International IBPSA Conference held in Lyon, France, 2013,8.
[187] Modefrontier, Esteco. Multi-objective optimization and design environment[EB/OL]. http://www.modefrontier.com/homeMF.html, 2018.
[188] Toutou A, Fikry M, Mohamed W. The parametric based optimization framework daylighting and energy performance in residential buildings in hot arid zone [J]. Alexandria Engineering Journal, 2018, 57 (4): 3595-3608.
[189] 袁磊,李冰瑶. 住区布局多目标自动寻优的模拟方法[J]. 深圳大学学报：理工版，2018，35（1）：78-84.
[190] Wetter M. Generic optimization program user manual, version 3.0.0[R]. Technical report LBNL-5419. Lawrence Berkeley National Laboratory, 2009.

[191] Wang J, Zhai Z, Jing Y. Particle swarm optimization for redundant building cooling heating and power system[J]. Applied Energy, 2010, 87 (12): 3668-3679.
[192] Yuan Y, Yuan J, Du H. An improved multi-objective ant colony algorithm for building life cycle energy consumption optimization[J]. Journal of Computer Applications in Technology, 2012, 43 (1): 60-66.
[193] Wright J A, Loosemore H A, Farmani R. Optimization of building thermal design and control by multi-criterion genetic algorithm[J]. Energy and Buildings, 2002, 34 (9): 959-972.
[194] Wetter M, Wright J A. A comparison of deterministic and probabilistic optimization algorithms for nonsmooth simulation-based optimization[J]. Building and Environment, 2004, 39 (8): 989-999.
[195] Doe R, Aitchison M. Multi-criteria optimisation in the design of modular homes—From theory to practice[C]. Proceedings in ECAADE, Austria: Vienna, 2015: 295-304.
[196] Stevanović S. Optimization of passive solar design strategies: A review[J]. Renewable and sustainable energy reviews, 2013, 25: 177-196.
[197] 田一辛，黄琼. 基于协同学的低能耗公共建筑设计体系建构[J]. 高等建筑教育，2018，2：1-5.
[198] Singh R, Lazarus I J, Kishore V V. Effect of internal woven roller shade and glazing on the energy and daylighting performances of an office building in the cold climate of Shillong[J]. Applied Energy, 2015, 159: 317-333.
[199] 李钢，李保峰，龚斌. 建筑表皮的生态意义[J]. 新建筑，2008，2：14-19.
[200] 苏欢. ID建筑气候区低能耗办公建筑设计研究[D]. 沈阳：沈阳建筑大学，2012：48.
[201] Nielsen M V, Svendsen S, Jensen L B. Quantifying the potential of automated dynamic solar shading in office buildings through integrated simulations of energy and daylight[J]. Solar Energy, 2011, 85 (5): 757-768.
[202] Shi X, Yang W J. Performance-driven architectural design and optimization technique from a perspective of architects[J] Automation in Construction, 2013, 32: 125-135.
[203] Reinhart C F, Walkenhorst O. Validation of dynamic RADIANCE-based daylight simulations for a test office with external blinds[J]. Energy & Buildings, 2001, 33 (7): 683-697.
[204] 张明慧. 郑州地区办公建筑自然通风设计研究[D]. 天津：天津大学，2017.

[205] 邢凯，邵郁，孙惠萱．严寒地区过渡季办公建筑热舒适实测研究[J]．建筑学报，2017（3）：118-122.

[206] 托马斯·奥伊尔，孙菁芬．适应气候及高能效的建筑[J]．建筑学报，2016（11）：113-118.

[207] 田一辛，黄琼，赵敬源，张安晓．寒冷地区低能耗办公建筑布局研究[J]．建筑节能，2018，7：8-12.

[208] Helton J C, Johnson J D, Sallaberry C J, et al. Survey of sampling-based methods for uncertainty and sensitivity analysis[J]. Reliability Engineering and System Safety, 2006, 91 (10-11): 1175-1209.

[209] Tian Wei. A review of sensitivity analysis methods in building energy analysis[J]. Renewable and Sustainable Energy reviews, 2013, 20 (4): 411-419.

[210] Zitzler E, Deb K, Thiele L. Comparison of multiobjective evolutionary algorithms：Empirical results[J]. Evolutionary Computation, 2000, 8 (2): 173-195.

[211] Deb K, Pratap A, Agarwal S, et al. A fast elitist multi-objective genetic algorithm：NSGA-Ⅱ[J]. IEEE Transactions on Evolutionary Computation, 2002, 6 (2): 182-197.

[212] 赖文星，邓忠民，张鑫杰．基于多目标优化NSGA2改进算法的结果动力学模型确认[J]．计算力学学报，2018，35（6）：10-15.

[213] Kampf J H, Robinson D. Optimisation of building form for solar energy utilization using constrained evolutionary algorithms[J]. Energy and buildings, 2010, 42 (6): 807-814.

[214] Wei Y. BPOpt: A framework for BIM-based optimization[J]. Energy and Builidngs. 2015, 108 (9): 401-412.

[215] 玄光南，程润伟．遗传算法与工程优化[M]．于韵杰，周根贵，译．北京：清华大学出版社，2004.

[216] 李志强，蔺想红．基于聚类的NSGA2算法[J]．计算机工程，2013（12）：186-190.

[217] 马小妹，李宇龙，严浪．传统多目标优化方法和多目标遗传算法的比较综述[J]．电气传动自动化，2010，32（3）：48-50.

[218] 何清，庄福振．基于云计算的大数据挖掘平台[J].中兴通讯技术，2013，34（4）：7-12.